第6版

會計概論

黃麗華 編著

Introduction to
Accounting

IFRS

編輯大意

一、本書係依據教育部發布之最新技術型高中「會計學」課程綱要及坊間大專教科書章節編寫。內容深入淺出，淺顯易懂，適合會計初學者學習。

二、為了與世界接軌，自 2013 年起，我國公開發行公司全面採用國際會計準則。因應此變革，本書遵循最新國際財務報導準則（IFRSs）、企業會計準則（EAS）、商業會計法及其他相關法規，所設計之應用實例，亦多以中小企業實務為主。

三、茲將舊制 ROC GAAP 與導入 IFRS 後做部分比較如下：

1. 會計專業用語差異

過去教科書（舊制 ROC GAAP）	教科書修正（導入 IFRS 後）
會計要素	財務報表要素
會計期間	報導期間
公平價值	公允價值
帳面價值	帳面金額
業主權益、股東權益	權益
固定資產	不動產、廠房及設備
建築物	房屋及建築成本
呆帳損失	預期信用減損損失
備抵呆帳	備抵損失
預付款項	合約負債
銀行抵押借款	銀行長期借款
水電費	水電瓦斯費

2. 財務報表要素分類

2. 財務報表要素及項目分層

過去教科書（舊制 ROC GAAP）		教科書修正（導入 IFRS 後）	
資產	負債	資產	負債
流動資產	流動負債	流動資產	流動負債
基金及投資	長期負債	非流動資產	非流動負債
固定資產	其他負債		
其他資產			

四、本課程教學目標，在使學生瞭解會計基本概念與法則，熟練會計處理程序，培養記帳能力，奠定會計理論學習基礎與應用會計資訊之能力，並熟悉商業會計法令及相關稅法，培養學生守法觀念，涵養誠信的職業道德，具備適應變遷及自我發展之能力。

五、本書兼顧認知、技能、情意之教學，注重會計實習，使學生能從「操作中學習」，理論與實務能力充分結合。

六、本書企圖將會計學繁雜的學理，透過豐富的單元規劃、圖形、表格的輔助，引發學生的學習動機，給予完整、清晰的會計學全貌，引領學生輕鬆地進入會計殿堂。其單元規劃包括：各式專欄（如：知識加油站、法規報你知、IFRS 新知）、腦力激盪、自我評量、重點回顧與總結評量等。

七、本書雖經筆者冀力撰寫校正未盡臻美，內容難免有謬誤之處，尚請諸先進指正賜教為幸！

黃麗華 謹識

目次

第1章 會計基本概念

第2章 會計循環及會計帳簿

第3章 會計基本法則

第4章 分錄與日記簿

目次

會計基本概念

學習目標

研讀本章內容後,同學們應該能夠回答下列問題:

1. 會計的意義為何?
2. 會計資訊的使用者有哪些?所提供的功能為何?
3. 依不同的標準分類,會計有哪些種類?
4. 在組織經營管理上,會計專業人員扮演何種角色?
5. 會計人應具備什麼職業道德?
6. 與會計發展有關的組織團體有哪些?國際財務報導準則又是什麼?

本章課文架構

```
                        會計基本概念
```

會計之意義及功能	會計之種類	會計專業及職業道德	會計原則發展之相關團體
▶ 會計的意義 ▶ 會計的功能	▶ 依是否以營利為目的區分 ▶ 依資本構成型態區分 ▶ 依會計提供功能區分	▶ 會計人員扮演角色 ▶ 會計專業領域 ▶ 會計人職業道德	▶ 國際會計準則理事會 ▶ 會計研究發展基金會 ▶ 金管會證期局 ▶ 會計師公會

「會計」是商業社會發達下的產物，每一企業都需要會計人員幫忙記帳。學好會計，除了可以進入各行各業從事與會計有關的工作外，若學有專精，還可以進一步參加會計師、記帳士等國家考試，成為會計專業人士。因此，會計是值得用心學習的。

第一節　會計的意義及功能

一 會計的意義

會計是什麼呢？所謂會計（Accounting），就是將特定經濟個體所發生與財務有關的事項，依據系統的理論，遵循公認的原則，用貨幣單位衡量後，加以記錄、分類、彙總、編製財務報表，並將其報導、分析及解釋，提供資訊使用者作審慎判斷與決策之參考。

由上述定義可知，會計不只是記帳，還須進一步報導、分析與解釋，深入研究其理論與原則；又會計是因應人類經濟活動發展所衍生的一門社會科學，其理論與原則會隨著環境變遷而不斷的作適應性修訂。

會計適用的範圍，包括個人、家庭、企業、政府或其他團體（如醫院、學校）等，凡是需要清楚瞭解收支帳目的經濟個體，都可以設置會計帳簿加以記錄，編製報表。本書僅以企業為探討範圍。

經濟交易活動　→　貨幣衡量　→　記錄、分類 彙總、編表　→　報導、分析及解釋　→　供使用者作決策

》圖1-1 會計的意義

知識加油站 會計與簿記之區別

很多人誤以為會計就是簿記,其實不然,兩者仍有區別。簿記(Bookkeeping)俗稱記帳,包括交易的記錄、分類、彙總及編製報表等處理程序,是會計領域內較為簡單制式化的部分,工作內容偏重技術面。在會計電腦化的趨勢下,此種具重複性、規則性的記帳工作,已逐漸由電腦所取代。

會計演進到現代,已非單純的只是簿記,重要的是能發揮它的附加價值。換句話說,會計除了依照簿記程序編出財務報表外,尚須進一步分析、解釋,並深入研究其理論與原則。因此,會計範圍較簿記為大(見圖1-2),其層級也較簿記為高。

》圖1-2 會計範圍涵蓋簿記

二 會計的功能

會計是一種服務性活動,主要目的在提供有用性資訊給使用者制定決策參考。會計資訊的使用者(財務報表閱表人),包括內部使用者及外部使用者。若依使用者作歸類,會計具有下列功能(見表1-1與圖1-3):

》表1-1 會計資訊使用者及其功能

會計資訊使用者		會計功能
內部使用者	企業管理階層（如總經理、部門經理）	經理人可藉由會計資訊瞭解企業的經營狀況，進行績效評估並規劃未來營運方向。
	董事、監察人	董事、監察人或內部稽核人員，可藉由會計資訊執行監督及考核依據。
外部使用者	投資人（如老闆、股東）	現有投資人及潛在投資人，可藉由財務報表獲得企業獲利能力與盈餘分配資訊，判斷是否值得投資。
	債權人（如銀行）	債權人可藉由財務報表評估企業的償債能力[註1]，決定是否貸款以及貸款額度。
	政府機關（如經濟部、國稅局）	企業主管機關可藉以監督企業是否遵照法令經營；稅務機關可藉以查核是否有逃漏稅。
	供應商、客戶	供應商與客戶可藉以評估企業履約實力，判斷是否繼續生意往來。
	員工[註2]及一般大眾	員工、工會可藉以瞭解企業前景及薪資合理性；一般大眾（如社區居民）則可藉以瞭解就業機會、社區發展前景等。

▶ 註1：償債能力是指償還債務的能力，包括本金及利息。

▶ 註2：企業員工，一般歸類為會計資訊的外部使用者；但員工擔任企業內部管理階層職務，則亦歸類為內部使用者。

》圖1-3 會計資訊之使用者

腦力激盪…

1. 試區分會計資訊之外部使用者與內部使用者：

   A. 顧客　B. 研究發展部經理　C. 投資人　D. 董事長　E. 財經記者

   F. 貸款銀行　G. 調查局　H. 證券經紀商　I. 內部稽核人員　J. 工會代表

   K. 副總經理 L. 國稅局

   答：外部使用者：＿＿＿＿＿＿＿＿＿＿＿＿＿＿

   　　內部使用者：＿＿＿＿＿＿＿＿＿＿＿＿＿＿

一、選擇題

( ) 1. 所謂「企業的語言，管理的利器」，是指 (A)預算 (B)會計 (C)審計 (D)統計。

( ) 2. 阿信投資蘋果公司的股票，一般情況下，阿信期待得到的報酬是甚麼？ (A)蘋果公司獲利且分配股利 (B)蘋果公司定期支付利息 (C)蘋果公司按年支付權利金 (D)蘋果公司按月支付薪水。

( ) 3. 下列對於會計功能之敘述，共幾項正確？
① 將有用會計資訊提供給相關人員，擬定相關決策。
② 經理人可藉由會計資訊掌握經營狀況，並規劃未來經營策略
③ 銀行可藉由會計資訊衡量貸款公司的償債能力，來決定貸款額
④ 員工可藉由會計資訊展望企業的前景，預期調薪可能性。
(A)一項 (B)二項 (C)三項 (D)四項。

( ) 4. 下列何者不是會計的功能？ (A)提供公司董事、經理財務資訊，以協助制定決策 (B)提供稅捐機關核定課稅所得之資料 (C)協助企業美化財務報表，吸引投資人 (D)提供投資人、債權人評估投資及授信計畫資訊。

二、填充題

1. 下列對於會計之描述，有哪幾項是正確的？＿＿＿＿＿＿＿
① 會計屬於服務性的活動。
② 會計即簿記，二者無區別。
③ 會計係以貨幣（新臺幣元）為衡量單位。
④ 會計能提供有用性資訊幫助使用者做決策。
⑤ 會計是一套對經濟資訊的認定，衡量與溝通的程序。

2. 下列為會計功能的彙總，試填入適當的會計資訊使用者：

會計資訊使用者
　內部使用者
　　（　　　　　　　）：作為公司經營管理的參考。
　　（　　　　　　　）：作為監督與考核經理人績效的參考。
　（　　　　　　）
　　（　　　　　　　）：作為是否購買該公司股票的參考。
　　（　　　　　　　）：作為是否貸款及貸款額度的參考。
　　（　　　　　　　）：作為課稅或督導的參考。
　其他利害關係人：提供員工、工會、客戶或一般大眾參考。

第二節　會計之種類

　　會計依不同的業務、資本構成及使用者，可分為許多不同的會計種類，如圖1-4，茲說明如下：

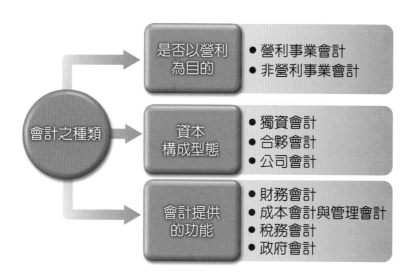

》圖1-4　會計之種類

一 依是否以營利為目的區分

(一)營利事業會計

　　係指以營利為目的之經濟個體所採用的會計，設有資本帳，並計算損益，又稱為商業會計。例如：買賣業、製造業、銀行、公用事業（與民生有關之郵政、水、電、瓦斯等）等營利事業使用的會計。

(二)非營利事業會計

　　係指不以營利為目的之經濟個體所採用的會計，不設資本帳，也不計算損益，又稱為收支會計。例如：政府會計（政府機構採用之會計）、其他非營利事業會計（如醫院、學校、公會、財團法人基金會等採用之會計）。

二 依資本構成型態區分

　　企業組織型態，依其資本構成共分為三種：獨資、合夥及公司。

(一) 獨資會計

由一人出資經營，業主獨自享受盈餘或承擔虧損之企業所採用的會計。例如：雜貨店僅由一人出資，老闆獨自享受盈餘、自己承擔虧損。

(二) 合夥會計

由二人或二人以上共同出資經營，合夥人共同分享盈餘，並承擔連帶無限清償債務責任之企業所採用的會計。例如：三人以上合開的聯合會計師事務所、聯合律師事務所。

(三) 公司會計

係指以營利為目的，依照公司法組織登記成立之社團法人所採行的會計。公司的種類可分為有限公司、無限公司、兩合公司、股份有限公司四種，其中以「股份有限公司」最為普遍。例如：台灣積體電路製造股份有限公司（台積電）。

 知識加油站 法人

法人是指法律上具有人格的組織，它們就像自然人一樣享有法律上的權利與義務，可以發起或接受訴訟。就其組織觀察，以社員為中心者稱為「社團法人」，以獨立財產為中心者則稱為「財團法人」。例如，公司係依照《公司法》由多數股東組織成立的社團法人，獨資、合夥企業不適用公司法，不具法人人格；私立學校、研究機構、基金會、慈善團體等就其財產設有管理人，均屬於財團法人。

 腦力**激盪**…

2. 試判斷下列經濟個體之屬性：（請於適當空格內打✓）

	是否為法人組織			是否營利	
	法人組織		非法人組織	營利事業會計	非營利事業會計
	社團法人	財團法人			
(1) 獨資商店					
(2) 聯合會計師事務所					
(3) 華碩電腦股份有限公司					
(4) 罕見疾病基金會					
(5) 臺灣大學附設醫院					

三 依會計提供的功能區分

(一) 財務會計

係指提供企業外部資訊使用者的會計。因為編製的財務報表必須對外公開，所以必須遵守大眾共同接受的一般公認會計原則（generally accepted accounting principles，GAAP）編製，以確保能公正允當表達企業真實的財務狀況與經營績效。財務會計為本課程主要研究的範圍。

(二) 成本會計與管理會計

成本會計與管理會計，均為提供企業內部資訊使用者的會計。其所做的成本分析與編製的報表，僅供董事、經理等內部管理人員作為規劃與控制之用，其報表不必對外公開，所以不必遵守一般公認會計原則編製。

(三) 稅務會計

係指依據稅務法規，提供稅捐機關課稅依據的會計。企業平日會計帳冊應遵循一般公認會計原則，待稅務申報時，再將會計記錄與稅法規定不一致的部分，予以帳外調整。

(四) 政府會計

　　係專為政府公務機關特別設計的會計制度，不設資本帳，也不計算損益，只做歲入、歲出的預算控制和記錄，屬於非營利會計。

知識加油站 特殊行業會計

　　是指為了配合行業的特殊性所建立的會計制度。常見的特殊行業會計有銀行會計、餐飲會計、交通會計（如鐵路、公路、航運）、公用事業會計（如水電、郵政）等。

財務會計　　　　　成本會計與管理會計

稅務會計　　　　　政府會計

》圖1-5 會計之種類—以會計提供的功能區分

腦力激盪⋯

3. 連連看（將左右最相關兩點連成一線）

(1) 營利事業會計◆　　　　　◆醫院、學校使用之會計

　　非營利事業會計◆　　　　　◆買賣業、餐飲業使用之會計

(2) 政　府　會　計◆　　　　　◆須遵守一般公認會計原則編製報表

　　財　務　會　計◆　　　　　◆為政府公務機關設計之會計制度

　　管　理　會　計◆　　　　　◆供稅捐機關課稅依據之會計

　　稅　務　會　計◆　　　　　◆提供企業內部管理者使用的會計

一、是非題

(　　) 1. 學校、醫院、慈善基金會使用之會計,皆為非營利事業會計。

(　　) 2. 台灣高鐵公司屬於公用事業,不計算損益,屬收支會計。

(　　) 3. 中華電信、台灣大哥大的財務會計,須遵循一般公認會計原則。

(　　) 4. 公司乃依據公司法成立之社團法人,法律上為權利義務之主體。

二、選擇題

(　　) 1. 下列何種組織團體,應採用商業會計?　(A)國家音樂廳　(B)慈濟功德會　(C)臺灣大學　(D)中華航空公司。

(　　) 2. 下列何種會計,提供給企業外界使用者做決策參考?　(A)財務會計　(B)管理會計　(C)政府會計　(D)家庭會計。

(　　) 3. 下列何種會計,應遵守商業會計法的規定?　(A)政府會計　(B)成本會計　(C)收支會計　(D)財務會計。

(　　) 4. 商業會計用來記載財務性質經濟事項的主體是　(A)業主　(B)員工　(C)企業　(D)投資者。

(　　) 5. 依據稅法規定處理,需作帳外調整的會計為　(A)政府會計　(B)稅務會計　(C)管理會計　(D)財務會計。

(　　) 6. 下列何者不具法人資格?　(A)股份有限公司　(B)合夥企業　(C)政黨　(D)消費者文教基金會。

第三節 會計專業領域及職業道德

一 會計專業人員在組織經營管理上扮演的角色

(一) 會計是企業的語言

會計，具有傳達企業財務資訊給使用者的功能。例如：投資大眾可以閱讀公司發佈的財務報表，了解該公司到底是賺錢還是虧錢，值不值得購買其股票，做它的股東；債權人也可以藉此了解公司的欠債情形，評估債權是否有保障等等。因此，會計是企業與利害關係人之間溝通的語言。

(二) 會計是管理的利器

企業內部經理人可藉由會計紀錄與報表，檢討過去的經營績效，適時修正未來的經營策略，進行最好的管理。因此，會計是企業管理的利器。

會計人員在組織經營管理上扮演溝通橋樑的角色，能適時提供經理人制定研發、生產、行銷、人力資源、財務等管理決策所需的相關財務資料。各經理人亦應該利用會計部門提供的報告，規劃或回饋修正經營策略，使公司整體營運更順暢，藉以達成預期目標。

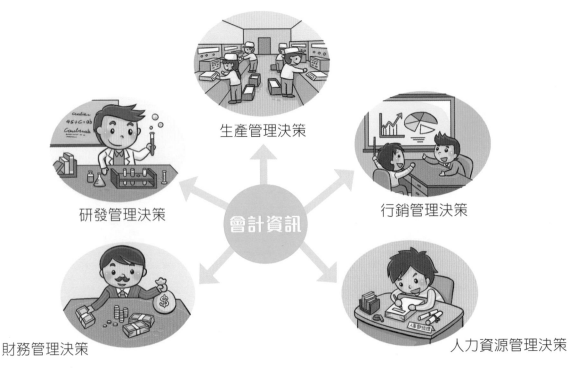

» 圖1-6 會計資訊在企業組織內的角色與功能

會計專業領域

我國的會計專業領域之從業人員，大致分為四種：

(一) 會計師

會計師（Certified Public Accountant，CPA）是一種專門職業人員，須國家會計師高考及格，經二年以上的工作經驗取得會計師執照。會計師事務所，對企業提供審計、稅務及管理顧問等專業性服務。例如股票上市上櫃公司，依法必須委任會計師查核公司財務報表是否依據一般會計原則編製，並對是否允當表達表示專業意見。

≫圖1-7 會計師與財務報表之關係

(二) 記帳士

又稱為記帳及報稅代理業務人，必須通過記帳士普考及格，取得證照才能執業。記帳士事務所通常協助中小企業辦理營業登記、記帳及報稅工作，以賺取月費。

(三) 企業會計人員

受聘於特定企業，屬於企業內的編制人員。其工作內容視企業個別需求而定，一般包括會計事務處理、編製預算等。

(四) 非營利事業會計人員

1. **政府會計人員**：受聘於政府公務機關內的會計人員。

2. **其他非營利事業會計人員**：受聘於政府機關以外非營利事業機構的會計人員。如慈善機構內的會計人員。

三 會計人員的職業道德

　　會計是一套資訊系統，目的在將資料記錄、整理、報導，並傳達給組織或個人做最佳的資源配置。由於會計資訊會影響使用者的決策行為，間接影響社會資源的轉移、重分配。因此，會計人員對社會有一份使命與責任。例如：某上市公司作假帳，故意公布錯誤不實的財務報表，吸引投資人搶購該公司股票後，公司負責人偷偷掏空資產逃逸國外，投資人血本無歸，引發社會大眾的恐慌。

　　所以，無論從事會計師、記帳士、企業或政府的會計人員，都應具備專業知識及技能，秉持高尚的職業道德（正直、公正客觀、保密）及超然獨立精神，客觀公正地記錄並且忠實表達財務資訊，不作假帳。

一、是非題

( ) 1. 會計人員因業務之便,將公司海外投資計畫的預算資料,賣給公司的競爭對手賺取外快,是一項合法的行為。

( ) 2. 企業會計人員應與各部門間應該充分合作,以追求公司整體最高利潤為目標。

( ) 3. 會計是企業經營管理的利器。

( ) 4. 身為會計人員,態度應獨立超然,擁有高尚的職業道德。

( ) 5. 會計師與記帳士的主要職業專業領域完全相同。

( ) 6. 會計人員在組織經營管理上通常扮演著溝通橋樑的角色,提供各部門決策者相關的財務資訊。

二、選擇題

( ) 1. 所謂企業的語言,是指什麼? (A)績效 (B)稅務 (C)會計 (D)審計。

( ) 2. 何種會計人員的專業領域是在查核上市公司的財務報表,並表示其專業意見? (A)會計師 (B)記帳士 (C)企業會計人員 (D)代客記帳業者。

( ) 3. 下列何者不是記帳士的業務範圍? (A)代客記帳 (B)受託辦理營業登記 (C)稅務申報 (D)幫客戶逃漏稅。

( ) 4. 下列何者須經過國家高普考錄取,且具有公務人員資格? (A)公立學校的會計室主任 (B)會計師 (C)鴻海精密公司的會計人員 (D)記帳士。

第四節　會計原則發展之相關團體

與會計準則或會計實務發展有關的主要專業團體，國外為國際會計準則理事會、美國財務計準則委員會，國內則為會計研究發展基金會與會計師公會；政府主管機關為金管會，茲分別介紹如下：

一　國際主要會計團體

(一)國際會計準則理事會

（International Accounting Standards Board，IASB）

國際會計準則理事會（IASB）於2001年成立，總部位於英國倫敦，其成立之目的在促進各國會計準則的調和及統一。IASB共有15個委員，分別來自不同國家，如澳洲、加拿大、法國、德國、日本、墨西哥、荷蘭、英國、愛爾蘭及美國等國，主要工作在修訂一套高品質，且具強制性的全球化會計準則，此準則稱為《國際財務報導準則公報》（International Finical Reporting Standards，簡稱IFRSs）。目前全世界已超過一百多個國家強制或允許採用IFRSs，IFRSs儼然已經成為各國會計準則之主流。

隨著跨國企業不斷增加，各國會計處理準則趨向全球化。為了與國際接軌，提升國際競爭力，我國行政院金融監督管理委員會（金管會）在2009年5月宣布，自2013年起，股票上市、上櫃等證券公開發行公司之財務報表全面依據IFRSs規範編製。

(二)美國財務會計準則委員會

（Financial Accounting Standards Board，FASB）

FASB成立於1973年，已發布超過163號財務會計準則公報，IFRSs尚未普遍採用前，美國會計準則是世界最權威的，許多國家均參酌該公報修訂定為自己國家的會計準則，過去臺灣亦是如此。

二　我國會計專業團體

(一) 中華民國會計研究發展基金會

「財團法人中華民國會計研究發展基金會」成立於民國73年4月，設立宗旨在提高我國會計水準，促進會計、審計暨評價準則之持續發展，協助工商企業健全會計制度及培養企業財會人才，其下設置之「財務會計準則委員會」，負責制定並發布《財務會計準則公報》。目前因為與國際接軌，所以改負責逐號翻譯國際財務報導準則公報IFRSs為正體中文（Taiwan-IFRSs，簡稱TIFRS），並經一定之覆核程序後由金管會認可發布，作為公開發行公司編製財務報告之依據。目前，《國際會計準則正體中文版（TIFRS）》是我國一般公認會計原則的主要來源。

我國產業結構特殊，以中小型企業佔絕大多數，但IFRSs適用於公開發行公司，對於非公開發行公司、獨資、合夥等中小型企業的適用顯然較為艱難。因此，會計研究基金會再以IFRSs為基礎做簡化，配合國內中小企業的經營實務環境及法令，另外制定一套中小企業適用的「企業會計準則公報（EAS）」，俗稱小I，並公布自2016年起適用。EAS便正式成為我國非公開發行公司（中小企業）所遵循的一般公認會計原則。

綜上所述，我國會計界所謂的「一般公認會計原則（GAAP）」，應包括金管會認可之國際財務報導準則（IFRSs）、國際會計準則（IAS）、國際財務報導準則解釋（IFRIC）、會計解釋常務委員會發布之解釋公告（SIC），以及企業會計準則公報（EAS）。

(二) 會計師公會

目前有臺灣省會計師公會、臺北市會計師公會、高雄市會計師公會，台中市會計師公會以及各公會聯合組成的中華民國會計師公會全國聯合會，對於共同闡揚會計、審計的學術地位，發揮會計師功能有很大幫助。

三 行政院金融監督管理委員會

行政院金融監督管理委員會，簡稱金管會，為中華民國行政院所屬部會，是監督管理中華民國金融業與規劃金融政策的權責機構。旗下所屬證券期貨局（簡稱金管會證期局），除了對金控公司進行監督與管理外，還負責管理證券期貨市場，監督會計師財務簽證，推動會計制度改革。

有關企業財務報表的編製規範方面，「金管會」負責發布及督導執行「證券發行人財務報告編製準則」，同時是負責認可及發布國際財務報導準則（IFRSs）正體中文版的主管機關。

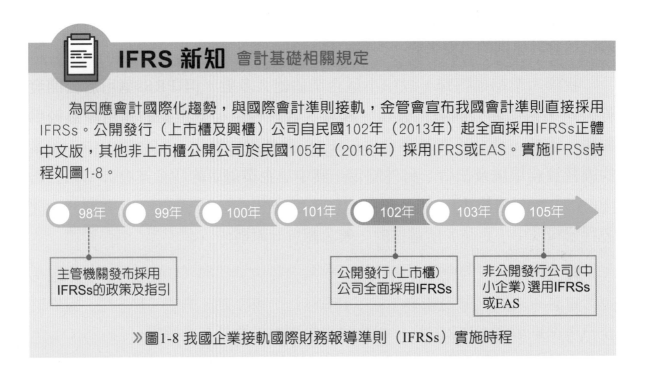

IFRS 新知　會計基礎相關規定

為因應會計國際化趨勢，與國際會計準則接軌，金管會宣布我國會計準則直接採用IFRSs。公開發行（上市櫃及興櫃）公司自民國102年（2013年）起全面採用IFRSs正體中文版，其他非上市櫃公開公司於民國105年（2016年）採用IFRS或EAS。實施IFRSs時程如圖1-8。

| 98年 | 99年 | 100年 | 101年 | 102年 | 103年 | 105年 |

| 主管機關發布採用IFRSs的政策及指引 | 公開發行（上市櫃）公司全面採用IFRSs | 非公開發行公司(中小企業)選用IFRSs或EAS |

》圖1-8 我國企業接軌國際財務報導準則（IFRSs）實施時程

知識加油站　何謂「一般公認會計原則（GAAP）」？

GAAP是指金管會認可之國際財務報導準則、國際會計準則、解釋及解釋公告，以及非公開發行公司（泛指中小企業）專門適用之企業會計準則（EAS）。

一、是非題

(　　) 1. 國際財務報導準則（IFRSs）目前已是世界各國財務會計準則的主流。

(　　) 2. 財務會計準則不斷增刪修正，乃是因應社會環境變遷與合乎世界潮流之故。

(　　) 3. 我國企業編製財務報表，應遵守商業會計法，若商業會計相關法律沒有規範時，則應依循一般公認會計原則。

(　　) 4. 金管會證期局隸屬於立法院。

二、選擇題

(　　) 1. 《國際財務報導準則》是下列哪一個會計專業團體所制定？　(A)金管會證期局　(B)中華民國會計研究發展基金會　(C)國際會計準則理事會　(D)美國會計師公會。

(　　) 2. 我國是由哪一單位負責翻譯「國際財務報導準則（IFRSs）」，以作為財務會計準則之依據？　(A)行政院財政部　(B)中華民國會計師公會全國聯合會　(C)行政院金融監督管理委員會證券期貨局　(D)中華民國會計研究發展基金會。

(　　) 3. 下列何項不屬於「一般公認會計原則」？　(A)國際財務報導準則（IFRSs）之解釋公告　(B)國際會計準則（IAS）　(C)企業會計準則（EAS）　(D)公司法。

(　　) 4. 我國公開發行公司適用之一般公認會計原則為　(A)商業會計法　(B)國際財務報導準則　(C)企業會計準則　(D)美國財務會計準則公報。

(　　) 5. 為與國際接軌，我國金管會規定上市櫃公司自何年開始採用國際會計準則？　(A)2012年　(B)2013年　(C)2014年　(D)2015年。

(　　) 6. 下列何者為我國非公開發行公司、獨資及合夥企業專門適用之一般公認會計原則？　(A)國際會計準則　(B)國際財務報導準則　(C)企業會計準則　(D)美國財務會計準則公報。

三、簡答題

1. 與會計發展有關的會計專業團體有哪些？試舉出三個機構。

一、會計的意義

1. 係以有系統、有組織的方法，將經濟個體發生與財務有關的事項，以貨幣單位衡量後，加以記錄、分類、彙總、報表，並將報導的資料予以分析與解釋，以提供資訊使用者作審慎的判斷與決策。
2. 會計學的理論與原則，會隨著經濟環境變遷而不斷增刪修訂。

二、會計與簿記的區別

1. 簿記屬於會計一部分，偏技術面，具重複性，已漸由電腦會計所取代。
2. 會計除簿記外，尚包括報表分析及解釋，並深入研究其理論與原則。

三、會計的功能

使用者	種類	功能
內部使用者	企業管理階層、董事、監察人	提供企業內部經營管理參考
外部使用者	投資人、債權人、政府、員工、一般社會大眾	提供投資、授信、課稅及其他參考

四、會計的種類

區分標準	種類	說明或舉例
是否營利為目的	營利事業會計	商業會計，如買賣業、製造業、銀行、公用事業
	非營利事業會計	收支會計，如政府會計、社團會計
資本構成型態	獨資會計	一人出資的企業
	合夥會計	二人（含）以上合資的企業，如聯合律師事務所
	公司會計	依公司法組織成立之社團法人
提供功能	財務會計	供企業外部使用者的會計
	成本及管理會計	供企業內部使用者的會計
	稅務會計	依據稅法規定記帳
	政府會計	記錄歲收歲入，無資本帳，不計損益

五、 會計在組織經營管理上所扮演之角色

1. 會計是企業的語言、管理的利器。
2. 會計人員應秉持職業道德及超然獨立之精神，忠實表達企業的財務資訊。

六、 會計人員的專業領域

1. 會計師：提供審計、稅務及管理顧問諮詢等專業性服務。
2. 記帳士（記帳及報稅代理業務人）。
3. 企業會計人員。
4. 非營利機構會計人員：
   (1)政府會計人員。
   (2)其他非營利事業之會計人員。

七、 與會計發展有關之專業團體

1. 國際會計準則理事會（IASB）：所發布之「國際財務報導準則IFRSs」已發展為世界各國財務會計準則主流。
2. 美國財務會計準則委員會（FASB）。
3. 我國會計專業團體
   (1)中華民國會計研究發展基金會。
   (2)行政院金融監督管理委員會（金管會）。
   (3)會計師公會。

八、 我國一般公認會計原則（GAAP）主要來源

1. 公開發行公司適用之GAAP：金管會認可之國際財務報導準則（IFRSs）、國際會計準則IAS，及其解釋公報。
2. 非公開發行公司、獨資及合夥企業適用之GAAP：國際財務報導準則（IFRSs）及企業會計準則（EAS）。

總結評量

知 識 ▶▶ 理 解 ▶▶ 應 用

一、是非題

( ) 1. 會計是對經濟活動資料的認定、衡量與溝通的程序，以協助資訊使用者作審慎的判斷與決策。

( ) 2. 會計處理應堅守既定的原理原則，不隨經濟環境變遷或企業特性而更動。

( ) 3. 簿記屬於會計整體過程的一環，以系統方法處理日常發生的經濟活動為主要工作。

( ) 4. 管理會計乃專為企業外部使用人設計使用的會計。

( ) 5. 慈善機構為非營利事業，採用收支會計處理帳務。

( ) 6. 公司生產部門與行銷部門績效的好壞，最後會反映到財務資料上，所以會計在組織經營管理上扮演著溝通與管理利器的重要角色。

( ) 7. 未來同學若想成立「記帳士事務所」代客記帳，必須通過記帳士考試，取得證照才能執業。

( ) 8. 制定國際會計準則公報的主要目的，在促進各國會計準則的調和，提升各國企業財務報表的比較性。

( ) 9. 企業編製之財務報告，公開發行（上市櫃）公司全面適用IFRSs，非公開發行公司（未上市櫃）之中小企業，得視需要選擇適用IFRSs或EAS準則條文。

二、選擇題

1-1 ( ) 1. 下列何者不是會計的主要功能？ (A)協助金融機構制定授信決策 (B)協助企業當局漏稅 (C)協助管理當局改進業務 (D)協助投資人評估投資計畫。

( ) 2. 財務會計最主要功能為 (A)強化內部控制與防止舞弊 (B)記錄債權債務 (C)提供稅捐機關課稅資料 (D)提供財務資訊給企業外部人士作決策參考。

( ) 3. 在工商社會的日常生活中，有哪些人想得到會計資訊？ (A)公司主管 (B)業主或投資人 (C)債權人、政府機關 (D)以上都是。

( ) 4. 會計可應用於 (A)企業 (B)政府 (C)基金會 (D)以上皆是。

1-2 ( ) 5. 財務會計應遵循下列何者來記帳？ (A)會計人員的習慣 (B)業主指示 (C)稅法規定 (D)一般公認會計原則。

( ) 6. 企業帳冊應根據何者記載，方能允當表達企業的會計所得？ (A)公平交易法 (B)一般公認會計原則 (C)業主指示 (D)稅法規定。

(　　) 7. 下列何者採用營利事業會計？　(A)消費者文教基金會　(B)總統府　(C)台北捷運公司　(D)慈濟醫院。

(　　) 8. 商業會計是　(A)收支會計　(B)營利會計　(C)財團會計　(D)非營利會計。

(　　) 9. 依企業的資本構成型態，會計可分為　(A)財務會計、成本及管理會計　(B)營利及非營利事業會計　(C)獨資會計、合夥會計及公司會計。

1-3 (　　) 10.會計師對企業提供的專業性服務為　(A)審計　(B)稅務簽證　(C)管理諮詢服務　(D)以上皆是。

(　　) 11.下列哪一項<u>不是</u>會計人員之職業道德？　(A)立場超然獨立　(B)美化窗飾財務報表　(C)遵守相關法令　(D)公正客觀、保密。

1-4 (　　) 12.下列有關「一般公認會計原則」之敘述，何者正確？　(A)管理會計應遵循一般公認會計原則　(B)當稅法與一般公認會計原則規定不同時，企業改依稅法處理帳務　(C)一般公認會計原則乃由會計師公會制定並公告　(D)財務會計除須遵守一般公認會計原則，也需符合我國商業會計法規定。

(　　) 13.下列敘述，正確者共有幾項？　(A)一項　(B)二項　(C)三項　(D)四項。
①公司的股東及董事長，均是會計資訊的外部使用者。
②管理會計最主要的目的是強化內部控制與防止舞弊。
③會計帳冊的記載應符合一般公認會計原則。
④「IFRSs正體中文版」為會計研究發展基金會翻譯，金管會認可並發布。

三、綜合應用

試上網瀏覽下列有關會計專業相關訊息：

1. 雅虎「股市」網頁：瀏覽上市公司的買賣成交訊息及其財務報表。

2. 財團法人會計研究發展基金會：瀏覽我國TIFRSs及國際財務報導準則IFRSs相關訊息。
（網址為：http://www.ardf.org.tw）

3. 行政院金融監督管理委員會：瀏覽該機關有執行哪些業務？
（網址為http://www.sfb.gov.tw）

4. 瀏覽任何一個會計教學網站。

會計循環及會計帳簿

Chapter 2

學習目標

研讀本章內容後，同學們應該能夠回答下列問題：

1. 何謂會計循環？何謂會計年度？
2. 平時會計處理程序與期末會計處理程序，各包含哪些步驟？
3. 營業循環與會計循環意義相同嗎？
4. 《商業會計法》規定，商業應設置的會計帳簿種類有哪兩種？
5. 舉出五項會計帳簿記載通則。
6. 商業折扣與現金折扣如何區分？何者不入帳？

本章課文架構

```
                    會計循環及會計帳簿
          ┌──────────────────┴──────────────────┐
      會計循環的概念                        會計帳簿之設置

  ▶ 會計期間（報導期間）               ▶ 會計帳簿的種類
  ▶ 會計循環意義                      ▶ 帳簿記載通則及習慣
  ▶ 會計處理程序
  ▶ 營業循環
```

導讀 　　理解會計基本概念及基本法則之後，本章將帶領同學鳥瞰整個年度的會計工作進行流程，包括平時會計程序，以及年度結束時進行的期末會計程序。

　　會計人員應養成依法處理會計事務的態度。因此，本章羅列與帳簿處理相關的《商業會計法》重要條文，以及實務上常用的帳簿記載通則，期使同學在正式進入會計專業領域前，能建立良好的會計工作態度與法律素養。

第一節　會計循環的基本認識

一 會計期間

　　企業的盈虧，理論上必須等到該企業結束營業，出售所有資產、清償所有負債後，才能真正確定；但實務上無法等到企業結束，因為許多決策必須根據當前的財務狀況與盈虧情形做決定。於是，會計人員會將連續不斷的經營過程劃分為若干等長的期間，以便定期分段計算損益、報導財務狀況。這種段落期間，就是「會計期間」，又可稱為報導期間。

　　會計期間長短可按企業實際需要加以劃分，通常為一季、半年或一年。若以一年為一個會計期間，稱為「會計年度」，若會計年度自1月1日起至12月31日止，屬於曆年制。《商業會計法》第六條即明確規定：「商業以每年1月1日起至12月31日止為會計年度。但法律另有規定，或因營業上有特殊需要者，不在此限。」

二 會計循環

　　會計資料的處理，在每一個會計期間內，從交易記錄到結束有一定的程序。完整的會計程序包括六大步驟，依序為分錄、過帳、試算、調整、結帳及編表。

　　企業在每一會計期間內，上述完整的會計程序會進行一次，每期程序相同，週而復始，故稱為會計循環（Accounting Cycle）。其中分錄、過帳、試

算是平日經常性的工作，屬於平時會計程序；調整、結帳及編表則是期末結束才會進行的工作，屬於期末會計程序。茲將會計循環簡要表達如圖2-1。

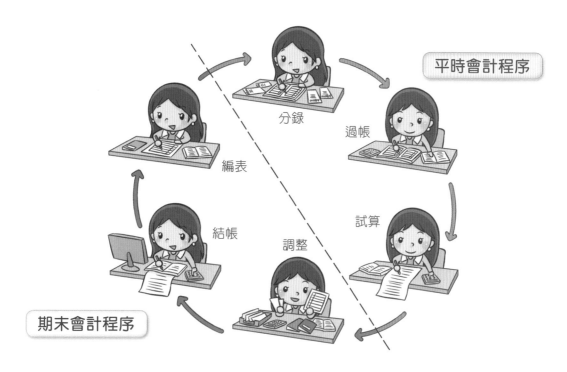

平時會計程序

分錄

過帳

試算

調整

結帳

編表

期末會計程序

》圖2-1 會計循環

三 會計處理程序

(一)分錄（Journalizing）

交易發生取得發票或收據後，按發生日期先後依序記錄於帳簿中，此項工作稱為分錄。而用以記載分錄的帳簿，稱為日記簿。

(二)過帳（Posting）

將日記簿記載的分錄，按會計項目別，分類集中轉記到各分類帳戶的過程，此項工作稱為過帳。而用以記載每一項目增減變動情形的帳簿稱為分類帳。

(三)試算（Taking Trial Balance）

驗證分錄與過帳是否正確的工作，稱為試算。試算時編製的帳戶彙總表，稱為試算表。

(四) 調整（Adjusting）

為了正確表達企業實際的財務狀況與經營績效，報導期間終了（12月31日）辦理結帳前，對分類帳戶加以分析、修正的工作稱為調整。所有調整事項，仍須在日記簿作成調整分錄，過帳至分類帳，並編製調整後試算表。

(五) 結帳（Closing）

期末，必須將各分類帳戶結束。此種將虛帳戶餘額結清轉入「本期損益」帳戶，將實帳戶餘額結轉下期繼續記錄的工作，稱為結帳。因結帳而作的分錄稱為結帳分錄，仍須記入日記簿，過至分類帳，並編製結帳後試算表。

(六) 編表（Preparing Financial Statements）

會計期間結束，根據調整後帳戶的餘額編製財務報表，此項工作簡稱為編表。企業的主要財務報表共四張，依其編製順序介紹如下：

1. **綜合損益表**：目的在表達企業在某特定期間內的經營績效。

2. **權益變動表**：目的在表達權益在某特定期間內的增減變動情形。

3. **資產負債表**：又稱為財務狀況表，目的在表達企業在某一特定日期的財務狀況。

4. **現金流量表**：目的在表達企業在某特定期間內，營業、投資與籌資活動對現金流入流出的影響情形。

上述主要財務報表中，資產負債表乃表達某一「特定日期」的財務狀況，屬於報導定量的靜態報表；綜合損益表、權益變動表及現金流量表，是表達某一「特定期間」的會計相關資訊，屬於報導流量的動態報表。為呈現整體的會計處理程序，繪製如圖2-2。

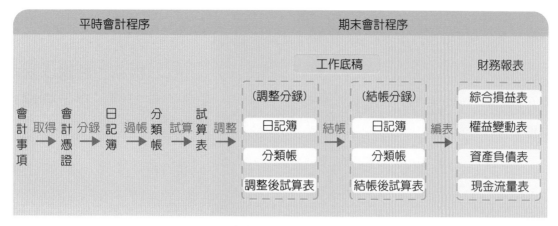

》圖2-2 平時會計程序與期末會計程序

 腦力激盪⋯

1. 請連接左右最相關的兩點，並將正確順序以阿拉伯數字(1、2、⋯、6)填入空格內：

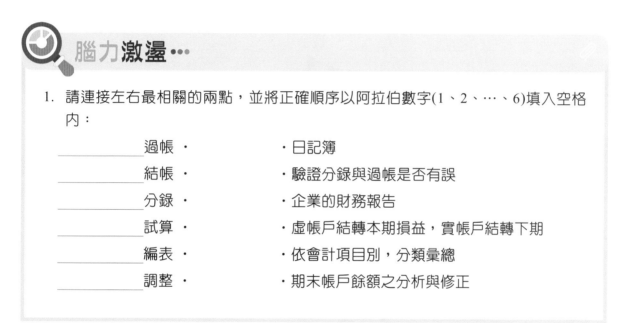

左	右
＿＿＿＿＿過帳 ・	・日記簿
＿＿＿＿＿結帳 ・	・驗證分錄與過帳是否有誤
＿＿＿＿＿分錄 ・	・企業的財務報告
＿＿＿＿＿試算 ・	・虛帳戶結轉本期損益，實帳戶結轉下期
＿＿＿＿＿編表 ・	・依會計項目別，分類彙總
＿＿＿＿＿調整 ・	・期末帳戶餘額之分析與修正

知識加油站 編工作底稿 V.S 期末會計程序

　　為了使期末會計程序順利進行，避免錯誤，會計人員可以先行編製工作底稿計算；而為了時效，可根據工作底稿直接編製財務報表，再作結帳。因此，有編製工作底稿時，期末會計程序應改為：工作底稿➡編表➡調整➡結帳。詳細內容請見本書第八章。

四 營業循環

係指企業以現金購入商品,將商品賒銷後,再收回帳款,轉換成現金的營業活動,如此營運行為繼續不斷的循環,又稱為營業週期。營業循環與會計循環的意義不同。

一個營業週期的長短會隨企業營業性質不同而有所差異,例如生鮮超市的生鮮食品容易腐敗,營業週期很短;但建築業從購買土地、建造完成到出售房屋,營業週期可能長達二、三年。一般買賣業的營業循環概念,如圖2-3:

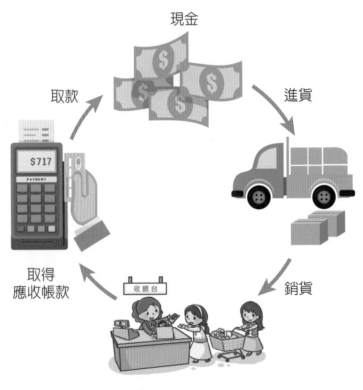

》圖2-3 營業循環

腦力激盪…

2. 冠億建設公司每個建案從「設計→推銷預售屋→建造→完工→交屋」平均大約要兩年,若該公司依據《商業會計法》規定,每一年必須結算損益編製財務報表。

試問:冠億建設公司的會計循環期間為＿＿＿＿年,營業循環期間為＿＿＿＿年。

一、是非題

( ) 1. 會計期間（報導期間）劃分目的在於分段計算損益。

( ) 2. 會計程序又稱為會計循環，在每一個報導期間內必循環一次。

( ) 3. 會計循環就是營業循環。

( ) 4. 曆年制之會計年度，屬於七月制。

( ) 5. 現金流量表乃是表達一企業在某報導期間內經營績效之會計報表。

二、選擇題

( ) 1. 《商業會計法》規定，商業之會計年度起訖時間為　(A)7月1日至次年6月30日　(B)1月1日至12月31日　(C)3月1日至次年2月28日　(D)立春至冬至。

( ) 2. 由現金、進貨、銷貨，再回復為現金之循環，稱之為　(A)營業循環　(B)會計循環　(C)會計程序　(D)現金循環。

( ) 3. 結清虛帳戶，結轉實帳戶之工作稱為　(A)調整　(B)結帳　(C)過帳　(D)編表。

( ) 4. 調整→結帳→編表，是為　(A)營業循環　(B)期初會計程序　(C)期末會計程序　(D)平時會計程序。

( ) 5. 表達一企業特定日期財務狀況的報表為　(A)權益變動表　(B)綜合損益表　(C)資產負債表　(D)現金流量表。

第二節　會計帳簿

一　會計帳簿的種類

帳簿是記錄與保存會計記錄的工具。依照《商業會計法》第二十條規定：會計帳簿分為二類：序時帳簿及分類帳簿。會計實務稱序時帳簿為日記簿。

(一) 序時帳簿

指以會計事項發生之時間順序為主而記錄的帳簿。序時帳簿分下列二種：

1. **普通日記簿**：對於所有會計事項所設置的序時帳簿。

2. **特種日記簿**：專為特種會計事項所設置的序時帳簿。例如現金簿、進貨簿、銷貨簿等。

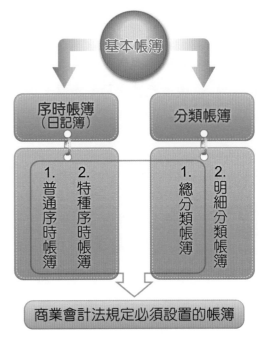

》圖2-4　會計帳簿的種類

(二) 分類帳簿

指以會計事項歸屬之會計項目為主而記錄的帳簿。分類帳簿分下列二種：

1. **總分類帳簿**：為彙集每一會計項目（統馭項目）之帳簿。

2. **明細分類帳簿**：為記載各統馭項目之明細項目而設者。

IFRS 新知 商業會計法「會計項目」用語修正

　　因應國際會計準則IFRSs用語不同，《商業會計法》做部分條文修正，將「會計科目」修正為「會計項目」。

＊第二十條　　會計帳簿分下列二類：

　　　　　　　一、序時帳簿：以會計事項發生之時序為主而為記錄者。

　　　　　　　二、分類帳簿：以會計事項歸屬之會計項目為主而記錄者。

＊第二十二條　分類帳簿分下列二種：

　　　　　　　一、總分類帳簿：為記載各統馭會計項目而設者。

　　　　　　　二、明細分類帳簿：為記載各統馭會計項目之明細項目而設者。

帳簿記載法規及習慣

(一) 有關帳簿記載的規定

1. **商業會計事務處理：**

   (1)必須優先遵守相關法律及行政命令處理，法令未規範者，則依照一般公認會計原則辦理。（商業會計處理準則§1）

   (2)一般公司行號的帳務處理應遵守《商業會計法》、《商業會計處理準則》及《公司法》等法令規章；若為股票上市櫃之公開發行公司，尚須遵守《證券發行人財務報告編製準則》。

2. **必須設置的帳簿：**商業必須設置的會計帳簿，為普通日記簿及總分類帳簿。（商業會計法§23）

3. **帳簿目錄：**商業應設置會計帳簿目錄，記明其設置使用之帳簿名稱、性質、啟用停用日期，由商業負責人及經辦會計人員會同簽名或蓋章。（商業會計法§25）

4. **帳簿編號：**商業所置會計帳簿，均應按其頁數順序編號，不得毀損。（商業會計法§24）

5. 會計人員：

(1)商業會計事務之處理，應置會計人員辦理之。（商業會計法§5Ⅰ）

(2)會計人員應依法處理會計事務，其離職或變更職務時，應於五日內辦理交接。（商業會計法§5Ⅳ）

(3)商業會計事務的處理，得委由會計師、或依法取得代他人處理會計事務資格的人（即記帳士）處理。（商業會計法§5Ⅴ）

6. 記帳本位：

(1)商業應以國幣爲記帳本位，因業務需要而以外國貨幣記帳者，編製決算報表時應將外幣折合國幣。我國國幣爲新臺幣。（商業會計法§6）

(2)目前以新臺幣「元」爲記帳單位，元以下用小數點，取小數二位至分爲止；在元位以上每隔三位作一「,」以資識別。例如：$123,456,789.88。

7. 登帳時間：會計事項應按發生次序逐日登帳，至遲不得超過二個月。（商業會計法§34）

8. 支付工具：商業之支出達一定金額者（目前規定新臺幣一百萬元以上），應使用匯票、本票、支票、劃撥、電匯、轉帳或其他經主管機關核定之支付工具或方法，並載明受款人。（商業會計法§9）

9. 憑證、帳簿報表保存：各項會計憑證，除應永久保存或有關未結會計事項者外，應於年度決算程序辦理終了後，至少保存五年；而各項會計帳簿及財務報表，應於年度決算程序辦理終了後，至少保存十年。（商業會計法§38）

法規報你知 《商業會計法》第71條〔罰則〕

　　商業負責人、主辦及經辦會計人員或依法受託代他人處理會計事務之人員有下列情事之一者，處五年以下有期徒刑、拘役或科或併科新臺幣六十萬元以下罰金：

一、以明知為不實之事項，而填製會計憑證或記入帳冊。

二、故意使應保存之會計憑證、會計帳簿報表滅失毀損。

三、偽造或變造會計憑證、會計帳簿報表內容或毀損其頁數。

四、故意遺漏會計事項不為記錄，致使財務報表發生不實之結果。

五、其他利用不正當方法，致使會計事項或財務報表發生不實之結果。

(二) 其他法規及習慣

1. **空白註銷**：更換新帳簿時，應於舊帳簿空白頁上，逐頁加蓋「空白作廢」戳記或截角作廢，並在空白首頁加填「以下空白作廢」的字樣；帳簿上或報表若有部分空白時，應在空白處劃「/」或「×」以示註銷，並由經辦人員簽名或蓋章證明。

2. **結劃總線**：結算總數或加減時，在合計或差額數字上劃單紅線表示加減，稱加減線，其下劃雙紅線，表示終結，稱終結線。若其上有空行時，應在摘要欄或其他適當欄位內，由右上角至左下角劃一單斜線「/」或「×」，以示註銷。

3. **錯誤更正**：書寫錯誤，不得任意塗改，或用刀割、橡皮擦、藥水或修正液塗銷，並以下列方式更正：

   (1)註銷更正法：適用於更正後不影響總數者。指在原錯誤處劃雙紅線並蓋章，將正確文字數字以較小字體寫在上端空白處。數字錯誤無論是幾位數，一律全數劃雙紅線註銷，重新書寫，格式如下。

110 年		憑單	會計項目	摘要	類	借方金額	貸方金額
月	日	號數			頁		
12	21		現金~~林志鈞~~銀行存款	（略）		$100,000	
			應收帳款				$100,000
	30		水電瓦斯費			400	
			現　金				400 ~~4,000~~
				合　計		$100,400	$100,400

空白註銷線　　　加減線　　　終結線

(2)分錄更正法：適用於更正後會影響總數者。指另作一分錄，沖銷更正前已入帳之錯誤。內容詳見於第六章。

腦力激盪⋯

3. 請將下列法規條文的錯誤處劃底線，並將錯誤文字更正於右欄內：

題號	會計法規條文	錯誤更正
(1)	商業應設置會計帳簿目錄，記明其設置使用之帳簿名稱、性質、啓用停用日期，由經理及總務人員會同簽名或蓋章。	
(2)	會計人員依法辦理會計事務，應受經理人之指揮監督，其離職或變更職務時，應於十日內辦理交代。	
(3)	會計事項應按發生次序逐日登帳，至遲不得超過一個月。	
(4)	會計憑證除應永久保存或有關未結會計事項者外，應於年度決算程序辦理終了後，至少保存十年。	
(5)	會計帳簿及財務報表，應於年度決算程序終了後，至少保存五年。	

4. **記帳常用符號**：請參見表2-1。

≫表2-1 記帳常用符號

符號	代表意義	舉例說明
#	號數	發票#234168，表示第234168號發票。
@	每單位	計算機5台@$100，表示計算機5台，每台100元。
$	元	US$100，表示美金100元。 NT$200，表示新臺幣200元。
✓	核對號	
〃	同上	
%	百分數	2%，表示百分之二。
‰	千分數	2‰，表示千分之二。
年/月/日	日期	110/9/28，表示110年9月28日。 10/10，表示10月10日。

5. **常見付款條件**：會計折扣的種類可分爲商業折扣與現金折扣兩種：

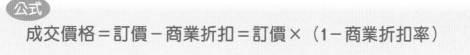

定價 ←商業折扣— 成交價 —現金折扣→ 付現金額
　　成交前的折扣不入帳　　　　成交後的折扣要入帳

(1)商業折扣：係指在買賣成交前爲促銷商品，按定價計算所給予之折扣。因爲會計上是以實際成交價（即發票金額）入帳，故此商業折扣不入帳。例如：某一家百貨公司週年慶，推出化妝品打八折優惠活動，定價10,000元商品，以8,000元售出。則會計應以實際成交價8,000元（發票金額）認列銷貨，商業折扣2,000元不入帳。

> **公式**
> **成交價格＝訂價－商業折扣＝訂價×（1－商業折扣率）**

(2)現金折扣：係爲鼓勵客戶提早於期限內付款所給予的折扣。此現金折扣乃在買賣成交後發生，必須入帳。常見的付款條件見表2-2：

》表2-2 常見付款條件

付款條件	說明
2/10，n/30	分子是折扣率，分母是天數。表示自成交日起10天內付款，給予貨款總額2%折扣，至遲30天內還清。10天為折扣期限，30天為授信期間。（n為nil，表示「零」）
2/10，1/20，n/30	表示自成交日起10天內付款，折扣2%；超過10天但20天以內還款，折扣1%；超過20天無折扣，最遲30天內還清。
2/EOM，n/60	表示在本月底前還款可享2%折扣，最遲60天內還清。（EOM為end of month的縮寫）
2/10，n/30，EOM	表示自本月底起算，次月10日前付款獲2%折扣，最遲於本月底起算30日內還清。

 法規報你知 「期間的計算」與「期間之終止」

＊《民法》第120條第II項

「以日、星期、月或年定期間者，其始日不算入。」

＊《民法》第121條

「以日、星期、月或年定期間者，以期間末日之終止，為期間之終止。」

因此，期間乃自次日起算，日數之計算習慣「計尾不計首」。

例一	9/1～9/11共計 10 天。
答	9月2日為第1天，9月11日為第10天，故11－1＝10（天）
例二	4/8起算90日到期，到期日為 7/7。
答	計尾不計首 4月（30－8）　22天 5月　　　　　31天 6月　　　　　30天 7月7日　　　　7天 合　計　　　　90天

腦力激盪…

4. 5月1日宏碁電腦公司出售彩色印表機10部，定價@$2,000，同意打九折成交，約定付款條件3/10，n/30，若買方在5/10前付清款項，宏碁應可收回多少現金？

5. 4月2日賒銷商品$5,000，付款條件2/10，1/20，n/30。

   (1) 若4/12還款，應收回現金＿＿＿＿＿＿＿元。

   (2) 若4/25還款，則收回現金＿＿＿＿＿＿＿元。

6. 賒銷商品$800,000，折扣條件2/10，n/20，銷售後第三天遭退貨$300,000，若全部貨款在折扣期間內收款，則收到的現金應為何？

知識加油站　利息計算

　　利率通常以「分」、「厘」表示，按年計息稱為年息或週息，按月計息稱月息，按日計息稱日息。計算利息時，利率必須與期間配合。

＊利息公式：利息＝本金 × 利率 × 期間

＊利率：指以本金的一定比例，按照使用期間長短，計算利息的標準（一般利率對照表見表2-3）。

》表2-3　利率對照表

	一分	一厘	舉例
年息 (年利率)	10% (十分之一)	1%	年息一分二厘＝12%
月息 (月利率)	1% (百分之一)	0.1%	月息一分二厘＝1.2%
日息 (日利率)	0.01% (萬分之一)	0.001%	日息一分二厘＝0.012%

例題1

存入某銀行一筆六個月期之定期存款$50,000，年息一分五厘，則該筆定存可賺得多少利息？到期共領回多少金額？

解

   (1) 利息＝本金 × 利率 × 期間＝$50,000 × 15% × $\frac{6}{12}$ (年)＝$3,750

   (2) 本利和＝本金＋利息＝$50,000＋$3,750＝$53,750

 腦力激盪…

7. 10月1日向銀行貸款$50,000，月利率一分五厘，若貸款至該年底到期，則應付銀行多少利息？到期本利和多少？

8. 試計算下列各借款的利息金額：

(1) 本金$100,000，年息一分二厘，借款期間3個月。

(2) 本金$100,000，月息一分二厘，借款期間3個月。

一、是非題

( ) 1. 總分類帳以會計項目為中心而設置之帳簿。

( ) 2. 正式帳簿記載錯誤，得以橡皮擦、修正液（帶）塗銷修正。

( ) 3. 企業的會計帳冊記載應優先符合《商業會計法》相關規定。

( ) 4. 各金額欄結算總數或加減時，在合計或差額數字上劃雙紅線表示加減線，其下劃單紅線，表示終結線。

二、選擇題

( ) 1. 商業應設置之帳簿為 (A)總分類帳及明細分類帳 (B)日記簿及備查簿 (C)總分類帳簿及普通序時帳簿 (D)流水帳及特種分錄簿。

( ) 2. 麗嬰房夏裝換季特惠打八折（20%OFF），持貴賓卡者再享打九折優惠。若young媽咪選購了標價$3,000之童裝一批並出示貴賓卡，則其所享商業折扣應為 (A)$60 (B)$840 (C)$600 (D)$240。

( ) 3. 下列符號中，何者代表號數？ (A)∅ (B)@ (C)# (D)%。

( ) 4. 鼓勵客戶提早付款所給付予之折扣稱為 (A)現金折扣 (B)商業折扣 (C)數量折扣 (D)索賄折扣。

( ) 5. 下列各項敘述，何者錯誤？ (A)#，代表號數 (B)@，代表每一單位 (C)✓，代表核對號 (D)108/9/11，代表付款條件。

( ) 6. 下列敘述，何者為非？ (A)會計憑證及財務報表依法至少均應保存五年 (B)會計事項至遲不得超過二個月登帳 (C)帳簿若有空白必須予以註銷 (D)會計人員離職應於五日內辦理交接。

三、填充題

1. 試計算正確金額填入空格內：

銷貨日	定價	商業折扣	成交價	付款條件	收現日	現金折扣	收現金額
3/1	200,000	八折		3/10，2/20，n/30	3/11		
6/5	300,000	10%		1/10，n/30，EOM	7/8		
6/5	400,000	20% OFF		1/EOM，n/30	7/8		

重點回顧

一、 會計循環

會計工作的程序是①分錄→②過帳→③試算→④調整→⑤結帳→⑥編表，這六個步驟每一個報導期間內循環一次，每年週而復始之循環，又稱會計程序。

二、 會計年度

以一年為一個會計期間（報導期間），商業會計年度起迄期間一般為1/1至12/31止。

三、 會計程序

1. 平時會計程序

分錄	根據借貸法則，將交易事項區分借貸，記入日記簿的工作。
過帳	根據日記簿所記交易事項，按項目別過帳於分類帳各該帳戶。
試算	將分類帳各帳戶餘額彙總，編製試算表，以檢查借貸是否平衡。

2. 期末會計程序

調整	作成分錄將帳面金額修正，使其能和實際情況相符合。
結帳	期末各分類帳結清的工作。實帳戶餘額結轉下期，虛帳戶餘額轉入本期損益。
編表	根據調整後各帳戶餘額，編製資產負債表、綜合損益表、權益變動表及現金流量表。

四、 營業循環

與會計循環意義不同，指自投入現金購貨，再將商品銷售產生應收帳款，帳款收現後再回到現金之營業活動循環，又稱營業週期。

五、 會計帳簿種類

1. 序時帳簿：以會計事項發生之時間順序為主而記錄的帳簿。實務上稱「日記簿」。
2. 分類帳簿：以會計事項歸屬之會計項目為主而記錄的帳簿。

六、 帳簿記載通則及習慣

1. 商業會計事務處理，必須優先遵守相關法令處理，法令未規範者，則依照一般公認會計原則辦理。包括《商業會計法》、《商業會計處理準則》及《公司法》等；若為公開發行公司，尚須遵守《證券發行人財務報告編製準則》。

2. 商業必須設置的會計帳簿，為普通日記簿及總分類帳簿。

3. 會計帳簿目錄應記明其設置使用之帳簿名稱、性質、啟用停用日期，由商業負責人及經辦會計人員會同簽名或蓋章。

4. 商業所置會計帳簿，均應按其頁數順序編號，不得毀損。

5. 會計人員依法處理會計事務，其離職或變更職務時，應於五日內辦理交接。

6. 商業會計事務得委由會計師、記帳士及合法代客記帳業者處理。

7. 新臺幣「元」為記帳單位。

8. 會計事項應按發生次序逐日登帳，至遲不得超過二個月。

9. 商業之支出達新臺幣一百萬元以上者，應使用匯票、本票、支票、劃撥、電匯、轉帳或其他經主管機關核定之支付工具或方法，並載明受款人。

10. 各項會計帳簿及財務報表，應於年度決算程序辦理終了後，至少保存十年。

11. 更換新帳簿時，應於舊帳簿空白頁上，逐頁加蓋「空白作廢」戳記或截角作廢，並在空白首頁加填「以下空白作廢」字樣；帳簿上或報表若有部分空白時，應在適當空白處劃「／」或「×」註銷，並由經辦人員簽名或蓋章證明。

12. 錯誤更正

    (1)註銷更正法：又稱直接更正法，在原錯誤處劃雙紅線並簽章。

    (2)分錄更正法：另作一分錄，沖銷更正前已入帳之錯誤。

13. 會計折扣的種類可分為商業折扣與現金折扣兩種，商業折扣不入帳，現金折扣必須入帳。

14. 利息＝本金 × 利率 × 期間。計算利息時，利率必須與期間配合。

知識 ▶▶ 理解 ▶▶ 應用

一、填充題

1. 分錄、過帳、試算、調整、結帳、編表等六個工作程序周而復始，我們稱為_____。其前三者為_____會計程序，後三者為_____會計程序。

2. 現金⇨進貨⇨銷貨⇨應收帳款⇨現金，稱為_____，又稱_____。

3. 會計期間一年者，稱為_____。

4. _____為記錄與保存會計紀錄之工具。以會計事項發生之時序為主而為記錄者稱為_____；以會計事項歸屬之會計項目為主而記錄者稱為_____。

5. 股票公開發行公司的會計事務處理，應遵守公司法、_____、商業會計處理準則及_____準則等法令，法令未規範者，則應依照_____辦理。

二、選擇題

2-1 ( ) 1. 下列有關會計處理程序，依會計循環之順序排列，何者正確？(甲)交易事項記入日記簿；(乙)將日記簿之分錄過入分類帳；(丙)交易發生取得原始憑證；(丁)根據分類帳編製試算表。 (A)丙甲乙丁 (B)丁丙甲乙 (C)丙丁乙甲 (D)丁丙乙甲。

( ) 2. 表達一企業特定期間的經營績效者為 (A)權益變動表 (B)綜合損益表 (C)資產負債表 (D)現金流量表。

2-2 ( ) 3. 依《商業會計法》規定，企業之主要帳簿為 (A)日記簿及日計表 (B)分類帳及明細分類帳 (C)備查簿與分類帳 (D)序時帳簿及分類帳簿。

( ) 4. 若應付帳款於20天內付款即可打九八折，則表示此一條件的符號是 (A)2/20 (B)20% (C)2%/20 (D)2%。

( ) 5. 記帳時常用來表示「編號」之符號為 (A)$ (B)¥ (C)# (D)@。

( ) 6. 商業會計事務不得由下列何者辦理？ (A)商業設置之會計人員 (B)會計師 (C)依法取得代他人處理會計事務之人 (D)其他代客記帳業者。

( ) 7. 利用不正當方法致使會計事項或財務報表發生不實之結果者，商業負責人、主辦及經辦會計人員或依法受託代他人處理會計事務之人員，最高可處 (A)一年 (B)三年 (C)五年 (D)七年 以下有期徒刑。

( ) 8. 商業支出超過下列何種金額以上者，應使用匯票、本票、支票、劃撥或其他經主管機關核定之支付工具或方法，並載明受款人？ (A)一萬 (B)十萬 (C)一佰萬 (D)一仟萬。

（　　）9. 下列有關會計帳簿處理規定之敘述，<u>錯誤</u>者有幾項？　(A)一項　(B)二項　(C)三項　(D)以上皆非。

① 各帳頁應依序編號，不得撕毀缺頁。

② 記帳錯誤時，一律採註銷更正法。

③ 各金額欄結算總數或加減時，在合計或差額數字上劃雙紅線表示加減線，其下劃單紅線，表示終結線。

（　　）10. 下列敘述，何者<u>為非</u>？　(A)記帳應以本國通用貨幣「元」為單位　(B)現金折扣金額，應該入帳　(C)買賣成交前討價還價給予折扣稱為商業折扣，不予入帳　(D)4/5為借款日，6/15還款，借款期間共72天。

三、綜合應用

1. 【折扣率】賒購商品$70,000，退出$20,000，獲得現金折扣$500，試計算購貨折扣率。

2. 【折扣條件】試將適當數字填入下列空格中：

	銷售日期	定價	商業折扣率	成交價	付款條件	收款日期	收現金額
1	10/1	$1,000	10%	（　　）	2/10，1/20，n/30	10/15	（　　）
2	11/10	3,000	20%	（　　）	2/EOM，n/30	11/30	（　　）
3	6/8	（　　）	30%	2,800	1/10，n/30	7/8	（　　）

3. 【現金折扣】海角七號商店於03年1月5日購進商品一批$600,000，付款條件為2/10，1/20，n/30，同年1月12日及1月25日先後償還$200,000及$300,000帳款，餘款於期限最後一天全數還清。試計算海角七號商店共償付多少現金？

4. 【折扣及收現數】本商店今日賒銷商品一批，定價$400,000，商業折扣20%，付款條件2/10，1/20，n/30，顧客第9天還來四分之一帳款，餘款於第20天還清，試計算：(1)銷貨折扣金額 (2)帳款收現總數。

會計基本法則

Chapter 3

學習目標

研讀本章內容後，同學們應該能夠回答下列問題：

1. 常見的會計四大假設有哪些？試說出每個會計假設的意義。
2. 交易與會計事項兩者的意義相同嗎？
3. 對外交易與內部交易如何區別？試舉一例說明。
4. 財務報表五大要素為何？哪些為實帳戶？哪些為虛帳戶？
5. 資產負債表要素有哪三個？綜合損益表要素有哪二個？
6. 財務報表要素分哪些層級？哪一層級最為重要？
7. 會計項目編碼的原則為何？1111與4111分別代表什麼會計項目？
8. 一般買賣業常用之會計項目有哪些？試寫出一份會計項目表。
9. 會計方程式會恆等嗎？其基本方程式為何？財務報表五大要素之關係式又為何？

本章課文架構

```
                    會計基本法則
   ┌──────┬──────┬──────┬──────┬──────┐
```

會計基本假設	交易	財務報表要素內容及定義	買賣業常用會計項目	會計方程式
▶ 繼續經營假設 ▶ 企業個體假設 ▶ 會計期間假設 ▶ 貨幣評價假設	▶ 交易之意義 ▶ 交易之種類	▶ 財務報表要素意義 ▶ 財務報表要素種類 ▶ 財務報表要素層級 ▶ 會計項目代碼	▶ 資產項目 ▶ 負債項目 ▶ 權益項目 ▶ 收益項目 ▶ 費損項目	▶ 開業方程式 ▶ 基本方程式 ▶ 獲利方程式 ▶ 權益變動方程式

經由第一章認識會計的意義與功能後，本章開始引導同學思考這個所謂的企業語言－「會計」，該說些什麼？

企業平時的經營過程中，發生許多大大小小的交易需記錄，又該用什麼共通的語言去記錄，將來才能與外界溝通？本章首先介紹會計上應予記錄的交易，並將交易發生之標的物加以命名與分類，最後闡述各要素之間的關係式－「會計方程式」。

「凡事豫則立，不豫則廢」，本章乃開啟會計學之鑰，宜把握。常用之會計項目表應熟背，會計方程式應多練習，了解各要素間的變化，以奠定學習會計之良好基礎。

第一節　會計基本假設

會計基本假設又稱為會計慣例，是會計人員因應企業環境的規範與限制，所發展出來運用於會計處理上的前提假設。

國際財務報導準則（IFRSs）中規定，企業應採「繼續經營」基本假設編製財務報表。但傳統上，會計界普遍認定的會計四大基本假設為「繼續經營假設」、「企業個體假設」、「會計期間假設」及「貨幣評價假設」等四個假設。茲一併說明如下：

一　繼續經營假設

指會計人員處理帳務時，須假設企業將繼續經營下去，在可預見的未來不會解散或清算。而這可預見的未來，係指資產負債表日後至少12個月內。

繼續經營假設下，企業並非永久存在，僅是指資產可使用到其原訂計劃或目的完成，負債可依約定日期履行責任。因此，依此假設不動產、廠房及設備以（歷史）成本入帳，並按預定耐用年限提列折舊，報表以「成本減累計折舊」的帳面金額表達；負債可依到期日的遠近，劃分流動負債及非流動負債。

惟當有證據顯示，企業將無法繼續經營下去，意圖或必須解散清算時，會計人員便應放棄此假設，而改以「清算價值」或「淨變現價值」評價。

⬛ 企業個體假設

又稱經濟個體慣例，係指會計將企業視為一個獨立於業主以外的經濟個體，有能力擁有資源並負擔義務。

在企業個體假設下，會計人員應站在企業立場記帳，業主私人財產及收支必須與企業嚴格劃分。例如：業主自商店提取商品自用、商店為業主墊付電話費等，都應另設「業主往來」項目入帳。

⬛ 會計期間假設（報導期間假設）

係指將企業繼續不斷經營的過程，予以劃分段落，以便分段計算損益，編製報告。每一期間段落，稱為「會計期間」。

會計期間長短並無限制，可由企業自行決定，實務上多以一年為一個會計期間，稱為會計年度。會計年度若自1月1日起至12月31日止者，稱為曆年制；若選用一年中業務最清淡的月份作為會計年度終止月份，則稱為自然會計年度（例如：婚紗業有明顯的淡旺季）。我國商業會計年度均採曆年制，政府會計年度自民國90年度起亦改採之。

⬛ 貨幣評價假設

此假設有兩種意涵：

1. **貨幣單位衡量假設**：會計一切記錄，均以貨幣單位為價值衡量尺度及記帳單位。**臺灣**用以記帳的貨幣單位為新臺幣（NT$或NTD），因此，企業若有外幣交易時，應按匯率換算成新臺幣入帳。例如：美元（US$或USD）、歐元（€）、日圓（¥）、人民幣（¥）等均屬外幣（外匯）；另外，如員工士氣、總經理精明能幹等，因無法以貨幣衡量，故不能入帳。

1. 試為下列事項填入衡量單位及入帳金額：

會計事項	衡量單位／入帳金額
(1) 便利商店賣出5支熱狗，3個便當，熱狗每支20元，便當每個60元。	
(2) 外銷4個貨櫃農產品，價款共1萬美金。（匯率為1 美元 = 33.88 新臺幣）	
(3) 新聘總裁帥氣有才華，為公司帶來新氣象，締造1倍業績。	

2. **幣值不變假設**：貨幣價值經常會有輕微的波動，但為了保持會計記錄的一貫性，避免財產價值需隨著幣值變動而不斷調整帳面金額，會計人員記帳時通常假設貨幣的價值不變。但此假設不切實際，常與事實不符，當物價波動劇烈時，此一假設最受爭議。

一、是非題

(   ) 1. 基於會計期間假設,負債得依到期日遠近劃分為流動與非流動負債。

(   ) 2. 當企業宣布破產無法繼續經營下去時,資產應改用清算價值評價。

二、選擇題

(   ) 1. 目前我國衡量記帳的貨幣為下列哪一種? (A)人民幣 (B)美金 (C)新臺幣 (D)歐元。

(   ) 2. 國際財務報導準則(IFRSs)規定,編製財務報表之基本假設為 (A)企業個體假設 (B)貨幣評價假設 (C)會計期間假設 (D)繼續經營假設。

(   ) 3. 對獨資營利事業而言,下列何者應入帳? (A)以資本主名義買入之古董字畫,但實際上供私人收藏之用 (B)資本主為了爭取業務以企業名義購買禮品餽贈顧客之交際用 (C)以資本主名義買入汽車供資本主私人使用 (D)以資本主名義向銀行借款。

三、連連看

1. 試將左右最相關的兩點連成一線:

繼續經營假設・　　　　　　・業主私人的財務與企業嚴格劃分。

會計期間假設・　　　　　　・方便分段計算損益,定期編製報表。

貨幣評價假設・　　　　　　・以新臺幣衡量價值入帳,並假設幣值穩定。

企業個體假設・　　　　　　・企業在可預見未來的十二個月內,不會解散或清算。

第二節 交易

一 交易的意義

一般的交易，係指兩個體之間等價物的交換，其構成要素包括：交易雙方、交易標的物，及交易的行為。例如：小奕以現金向商店購買一杯珍珠奶茶，價格50元。此交易分析如表3-1：

》表3-1 小奕的交易分析表

(1) 交易雙方	小奕 ⇔ 商店	
(2) 交易標的物	貨幣50元 ⇔ 一杯珍珠奶茶	
(3) 交易的行為	買 ⇔ 賣	＊50元貨幣與價值50元的珍珠奶茶完成交換。

會計上所謂的交易與一般交易定義不同。凡足以使企業的經濟資源、權利、義務發生增減變動的經濟事項，會計上均稱為「交易」，這些交易，依規定都必須在帳簿上加以記錄，故又稱為「會計事項」。例如：商店發生火災燒毀設備，雖不是兩個體之間的交換，但商店的財產減損，仍屬於會計事項，必須記帳。

反之，若企業發生的經濟事項無法引起財產、權利、義務發生增減變動者，便不屬於會計事項。例如：董事長改選、與外國公司簽訂技術合作契約等，雖是企業重大事件，但不符合交易的定義，故不須記帳，僅做備忘記錄即可。

腦力激盪…

2. 企業購買房屋一棟，屬於會計事項嗎？為什麼？

3. 公司總經理當選立法委員，屬於會計事項嗎？為什麼？

交易的種類

(一) 依是否涉及企業本身以外的個體區分

1. 對外交易（對外會計事項）

凡涉及企業以外的個體（外界），所發生權利義務關係的交易，稱為對外交易，或稱對外會計事項，例如買賣商品、向銀行舉債、支付員工薪水、捐贈、繳稅等。而此「外界」，包括企業的業主[1]，例如業主自企業內提取商品自用，仍屬於對外交易。

知識加油站 企業個體慣例

依慣例，會計人員必須將企業本身視為一個獨立於業主以外的經濟個體，有能力擁有資源並負擔義務。因此，「企業」與企業的員工、業主、合夥人或股東之間的交易，皆視為對外交易。

2. 內部交易（內部會計事項）

凡不涉及企業本身以外個體的交易，即為企業的對內交易，又稱內部會計事項。例如：天然災害造成的損失、設備的折舊等。此類交易大多不具交換性質，沒有交易雙方，嚴格來講為「非交易事項」，但因為對企業的財務仍會造成影響，尚符合會計之交易定義，故須加以記載。

▶ 註1：業主，是指企業的投資人。

4. 請勾選適當答案：

(1) 業主阿滿從自己開設的文具行取走一打原子筆回家自用。此交易屬於：

☐對外交易　　　　☐對內交易

(2) 秋颱來了，不但雨勢驚人，也使得商店的庫存商品成了泡水貨，損失約 $50,000。此交易屬於：

☐對外交易　　　　☐對內交易

(3) 颱風隔天，老闆將商店的泡水車送廠維修，付了$20,000修理費，則此會計事項屬於：

☐對外會計事項　　　☐對內會計事項

(二) 依交易是否涉及現金區分

1. 現金交易

交易過程全部用現金進行者。例如：銷售商品收到現金、以現金支付水電費。

2. 轉帳交易

指完全不涉及現金的交易。例如：開立票據支付廣告費、購買商品貨款暫欠。

3. 混合交易

指交易含有現金與轉帳兩種交易性質者。例如：購買商品時，只付一半現金，另一半暫時賒欠。

一、是非題

(　　) 1. 捐贈急難救助基金$5,000，屬於會計事項。

(　　) 2. 凡能使財產、權利及義務發生增減變動的經濟事項，均稱為交易。

(　　) 3. 飯店房屋結構因921地震受損嚴重，屬於對內會計事項。

(　　) 4. 業主是企業自己人，從倉庫提取商品自用，會計人員不必記帳。

二、選擇題

(　　) 1. 小華向餐館購買一個便當，價格$50，以現金付訖。下列敘述何者有誤？　(A)交易雙方認定的價值均為$50　(B)小華與便當是交易標的物　(C)餐館與小華是交易的主體　(D)雙方已完成交換。

(　　) 2. 生產廚具行銷國內市場，屬於　(A)對外交易　(B)對內交易　(C)非交易　(D)轉帳交易。

(　　) 3. 中秋節餽贈公司員工禮盒，屬於　(A)對外會計事項　(B)對內會計事項　(C)非會計事項。

(　　) 4. 買進冷氣機一台，簽發一個月後到期的支票付訖，屬於何種交易？　(A)現金交易　(B)轉帳交易　(C)混合交易　(D)非交易。

三、綜合題

1. 試判斷下列事項之屬性，並在適當表格內打「✓」。

(1) 以現金$30,000購入電腦一台。

(2) 商店的小貨車在夜裡遭竊，損失$200,000。

(3) 購入機器一台，頭期款10萬元付現，其餘40萬元採分期付款方式償還。

(4) 採購人員與供應商共同簽訂一宗200萬元買賣契約，預計明年交貨。

題號	會計事項		交易對象		交易是否涉及現金		
	會計事項	非會計事項	對外交易	內部交易	現金交易	轉帳交易	混合交易
(1)							
(2)							
(3)							
(4)							

第三節 財務報表要素的內容及定義

一 財務報表要素的意義

會計人員平時的工作就是將交易發生的影響記錄下來，但該記錄什麼呢？其實是記錄「交易對財務的影響」。為了方便會計人員後續工作的分類整理，所有交易的財務影響須依其性質分為資產、負債、權益、收益與費損等五大項目，稱為「會計要素」；會計記錄的對象既然分為這五大項目，最後編製形成的財務報表，其報導的組成要素當然也是這五大項目，故又稱為「財務報表要素」。

二 財務報表要素的種類

會計人員將平時發生的交易紀錄，經分類整理，一段時間後必須編製報表把財務狀況與經營績效報導出來。依據國際會計報導準則IFRSs規定，企業應編製資產負債表、綜合損益表、權益變動表及現金流量表等四張主要財務報表，如圖3-1。

》圖3-1 主要財務報表

主要財務報表中，報導財務狀況的報表為「資產負債表」，其要素包括資產、負債及權益三大項；報導經營績效者的財務報表為「綜合損益表」，其要素包括收益及費損二大項。分別說明如下：

(一) 資產負債表要素

係指與財務狀況衡量有關之要素，包括資產、負債及權益。

1. **資產**（Assets）：依據IFRSs定義，資產係指因過去事項而由企業所控制之資源，且此資源預期將有未來經濟效益流入企業。一般泛係指企業經營使用的一切有形財產及無形權利，包括動產、不動產及一切具有交換或使用價值的財物或權利，如土地、房屋、車輛、商標、著作權。

2. **負債**（Liabilities）：依據IFRSs定義，負債係指企業因過去事項所產生之現時義務，該義務之清償預期將導致具經濟效益之資源自該企業流出。一般泛指企業對外所欠一切經濟義務的總稱，意即未來必須以資產或提供勞務償還的義務。如向銀行借款、賒欠的貨款。

3. **權益**（Equity）：企業所有者的「權益」，主要來自於獨資業主或公司股東的資本投入，實務常稱為資本（股本）、業主權益或股東權益。依據IFRSs定義，權益係指對企業之資產扣除負債後之剩餘權利。若以數學等式來表達它們之間的關係，可以寫成「資產－負債＝權益」。故權益又稱為淨值或淨資產。

(二) 綜合損益表要素

係指與經營績效衡量直接有關之要素，包括收益及費損。

1. **收益**（Income）：依據IFRSs定義，收益係指排除業主投資以外之資產流入或增益、或負債減少等方式，於會計期間增加經濟效益，而造成權益增加。收益包括收入及利益，如租金收入、處分投資利益。

2. **費損**（Expenses）：依據IFRSs定義，費損係指排除分配予業主以外之資產流出或消耗、或負債增加等方式，於會計期間減少經濟效益，而造成權益減少。費損包括費用及損失，如銷貨成本、廣告費、火災損失。

上述五大要素中，資產、負債及權益屬於資產負債表之組成要素，這些會計項目均具有實質的財產與權利，不會因為會計報導期間結束而歸零，所以稱為實帳戶或永久性帳戶。至於收益與費損屬於綜合損益表之組成要素，這些會計項目是為了結算每一期的獲利或虧損而設置，結轉「本期損益」後，再轉入權益項下便歸零，所以稱為虛帳戶或臨時性帳戶。如圖3-2所示。

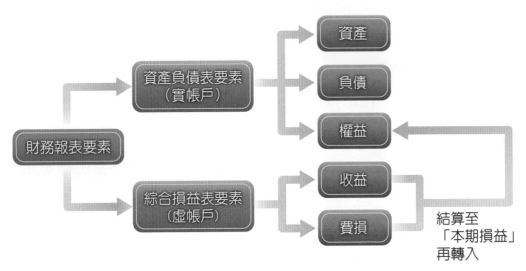

》圖3-2 財務報表要素內容

腦力**激盪**…

5. 連連看。

(1) 請找出財務報表要素正確對應的實例與名詞解釋，並連成一線：

實例	財務報表要素	名詞解釋
信用卡借款·	·資　產·	·指企業之資產扣除其所有負債後之剩餘權益
房屋、土地·	·負　債·	·指企業出售商品或提供勞務所產生的報酬
印刷文宣品·	·權　益·	·指企業為獲取收益而付出的成本
出租房屋租金所得·	·收　益·	·指企業對外所欠一切經濟義務的總稱
老闆的資本額·	·費　損·	·指企業經營使用的一切有形財產及無形權利

(2) 試判斷下列各會計項目應該會出現在「綜合損益表」還是「資產負債表」內，並連成一線：

會計項目	財務報表
現　金·	
應付帳款·	·綜合損益表
利息收入·	
業主資本·	·資產負債表
廣 告 費·	
辦公設備·	

三 財務報表要素的層級劃分

　　財務報表要素分為資產、負債、權益、收益與費損五大項目，企業可就實際需要再加以層級劃分。實務上常分為五個層級，其層級劃分為：

(一) 第一級項目（類別）

　　依類別，分為資產、負債、權益、收益、費損等五類。

(二) 第二級項目（性質別）

　　每一類別再依性質區分，資產分為流動資產、非流動資產；負債分為流動負債、非流動負債。有關流動資產、非流動資產以及流動負債、非流動負債等名詞的定義，請參閱本章第四節課文內容。

(三) 第三級項目

每一性質別可再分為若干項目，例如：流動資產分為現金及約當現金、應收票據、應收帳款、其他應收款、存貨……。財務報表的主要內容，通常以第三級會計項目表達。

(四) 第四級項目

第三級項目再細分，例如：「現金及約當現金」項目可分為現金、銀行存款、約當現金等會計項目。日記簿中的分錄，即是以第四級會計項目記錄。

(五) 第五級項目（子目別）

各項目可依實際需要再細分為若干子目。例如銀行存款可再按銀行名稱，設置「銀行存款－土地銀行」、「銀行存款－彰化銀行」等子目。

在會計處理上，「第四級會計項目」為帳簿記錄的主要對象，「第三級會計項目」則為財務報表編製的主要表達項目。

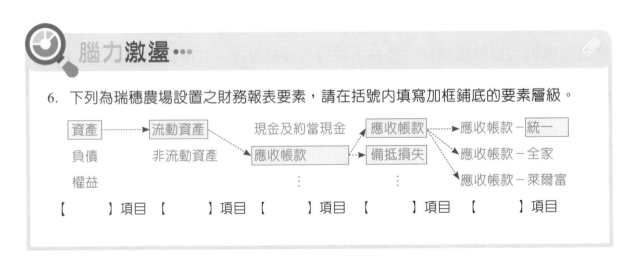

腦力激盪…

6. 下列為瑞穗農場設置之財務報表要素，請在括號內填寫加框鋪底的要素層級。

資產 ┈┈→ 流動資產　　現金及約當現金　應收帳款 ┈┈→ 應收帳款－統一

負債　　　非流動資產 ┈→ 應收帳款 ┈→ 備抵損失 ┈→ 應收帳款－全家

權益　　　　　　　⋮　　　　　⋮　　應收帳款－萊爾富

【　　】項目　【　　】項目　【　　】項目　【　　】項目　【　　】項目

四 會計項目的代碼

　　為了方便帳務處理與查詢，會計項目應該按照一定的順序排列並編製代碼，尤其在會計電腦化的時代裡，代碼有助於交易的輸入與處理。會計項目之編碼，應符合下列原則：

(一) 應顯示各帳戶的性質及類別

　　企業需要幾位數編碼，端視其業務的複雜度而定，大致以資產、負債、權益、收益與費損的順序編號。若以四碼為例，最左邊第一位數字代表第一級（類別），以「1」代表資產類，「2」代表負債類，「3」代表權益類，「4」代表收益類，「5」代表費損類。左邊第二位數字代表第二級（性質別），第三位數字代表第三級，第四位數字則代表第四級會計項目（分錄使用的會計項目）的順序。例如：1111代表資產－流動資產－現金及約當現金－第1個會計項目：現金；1142代表資產－流動資產－應收票據－第2個會計項目：備抵損失－應收票據。

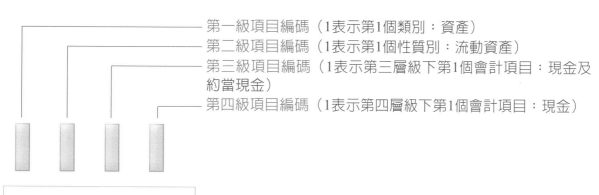

```
                          ── 第一級項目編碼（1表示第1個類別：資產）
                          ── 第二級項目編碼（1表示第1個性質別：流動資產）
                          ── 第三級項目編碼（1表示第三層級下第1個會計項目：現金及
                             約當現金）
                          ── 第四級項目編碼（1表示第四層級下第1個會計項目：現金）
```

```
1000 資產
1100 流動資產
1110 現金及約當現金
    1111 現金
    1112 零用金
    1113 銀行存款
    1114 約當現金
1130 各項金融資產－流動
    1131 各項金融資產－流動
    1132 備抵損失－應收票據
1140 應收票據
    1141 應收票據
    1142 備抵損失－應收票據
```

(二) 應預留空號

　　編碼須預留空號，以便將來業務擴展時能彈性添增。

一、是非題

(   ) 1. 財務報表要素一般分為資產、負債、權益、收益及費損五大項。

(   ) 2. 會計上所謂的資產,均為具有實體的財產。

(   ) 3. 收益導致權益增加,損失則導致權益減少。

(   ) 4. 收益及費損類帳戶為臨時性帳戶,期末須結算並轉入本期損益項下。

二、選擇題

(   ) 1. 下列何者為資產? (A)老闆 (B)信用卡刷爆 (C)土地 (D)過期雜誌。

(   ) 2. 企業應償還的債務,是指 (A)資產 (B)負債 (C)收益 (D)費損。

(   ) 3. 下列對資產、負債及權益類帳戶之敘述,何者有誤? (A)為永久性帳戶 (B)屬實帳戶 (C)為綜合損益表要素 (D)不會因報導期間結束而消失。

(   ) 4. 哪一層級為平時記帳工作的重心? (A)第一級項目 (B)第二級項目 (C)第三級項目 (D)第四級項目。

(   ) 5. 下列對會計項目代碼之敘述,何者有誤? (A)應預留空號 (B)不利會計電腦化進行 (C)每一個會計項目必有一個編碼 (D)應能明確區分會計項目的類別及層級。

三、填充題

1. 資產負債表要素是指直接與財務狀況衡量有關之要素,包括:＿＿＿＿＿＿＿＿＿＿、＿＿＿＿＿＿＿＿＿及＿＿＿＿＿＿＿＿＿;綜合損益表要素是指直接與經營績效衡量有關的要素,包括:＿＿＿＿＿＿＿＿＿及＿＿＿＿＿＿＿＿＿。

2. 權益係指企業資產償還負債後之＿＿＿＿＿＿＿＿＿＿＿,又稱＿＿＿＿＿＿＿＿。

3. 收益類包括:＿＿＿＿＿＿＿＿＿及＿＿＿＿＿＿＿＿＿;費損類包括:＿＿＿＿＿＿＿＿＿及＿＿＿＿＿＿＿。

第四節 買賣業常用會計項目

會計項目表

資產

流動資產
現金及約當現金
　現金
　銀行存款
　約當現金
各項金融資產－流動
　各項金融資產－流動
應收票據
　應收票據
　備抵損失－應收票據
　（備抵呆帳－應收票據）
應收帳款
　應收帳款
　備抵損失－應收帳款
　（備抵呆帳－應收帳款）
其他應收款
　應收退稅款
　應收收益
　其他應收款
存貨
　存貨
生物資產－流動
　消耗性生物資產－流動
　生產性生物資產－流動
預付款項
　預付貨款
　預付費用
　用品盤存
　進項稅額
　留抵稅額
其他流動資產
　暫付款
　代付款

非流動資產
各項金融資產－非流動
　各項金融資產－非流動
不動產、廠房及設備
　土地成本
　房屋及建築成本
　累計折舊－房屋及建築
　機器設備成本
　累計折舊－機器設備
　運輸設備成本
　累計折舊－運輸設備
　辦公設備成本
　累計折舊－辦公設備
無形資產
　商標權
　專利權
　累計攤銷－專利權
　著作權
　累計攤銷－著作權
　電腦軟體
　累計攤銷－電腦軟體
　商譽
生物資產－非流動
　各項生物資產－非流動
其他非流動資產
　存出保證金
　長期應收票據
　基金

負債

流動負債
短期借款
　銀行透支
　銀行借款
合約負債－流動
　預收貨款
　預收收入
應付票據
　應付票據
應付帳款
　應付帳款
其他應付款
　應付費用
　應付土地房屋款
　應付設備款
　銷項稅額
　應付營業稅
　其他應付款
本期所得稅負債
　本期所得稅負債
負債準備－流動
　負債準備－流動
其他流動負債
　暫收款
　代收款

非流動負債
應付公司債
　應付公司債
長期借款
　銀行長期借款
負債準備－非流動
　負債準備－非流動
其他非流動負債
　長期應付票據
　存入保證金

權益

獨資	公司
業主資本	**股本**
業主資本	普通股股本
業主往來	特別股股本
業主往來	**資本公積**
本期損益	資本公積－
本期損益	發行溢價
	保留盈餘
	法定盈餘公積
	未分配盈餘
	本期損益

收益

營業收入
　銷貨收入
　銷貨退回
　銷貨折讓
　勞務收入
營業外收入
　租金收入
　佣金收入
　利息收入
　股利收入
　處分不動產、廠房及設備利益
　處分投資利益
　外幣兌換利益
　其他收入

費損

營業成本（銷貨成本）
　銷貨成本
　進貨
　進貨費用
　進貨退出
　進貨折讓
　勞務成本
營業費用
　薪資支出
　租金支出
　文具用品
　旅費
　運費
　郵電費
　水電瓦斯費
　修繕費
　廣告費
　保險費
　交際費
　捐贈
　稅捐
　折舊
　各項攤提
　佣金支出
　訓練費
　職工福利
　權利金支出
　勞務費
　研究發展費用
　伙食費
　其他費用
　預期信用減損損失
　（呆帳損失）
　預期信用減損利益
營業外支出
　利息費用
　處分不動產、廠房及設備損失
　處分投資損失
　外幣兌換損失
　其他損失

　　不同企業設置之會計項目，不一定完全相同，會隨著行業特性或規模不同而略有差異。茲以獨資買賣業為例，列表介紹一般常用之會計項目，並輔以實例說明如下：

1XXX	資產類	
11XX	流動資產	預期於十二個月內或正常營業週期中實現變現，或意圖將其出售或消耗者。流動資產所含的會計項目，以流動性（即變現速度）由快而慢的順序排列。
1110	現金及約當現金	係庫存現金、活期存款及可隨時轉換成定額現金且價值變動風險甚小之短期並具高度流動性之投資。
1111	現金／庫存現金	指庫存或手存現金，可直接作為支付工具，且可自由流通及運用的貨幣，包括紙幣、硬幣、即期支票等，為所有資產中流動性最大者。
1112	零用金	企業為供日常零星支出，預撥一定額度交由專人保管的現金。
1113	銀行存款	存放在銀行，可自由存取的存款。 例 活期儲蓄存款、支票存款、定期存款等。
1114	約當現金	是指短期且具高度流動性之短期投資，因其變現容易且交易成本低，因此可視為現金。
1120	各項金融資產－流動[註2]	指預期一年內出售或到期的股票或債券投資。
1130	應收票據淨額	係應收之各種票據扣除抵減項目之餘額。
1131	應收票據	凡收到未兌現的各種票據。 例 遠期支票、商業本票、匯票等。
1132	備抵損失－應收票據 （備抵呆帳－應收票據）	指準備用來抵銷應收票據到期無法兌現所產生的資產減損款項，為應收票據的抵減項目（或稱抵減項目、評價項目）。傳統稱「備抵呆帳」，金管會公告改為「備抵損失」。
1140	應收帳款淨額	應收帳款扣除抵減項目之餘額。
1141	應收帳款	因出售商品或提供勞務而發生的債權。 例 賒銷商品給顧客的貨款。
1142	備抵損失－應收帳款 （備抵呆帳－應收帳款）	準備用來抵銷應收帳款到期經催收無法收回的款項，為應收帳款的減項項目。傳統稱「備抵呆帳」，金管會公告改為「備抵損失」。 例 應收帳款100,000元，其中5,000元估計有可能無法收回的信用損失風險，這5,000元就是備抵損失（備抵呆帳）。
1150	其他應收款	係不屬於應收票據、應收帳款之其他應收款項。
1151	應收退稅款	因溢付且得向稽徵機關申請退還的營業稅額。
1152	應收收益	期末時應收而尚未收取的收入。 例 應收利息、應收房租、應收佣金。

▶ 註2：有關各項金融資產的各項項目內容，較為艱深複雜，讀者可查閱中級會計學書籍。

		1XXX 　 **資產類**
1153	其他應收款	凡不屬於主要營業活動所產生的應收款項。 例 出售土地尚未收到的款項。
1160	存貨	持有供正常營業過程出售者。
1161	存貨	以出售為目的但尚未出售的商品。 例 貨架上陳列的商品。
1170	生物資產－流動	與農業活動有關且具生命之動物或植物，將於一年內處分者。
1171	消耗性生物資產－流動	指為出售而持有的、或在將來收穫為農產品的生物資產。 例 種植供出售之玉米、飼養供屠宰之肉豬。
1171	生產性生物資產－流動	指消耗性生物資產以外之生物資產。 例 用以生產牛奶的母牛、蛋雞、果樹等。
1180	預付款項	係包括預付費用及預付購料款等。
1181	預付貨款	訂購商品預先支付的訂金。
1182	預付費用	預先支付以後期間負擔的費用。 例 預付保險費、預付租金、預付利息。
1183	用品盤存	期末盤點時，尚未用完的文具用品。 例 年底還沒領用的辦公文具。
1184	進項稅額	指購買貨物或勞務，或支付費用，依營業稅法規定支付的營業稅額。
1185	留抵稅額	指每一期結算營業稅額時，進項稅額大於銷項稅額的差額部份。
1190	其他流動資產	係不能歸屬於以上各類之流動資產。
1191	暫付款	因性質或金額尚未確定，而預先付出的款項。
1192	代付款	企業代付的款項。
1193	其他流動資產	指無法歸屬於以上各會計項目的流動資產。
12XX	非流動資產	係指流動資產以外，具長期性質之有形、無形資產及金融資產。
1200	各項金融資產－非流動	預期一年以後出售或到期的股票或債券投資。
1240	不動產、廠房及設備	係不以投資或出售為目的，供營業上使用，且預期使用期間超過一年度的有形資產。
1241	土地成本	供目前營業使用的土地成本。
1242	房屋及建築成本	常稱「建築物」，指具所有權且供目前營業使用的房屋建築。 例 店鋪、辦公室、工廠、倉庫等。
1243	累計折舊－房屋及建築	為建築物的減項項目（抵減項目、評價項目）。房屋會隨使用年數增加而價值減損，到最後不能使用而廢棄。以有系統的方法，將資產成本合理分攤於各使用期間的程序稱為「折舊」，各期折舊的累積金額稱為「累計折舊」。

	1XXX	資產類
1244	機器設備成本	直接或間接從事生產製造的各項機器成本。
1245	累計折舊－機器設備	機器設備逐年攤提折舊的累積數，為機器設備的抵減項目。
1246	運輸設備成本	供營業上運送貨物或人員的車輛成本。 例 卡車、小貨車、交通車等。
1247	累計折舊－運輸設備	運輸設備逐年攤提折舊的累積數，為運輸設備的抵減項目。
1248	辦公設備成本	供營業或辦公場所使用的各項器具及設備成本。 例 桌椅、櫥櫃、電腦、收銀機、影印機等。
1249	累計折舊－辦公設備	辦公設備每年折舊的累積數，為辦公設備成本的抵減項目。
1250	投資性不動產	指企業為賺取租金或增值，或兩者兼具，而投資持有的土地及建築物。
1251	投資性不動產－土地	非供正常營業出售目的，而是以收取租金或長期增值而購買持有之土地。
1252	投資性不動產－建築物	非供正常營業出售目的，而是以收取租金或等待增值而購置或建造之建築物。
1260	無形資產	指供營業使用，無實體存在但具經濟價值之資產。
1261	商標權	為表彰產品之標記、圖樣或文字，他人不得侵犯之權利。 例 麥當勞 商標、運動用品NIKE商標。
1262	專利權	指法律授予發明者於法定期限內，享有獨家製造、行銷專利產品之權利。
1263	累計攤銷－專利權	將專利權成本依合理攤銷率逐年分攤的累積數，為專利權的抵減項目。
1264	著作權	或稱「版權」，指政府授予文學、藝術、音樂、電影等創作人獨享其出版、銷售及表演之權利。 例 迪士尼的米老鼠圖案、周杰倫創作的歌曲等。
1265	累計攤銷－著作權	將著作權成本依合理攤銷率逐年分攤的累積數，為著作權的抵減項目。
1266	電腦軟體	指購買或開發以供出售、出租或其他方式行銷的軟體設計。 例 防毒軟體。
1267	累計攤銷－電腦軟體	將電腦軟體成本依合理攤銷率逐年分攤的累積數，為電腦軟體的抵減項目。
1268	商譽	企業經營良好，獲利能力較同業平均水準還高，這種預期未來具有獲得超額利潤的能力。
1270	其他非流動資產	係不能歸類於以上各類之非流動資產。
1271	存出保證金	支付的各種押金或保證金。 例 租店面付出的押金、標工程的履約保證金等。

1XXX	資產類	
1272	長期應收票據	一年以上到期的應收票據。
1273	基金	指企業因契約法律或自願等指定為特定用途所撥存的專戶資金。 **例** 償債基金、改良及擴充基金。
1274	其他非流動資產	指無法歸屬於以上各會計項目的非流動資產。

腦力激盪····

7. 試依據下列發生之會計事項，選用適當之第四級會計項目：

會計事項	會計項目
(1) 銷售商品或勞務發生之債權。	
(2) 收到三個月後到期之票據。	
(3) 承租房屋支付之押金。	
(4) 尚未出售的庫存商品。	
(5) 購買供辦公室使用的事務機器成本。	
(6) 指定償還債務用途所提撥的專款。	
(7) 訂貨時預先支付之訂金。	
(8) 期末尚未領用的文具用品。	
(9) 創作歌曲取得獨享出版及銷售之權利。	

2XXX	負債類	
21XX	流動負債	預期於其正常營業週期或資產負債表日後十二個月內到期清償的負債，包含一年內到期的金融負債。
2100	短期借款	係包括向銀行短期借入之款項、透支及其他短期借款。
2101	銀行透支	企業支票存款不足以支付票款時，銀行依透支契約書所約定額度內，墊借給企業的款項。 **例** 商店開出的$10,000支票到期，但存款只有$8,000，為避免跳票，銀行先墊款$2,000，使支票順利兌現。
2102	銀行借款	向銀行借款，期限在一年或一個營業週期之內者。 **例** 六個月到期的信用借款。

2XXX		負債類
2120	合約負債－流動	指客戶收到商品或勞務服務前，已支付對價或無條件支付對等的金額。傳統稱為「預付款項」。
2121	預收貨款	銷售商品所預收的訂金或貨款。
2122	預收收入	應於下期才賺得，而由本期提前收取的各項收入。 例 預收利息、預收租金等。
2130	應付票據	係應付之各種票據。
2131	應付票據	凡開出未到期的各種票據。 例 開立未到期的支票、本票、匯票等。
2140	應付帳款	係因賒購原物料、商品或勞務所發生之債務。
2141	應付帳款	因進貨或請求他人提供勞務所欠的款項。
2150	其他應付款	係不屬於應付票據、應付帳款之其他應付款項，如應付稅捐、薪工及股利等。
2151	應付費用	應歸屬本期負擔但尚未支付的各項費用。 例 應付薪資、應付租金、應付利息等。
2152	應付土地房屋款	賒購土地、房屋尚未付清之價款。
2153	應付設備款	已取得設備但尚未付清之價款。
2154	銷項稅額	銷售貨物或勞務所收取的營業稅額。
2155	應付營業稅	指因銷項稅額大於進項稅額，而須向國稅局申報繳納的營業稅額。
2156	其他應付款	凡不屬於上列各項應付款項均屬之。
2157	本期所得稅負債	尚未支付之本期所得稅。
2160	負債準備	只在正常營業週期內，未來很有可能發生，且金額可以合理估計的義務。
2170	其他流動負債	係不能歸屬於以上各類之流動負債。
2171	暫收款	所收款項屬於臨時性或其性質尚未確定者。
2172	代收款	替他人或機關代收的款項。 例 代扣薪資所得稅、代扣健保費、代扣勞保費等。
2173	其他流動負債	指不能歸屬以上各項之流動負債。
22XX	非流動負債	係指不屬流動負債之其他負債。通常指不須於一年或一營業週期內（以較長者為準）償還的債務。
2210	應付公司債	係公司為籌集資金，依法令規定以發行債券方式公開舉債的一種債務，為期5年或10年等不同期間，每年固定發派利息。

2XXX		負債類
2220	長期借款	係包括長期銀行借款及其他長期借款或分期償付之借款等。
2221	銀行長期借款	指償還期限超過一年以上的銀行借款。
2222	其他長期借款	指非屬上列項目的其他長期借款。
2230	其他非流動負債	係不能歸屬於以上各類之非流動負債。
2231	長期應付票據	指開立到期日在一年以上的長期票據。
2232	存入保證金	他人或他企業繳存本企業的保證金或押金。

3XXX		權益類
31XX	業主資本	或稱「資本主投資」，指獨資企業開業時的業主原始投資及日後的增減資。 ★ 合夥企業稱為「合夥人資本」；公司組織稱為「股本」。
3101	業主資本	同上
32XX	業主往來	或稱「資本主往來」，記載業主與企業間臨時性的權益變動事項。 例 業主代商店墊付房租、業主臨時向商店提用商品等。
3201	業主往來	同上
33XX	本期損益	報導期間終了，本期發生的總收益與總費損結轉出來的淨額。 【收益－費損＝本期損益】，本期損益為「本期淨利」與「本期淨損」的共用項目。 ★ 收益>費損 ➡ 本期淨利。 ★ 收益<費損 ➡ 本期淨損。
3301	本期損益	同上

 知識加油站 公司的股東權益項目

權益
股　　本
　普通股股本
　特別股股本
資本公積
　資本公積－發行溢價
　資本公積－庫藏股票交易
保留盈餘
　法定盈餘公積
　特別盈餘公積
　未分配盈餘
　累積盈虧
　本期損益
其他權益

腦力激盪···

8. 試依據下列發生之會計事項，選用適當之第四級會計項目：

會計事項	會計項目
(1) 因賒購商品所發生的債務。	
(2) 因賒購辦公設備所發生的債務。	
(3) 開立一個月期之遠期支票。	
(4) 業主與商店間臨時往來的事項。	
(5) 銷貨前預先收到的訂金。	
(6) 屬於本期應支付但尚未支付的利息。	
(7) 期末結帳用來結轉各項收益及費損的項目。	
(8) 所收款項之性質尚未確定者。	

4XXX		收益類
依收益來源是否為主要營業活動，分為(1)營業收入、(2)營業外收益。		
41XX	營業收入	指企業主要營業項目所獲得的收入。 例 買賣業主要營業項目為買賣商品；理容業主要營業項目為理髮。
4101	銷貨收入	買賣業因出售商品而發生的收入。 例 電器行賣冷氣機的收入，家具店賣沙發的收入等。
4102	銷貨退回	賣出的商品因故被買主退回的部分，為「銷貨收入」的抵減項目。
4103	銷貨折讓	為「銷貨收入」的抵減項目，包括銷貨折扣與銷貨讓價。「銷貨折扣」係買方提前付款給予的現金折扣；「銷貨讓價」係指貨款尾數的讓免、或品質不符給予的減價。 ★ 銷貨讓價：如貨款結算$8,007，但發票只寫$8,000，尾數讓免$7。 ★ 銷貨折扣：如帳款$8,000，鼓勵顧客提早還款並給予10%現金折扣，折扣額為$800。
4104	勞務收入	服務業或勞務業為客戶提供服務所獲得的收入。 例 戲院的門票收入；律師事務所的顧問收入等。
42XX	營業外收入	又稱「營業外收入」，指非因主要營業活動而產生的收入及利益。
4201	租金收入	出租房舍、設備資產給他人所獲得的租金。
4202	佣金收入	仲介他人完成交易所獲得的報酬。
4203	利息收入	存放銀行或貸款給他人所得的利息。
4204	股利收入	將資金投資購買有價證券所獲得的股利、股息或債息等收入。
4205	處分不動產、廠房及設備利益	出售、交換或報廢存貨以外資產所獲得的處分利得，即售價高於帳面金額的部分。如「處分不動產、廠房及設備利益」、「處分投資利益」。
4206	處分投資利益	例 以$50,000投資股票，後來以$53,000賣出，所賺的差價$3,000即為處分投資利益。
4207	現金短溢（貸餘）	此為損益共用項目。盤點庫存現金時，實際庫存現金數多於帳列數的部分，列於營業外收益；實際庫存現金數少於帳列數的部分，則列於營業外損失。若盤點現金時，庫存現金多於帳列數，現金短溢項目也可以用「現金盤盈」項目取代。 例 帳上現金$1,000，實際盤點為$1,050，現金短溢（現金盤盈）$50。
4208	外幣兌換利益	指因外幣資產或負債因匯率變動實際兌換或評價的利益。
4209	其他收入	不屬於上列各項目之營業外收入。 例 出售回收廢紙的收入。

5XXX		費損類
費損類包含(1)營業成本、(2)營業費用及(3)營業外費損三大項。		
51XX	營業成本／銷貨成本	買賣業的營業成本為「銷貨成本」，指企業為出售商品所支付的購買代價。組成內涵包括：銷貨成本、進貨、進貨費用、進貨退出、進貨折讓等項目。
5101	銷貨成本	指企業銷售商品時的成本。
5102	進貨	指企業購入待售商品所支付的價款。
5103	進貨費用	進貨時，除商品價款外所發生的附加支出，為「進貨」的加項項目。 例 進貨運費、關稅、運送途中的保險費等。
5104	進貨退出	購入的商品，因規格不符或品質不良退還賣主的部分，為「進貨」的減項項目。
5105	進貨折讓	進貨貨款尾數的讓免，或因提早付款而獲得的現金折扣，為「進貨」的減項項目。 ★ 進貨讓價：如買進的貨品有瑕疵，要求的減價。 ★ 進貨折扣：如提早還款，給5%的折扣。
52XX	營業費用	企業為創造營業收入，而發生與營業有關的支出，包括「銷售費用」與「管理費用」。
5201	薪資支出	又稱「薪資費用」，指支付員工的薪水、津貼、加班費等。
5202	租金支出	又稱「租金費用」，因承租他人房屋或設備資產所支付的租金。 例 店面租金、車庫租金等。
5203	文具用品	日常營業所用的文具、紙張等費用。 例 筆、磁片、資料夾、影印紙等。
5204	旅費	又稱「差旅費」，員工出差的交通費、膳宿費等。
5205	運費	商品運交給客戶時，所支付的海陸空運費。 例 船運費、快遞費用等。
5206	郵電費	郵費、電話費等通訊費用。 例 郵票、掛號郵資、電話費、寬頻通信費等。
5207	水電瓦斯費	耗用的自來水費及電費。
5208	修繕費	指不動產、廠房及設備的維修、保養及更換零件等支出。
5209	廣告費	為推銷商品所花的宣傳廣告費用。 例 電視、廣播、報章雜誌、網路等媒體廣告；海報、招牌、傳單；贈送樣品或試用品等。
5210	保險費	各項財產及人員的投保費用。 例 房屋火險、健保及勞保費由業主負擔的部分。
5211	交際費	宴請客戶或贈送禮品的應酬支出。 例 請客戶用餐、客戶開幕致贈花籃等。

5XXX　　費損類

5212	捐贈	各項公益、慈善、文教、賑災等捐獻。 例 對孤兒院、慈善基金、學校捐款、政治獻金等。
5213	稅捐	除營利事業所得稅及營業稅以外之各項稅款。 例 地價稅、房屋稅、契稅、印花稅等。
5214	折舊	不動產、廠房及設備除土地外，其價值會隨時間經過逐漸減低。而將不動產、廠房及設備成本於耐用期間合理分攤的金額，稱之。 例 車輛的折舊。
5215	各項攤提	又稱「攤銷費用」，無形資產在效益年限內逐年攤銷的費用。 例 專利權的攤銷。
5216	佣金支出	又稱「佣金費用」，支付仲介人的酬勞。 例 購買土地，支付仲介公司的佣金。
5217	訓練費	訂閱報紙、雜誌及購買書籍等支出。
5218	職工福利	企業為員工支付的各項補助。 例 醫藥費、年節慰勞禮物、婚喪補助費、文康活動經費等。
5219	權利金支出	使用他人專利權、著作權、商標權等各種權利所支付的代價。 例 產品使用小熊維尼圖案，支付迪士尼公司授權的費用。
5220	勞務費	支付給提供公司專業勞務的報酬。 例 律師、會計師顧問費。
5221	研究發展費用	研究新產品、改進技術的研究實驗費及研究人員薪資等。
5222	伙食費	供給員工伙食、餐費等支出。
5223	其他費用	又稱「雜費」，凡營業上支出不屬於以上各項者。 例 購買清潔用品。
5224	預期信用減損損失（利益）	1.又稱「呆帳損失」、「壞帳費用」，為預估應收票據及應收帳款無法收回的損失。 2.預期未來發生顧客違約不還款之信用風險損失（利益）。
53XX	營業外費損	非因主要營業活動而發生的費用與損失。
5301	利息費用	又稱「利息支出」，支付向銀行或他人借款的利息，為財務費用。
5303	處分不動產、廠房及設備損失	出售、交換或報廢存貨以外資產，售價低於帳面金額所發生的虧損。 例 機器出售損失。
5304	處分投資損失	因買賣有價證券或投資於其他標的所造成的虧損。 例 投資股票虧損。
5305	現金短溢（借餘）	盤點現金時，實際庫存低於帳列部分，亦可用「現金盤損」。 例 帳上現金$1,080，實際盤點$1,000，短少的$80即為現金短溢。
5306	外幣兌換損失	指因外幣資產或負債因匯率變動實際兌換或評價的損失。
5307	其他損失	凡不屬於上列各項之營業外損失皆屬之。

腦力激盪…

9. 試判斷下列會計項目所屬類別，若為減項項目請註明「減項」：【資產(A)、負債(L)、權益(C)、收益(R)或費損(E)】

會計項目	類別	會計項目	類別
(1) 水電瓦斯費		(2) 土地成本	
(3) 銷貨退回		(4) 預付廣告費	
(5) 銀行長期借款		(6) 預收收入	
(7) 電腦軟體		(8) 稅捐	
(9) 租金收入		(10) 伙食費	
(11) 文具用品		(12) 暫付款	
(13) 備抵損失（備抵呆帳）		(14) 預期信用減損損失（呆帳損失）	
(15) 業主資本		(16) 銀行存款	
(17) 進貨折讓		(18) 累計折舊－機器設備	
(19) 佣金支出		(20) 處分投資利益	

10. 寫出適當的會計項目名稱

(1) 票據：

＊收到顧客的遠期票據[註3]　　（　　　　　）

＊簽發給客戶的遠期票據　　（　　　　　）

(2) 運費：

＊因購進商品產生之運費，稱為進貨運費，屬於（　　　　　）性質

＊因銷售商品產生之運費，稱為銷貨運費，簡稱運費，屬於（　　　　　）性質

▶ 註3：票據的到期日若為未來的日期，屬於未來才能兌現的票據，稱為遠期票據，如遠期支票。

一、是非題

( ) 1. 供汽車公司載送員工上下班的交通車，屬於流動資產之性質。

( ) 2. 長期負債為非流動性負債。

( ) 3. 仲介業賺得之佣金收入為營業收入。

( ) 4. 就買賣業而言，利息費用屬於營業費用。

二、選擇題

( ) 1. 下列何者<u>不屬於</u>資產類會計項目？ (A)累計折舊 (B)著作權 (C)處分不動產、廠房及設備損失 (D)存貨。

( ) 2. 下列何者<u>不是</u>資產的抵減項目？ (A)累計折舊 (B)備抵損失 (C)進貨折讓 (D)累計攤銷。

( ) 3. 中古汽車商行購入待售之中古車，應列為 (A)運輸設備 (B)機器設備 (C)存貨 (D)辦公設備。

( ) 4. 下列何者屬於費損項目？ (A)稅捐 (B)預付費用 (C)應付費用 (D)銀行存款。

三、填充題

1. _____係指企業所擁有的資源，包括有形的財產和無形的權利；
   _____狹義係指「資本」，廣義係指「業主對於企業剩餘財產的請求權」；
   _____係指企業的債務及義務，必須於未來償還者。

2. 進貨的減項項目，常見有：_____、_____等項目。

3. 銷貨的抵銷項目，常見有：_____、_____等項目。

4. 資產的評價項目（減項項目），常見有：_____、_____、_____等項目。

5. 收益類依性質分為_____、_____；
   費損類依性質分為_____、_____及_____。

 第五節 會計方程式

本節以一位青年創設早餐店的實例,陸續導入會計的開業方程式、基本方程式及其變化,使同學具備記帳的基礎能力。

一 開業方程式

> 公式
>
> 資產＝權益

○ 小明今年利用過去打工儲蓄的5萬元現金充當本錢,並開始進行早餐店的開張計畫。

早餐店是小明獨自出資創立的企業,所以小明是業主。在開業之初,早餐店所擁有現金$50,000來自於業主小明投入的資本$50,000,若以數學恆等式表達其關係,則美麗美早餐店的開業方程式為:

資產		權益
現金$50,000	＝	業主資本$50,000

二 基本方程式

 公式

資產＝負債＋權益

　　企業經營一段時間後，資金需求會增加，當業主財力有限無法再投入資本時，必然向外舉債。此時，表示企業資產的主要來源，是來自於投資人與債權人，而其會計方程式應改列為「資產＝負債＋權益」。

　　沿上例，<u>美麗美早餐店</u>需要增加資金週轉，於是向銀行短期借款20,000元。此時，若以數學式表達其關係，則<u>美麗美早餐店</u>的會計方程式變化為：

資產	=	負債	+	權益
現金$70,000		短期借款$20,000		業主資本$50,000

　　此會計方程式，表達了資產、負債、權益三要素之間的基本關係，所以稱為基本方程式；又無論交易如何變化，此方程式永遠相等，故又稱為會計恆等式。根據數學移項原理，會計基本方程式尚可變化成下列關係：

》圖3-3　會計恆等式

公式

【負債方程式】　負債＝資產－權益

【權益方程式】　權益＝資產－負債

【解散方程式】　資產－負債－權益＝0

 腦力**激盪**⋯

11. 小琪開設了一家小琪書店，共投入50萬元資金，則該書店的開業方程式應如何表示？

12. 小琪書店經營數日後，決定以現金2萬元向電腦公司添購掃描機一台，此時會計方程式該如何表示？

13. 之後，若小琪書店因營運需求向銀行舉借現金20萬，此時會計方程式該如何表示？

三 獲利方程式及虧損方程式

企業每隔一段期間，須結算盈虧。當收益大於費損時，產生「本期淨利」，歸由業主（股東）所享有，使權益增加；若費損大於收益，則產生「本期淨損」，仍歸由業主（股東）負擔，造成權益減少。其會計方程式變化為：

【經營獲利】

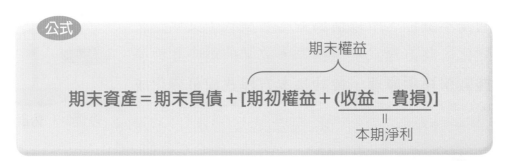

公式

$$\text{期末資產} = \text{期末負債} + \underbrace{[\text{期初權益} + \underbrace{(\text{收益} - \text{費損})}_{\text{本期淨利}}]}_{\text{期末權益}}$$

小明經營一段期間後，賣出早餐100,000元。那麼，小明的早餐店就賺進100,000元嗎？哦！不是的。因為早餐店尚須支付這段期間陸續發生的三筆費用，分別為進貨成本40,000元、店面租金3,000元、薪資9,000元，費損總計52,000元。其財務報表要素關係變化如下：

期末資產	=	期末負債	+ 【期初權益 + （	收益	−	費損	）】
現金		短期借款	業主投資	銷貨收入	進貨	租金	薪資
$ 50,000 =			$ 50,000				
+ 20,000 =		$ 20,000					
+ 100,000 =				$100,000			
− 40,000 =					$40,000		
− 3,000 =						$3,000	
− 9,000 =							$9,000
$118,000 =		$ 20,000	+ 【 $ 50,000	+ ($100,000	−$40,000	−$3,000	−$9,000)】

收益　　　　　　　　費損$52,000

這段期間早餐店獲利的$48,000（$100,000−$52,000），應歸業主<u>小明</u>來享受，權益由$50,000增加為$98,000。所以最後仍回歸基本方程式：

資產	=	負債	+	權益
$118,000		$20,000		$98,000

【經營虧損】

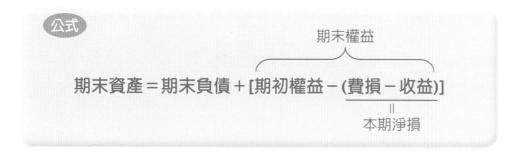

若早餐店這段期間銷貨共收現金$30,000，費用共付現金$32,000，則該店的會計方程式變化如下：

(1) 費損＞收益，產生虧損；

收益−費損＝$30,000−$32,000＝−$2,000（本期淨損）

(2) 期末會計方程式：

資產＝負債＋權益　即　$68,000＝$20,000＋$48,000

$$\frac{\text{期末資產}}{\$68,000} = \frac{\text{期末負債}}{\$20,000} + \frac{\text{【 期初權益 －（ 費損 － 收益 ）】}}{\text{【 }\$50,000\text{ －（}\$32,000\text{ － }\$30,000\text{）】}}$$

➡ 說明：1. 資產（現金）＝$50,000＋$20,000＋$30,000－$32,000＝$68,000
       2. 期末權益＝$50,000－$2,000＝$48,000

 腦力激盪…

14. 假設下列情況各自獨立，試將正確金額填入空格，並註明淨利或淨損：

情況	期末資產	期末負債	期末權益	期初資產	期初負債	期初權益	總收益	總費損	淨利(損)
(1)	$2,000	$800		$1,000				$800	淨利 $600
(2)	$1,400				$200	$900	$400	$700	

 **知識加油站** 恆等式之變化

    會計恆等式隨時會因交易而不斷發生變化，應注意各財務報表要素時間點務必相同：

＊期初基本方程式：期初資產＝期初負債＋期初權益
＊期末基本方程式：期末資產＝期末負債＋期末權益

四 權益變動方程式

(一)獨資企業的權益變動

公式

$$\text{期初權益} \underset{-\ \text{減資}}{\overset{+\ \text{增資}}{}} \underset{-\ \text{業主提取}}{\overset{+\ \text{業主存入}}{}} \underset{-\ \text{費損}}{\overset{+\ \text{收益}}{}} = \text{期末權益}$$

增減資　業主往來　本期損益

　　獨資企業的權益是由業主投資、業主往來與本期損益所組成，所以權益從期初到期末的變動可歸納出下列三項因素：

》表3-2　獨資企業的權益變動因素

因素	說明
1. 增資或減資	企業經營過程中，業主可能因景氣考量做增資或減資的動作。若增資則業主權益增加，減資則業主權益減少。
2. 存入或提取	業主與企業為獨立的兩個個體，業主與企業間若有臨時性存入或提取事項，仍應記帳，權益會產生變動。例如業主自商店提取現金或商品自用，屬於業主提取，業主權益減少。
3. 收益及費損	若本期收益大於本期費損，則產生本期淨利，權益增加；若本期收益小於本期費損，則產生虧損，權益自然減少。

(二) 公司組織的權益變動

公式

$$期初權益 + \begin{matrix} 股\ \ 本 \\ - 增減數 \end{matrix} + \begin{matrix} 資本公積 \\ - 增減數 \end{matrix} + \begin{matrix} 保留盈餘 \\ - 增減數 \end{matrix} = 期末權益$$

　　股東權益主要包括股本、資本公積及保留盈餘三大項。股東權益從期初到期末的增減變動相較複雜，茲將其變動因素及權益變動表列示如下：

》表3-3　公司組織的權益變動因素

因素	說明
1.股本	股東投入的資本稱為股本。股本可能因為擴廠或縮小規模原因而增資或減資。
2.資本公積	公司受贈或投入資本額超過面值部分，會累加到資本公積。
3.保留盈餘	保留盈餘是指公司營業所得的盈餘（淨利），未發放給股東股利，而保留在公司者。若發生營業虧損，則改稱累積虧損。

華欣公司
股東權益變動表
01年1月1日至12月31日

單位：新臺幣元

項目	合計	總計
股本		
期初餘額（01/1/1）		$3,000,000
本期現金增資		1,000,000
期末餘額		4,000,000
保留盈餘		
期初餘額	$0	
加：本期淨利	880,000	
減：股利	(120,000)	
期末餘額		760,000
股東權益（01/12/31）		$4,760,000

一、是非題

( ) 1. 獨資商店創業之初尚未對外舉債，此時資產全部來自業主投資，故開業方程式為：資產＝權益。

( ) 2. 企業的資產應該大於或等於權益。

( ) 3. 企業所擁有的資產，其來源有二：(1)投資人；(2)政府。

( ) 4. 增資與提取使權益增加，本期損益使權益減少。

( ) 5. 商店經營虧損時，會計方程式便失去平衡。

二、選擇題

( ) 1. 企業經營一段期間後，若績效獲利，是因為　(A)收益＜費損　(B)收益－費損＜0　(C)收益＞費損　(D)資產＞費損。

( ) 2. 獨資商店經營結果無論是盈餘或虧損，均應由業主來享受或承擔，故本期損益應轉入　(A)資產　(B)權益　(C)收益　(D)費損。

( ) 3. 下列會計方程式，何者有誤？　(A)資產＝負債＋權益　(B)資產－負債＝權益　(C)資產－負債－權益＝0　(D)資產＋負債＝權益。

( ) 4. 大大期初以現金$1,000,000投資開設一家網咖，經營一年後，期末資產為$2,200,000，期末負債為$800,000，則該網咖的　(A)期初權益$1,400,000　(B)本期虧損$400,000　(C)本期淨利$400,000　(D)期末權益$1,200,000。

( ) 5. 承上題，若該網咖本期共發生費損$500,000，則本期收益應為多少？(A)$900,000　(B)$1,000,000　(C)$100,000　(D)$700,000。

三、計算題

1. 恆春商店於今年年初開業，原始投資額$300,000，這一年當中，費損發生$100,000，業主曾向出納提領現金$30,000自用，年底為擴張店面規模，業主再投入資本$200,000，至年底權益金額為$450,000，則今年收益應為何？本期損益數字為何？

2. 櫻花公司成立於今年初，股東投入股本為100萬元，期中曾現金增資30萬元，本年度營業盈餘20萬元，並發放部分現金股利給股東，期末股東權益變動結果為140萬元。則櫻花公司股東收到多少的現金股利？

重點回顧

一、會計基本假設

1. 財務會計準則規定

繼續經營假設	在可預見的未來（資產負債表日後至少12個月內）企業不會解散或清算。

2. 實務及傳統上之四大會計假設

企業個體假設	將企業視為一個獨立於業主以外的經濟個體，有能力擁有資源並負擔義務。
繼續經營假設	在可預見的未來，企業將繼續經營不會解散或清算。
會計期間假設	將企業繼續不斷經營的過程劃分段落，以便分段計算損益。
貨幣評價假設	會計一切紀錄，均以貨幣為價值衡量尺度及記帳單位。

二、交易（會計事項）的意義

凡足以使企業資產、負債及權益發生增減變動之經濟事項，稱之。

三、交易（會計事項）的種類

1. 依交易對象區分

   (1)外部交易：涉及企業以外的個體發生的交易。

   (2)內部交易：不涉及企業本身以外個體的交易。

2. 依是否涉及現金區分為：現金交易、轉帳交易及混合交易。

四、財務報表的種類

財務報表是提供企業財務資訊的工具，主要財務報表包括：(1)資產負債表；(2)綜合損益表；(3)權益變動表；(4)現金流量表。

五、財務報表要素

1. 資產負債要素

   (1)資產：係指企業所擁有的資源，包括有形的財產和無形的權利。

   (2)負債：係指企業的債務及義務，必須於未來償還者。

   (3)權益（資本、淨值）：係指業主（股東）對於企業剩餘的權利。

2. 綜合損益表要素
   (1)收益：使權益增加，包括收入及利益。
   (2)費損：使權益減少，包括費用及損失。

六、 財務報表要素五層級

1.

第一級項目	第二級項目	第三級項目	第四級項目	第五級項目
資產	流動資產	現金及 約當現金	銀行存款	土地銀行 彰化銀行

2. 第三層級「項目別」為編製報表基礎，是財務報表的主體。

3. 第四層級「會計項目」為日記簿記載分錄的層級。如：銀行存款、應收帳款。

七、 項目代碼與編碼原則

1. 應顯示帳戶性質及類別：依資產、負債、權益、收益與費損順序編碼。
2. 應預留空號。

八、會計方程式

開業方程式：資產＝權益

基本方程式：資產＝負債＋權益

獲利方程式：期末資產＝期末負債＋[期初權益＋(收益－費損)]

虧損方程式：期末資產＝期末負債＋[期初權益－(費損－收益)]

權益變動方程式：期初權益 $\begin{matrix} +增資＋業主存入＋收益 \\ -減資－業主提取－費損 \end{matrix}$ ＝期末權益

股東權益變動方程式：期初權益 $\begin{matrix} +股\quad 本＋資本公積＋保留盈餘 \\ -增減數－\ 增減數\ -\ 增減數 \end{matrix}$ ＝期末權益

總結評量

知 識 ▶▶ 理 解 ▶▶ 應 用

一、選擇題

3-1 (   ) 1. 企業應將負債作長、短期之區分，其根據的基本假設為　(A)會計期間假設　(B)繼續經營個體　(C)企業個體假設　(D)貨幣評價假設。

(   ) 2. 劃分會計期間之目的為　(A)便於計算損益　(B)防止內部舞弊　(C)有助於分工合作　(D)反應幣值漲跌。

(   ) 3. 下列的會計假設中，哪一項最容易在原物料價格波動劇烈時遭到質疑？　(A)繼續經營慣例　(B)會計期間慣例　(C)貨幣評價慣例　(D)企業個體慣例。

3-2 (   ) 4. 下列何者<u>不屬於</u>會計事項？　(A) 發放員工薪水　(B)打電話向廠商訂貨　(C)業主代付商店的水電費　(D)火災損失。

(   ) 5. 業主從商店提取商品自用是屬於　(A)現金交易　(B)混合交易　(C)對外交易　(D)對內交易。

3-3 (   ) 6. 下列哪一種財務報表要素屬於虛帳戶？　(A)資產　(B)權益　(C)負債　(D)費損。

3-4 (   ) 7. 下列各種資產，何者的流動性最大？　(A)現金　(B)基金　(C)應收票據　(D)存貨。

(   ) 8. 會計項目依據級別，分別給予適當的編碼。若某一項目代碼為2116，第二位代碼「1」，應屬於　(A)流動資產　(B)非流動資產　(C)流動負債　(D)非流動負債。

(   ) 9. 電腦公司買進一批筆記型電腦準備出售，所附帶發生的運費，應列為哪一個會計項目？　(A)進貨　(B)進貨費用　(C)運費及保險費　(D)旅費。

(   ) 10.企業對於所屬財產與員工的投保支出，應列為　(A)廣告費　(B)交際費　(C)其他費用　(D)保險費。

(   ) 11.下列項目中，屬於流動負債者有幾項？　(A)二項　(B)三項　(C)四項　(D)五項。

　　①存入保證金　　②應付帳款　　③應付公司債　　④預收租金
　　⑤銀行借款　　⑥預付保險費　　⑦稅捐　　　　⑧應付票據
　　⑨文具用品　　⑩銀行存款

3-5 (   ) 12.依據會計基本方程式，企業資產來自於　(A)負債及收入　(B)資產及負債　(C)負債及權益　(D)淨值。

(   ) 13.「資產－負債－權益＝0」為　(A)基本方程式　(B)虧損方程式　(C)資本方程式　(D)解散方程式。

86

( ) 14.期初資產總額$180,000，負債$80,000，期末資產總額$220,000，負債$60,000，若本期收益為$180,000，則本期費損應為多少？ (A)$120,000 (B)$100,000 (C)$80,000 (D)$60,000。

( ) 15.本年年初資本總額為$48,000，年底資產及負債總額分別為$90,000、$36,000，已知年中業主曾提取$5,000。若當年度收益為$44,000，則當年度費損應為 (A)$22,000 (B)$33,000 (C)$54,000 (D)$11,000。

二、填充題

1. 所謂＿＿＿＿＿＿假設，強調企業的經濟活動與業主私人經濟活動要分開處理。

2. 企業若不能繼續經營下去時，資產與負債應改採＿＿＿＿價值評價。

3. 下列為相對性或相關性密切之交易標的，試寫出適當的會計項目名稱：

資產項目		⟷	負債項目	
●賒銷商品發生的債權	( )	⟷	●賒購商品發生的債務	( )
●預先支付以後期間負擔的費用	( )	⟷	●預先收取以後期間才賺得的收入	( )
●購入商品前預先支付的訂金	( )	⟷	●銷售商品前預先收到的訂金	( )
●付出的押金或保證金	( )	⟷	●收到他人繳存的押金或保證金	( )
●收到顧客的遠期支票	( )	⟷	●簽發給客戶的遠期支票	( )
●存入銀行的存款	( )	⟷	●向銀行短期性融資貸款	( )

費損項目		⟷	收益項目	
●支付仲介人的報酬	( )	⟷	●為他人介紹買賣所收取的仲介報酬	( )
●向銀行或他人借款所支付的利息	( )	⟷	●銀行存款或貸款給他人所賺取的利息	( )

費損項目		→	資產項目	
●購進待售的商品	( )	→	●期末尚未售出的商品	( )
●日常營業用的文具	( )	→	●期末尚未耗用的文具	( )
●不動產、廠房及設備的成本分攤	( )	→	●每年折舊的累積數	( )
●無形資產成本的分攤	( )	→	●每年攤銷的累積數	( )

【運費】

★因購進商品發生之運費為進貨運費，使用之第四級會計項目為（　　　　　）。

★因銷售商品發生之運費為銷貨運費，使用之第四級會計項目為（　　　　　）。

三、綜合應用

1. 【會計基本假設】下列為林旺商店之會計事項處理方式，試指出所遵循之會計假設：

會計處理事項	會計假設
(1) 辦公室設備的成本，按預計耐用年限分攤為折舊費用。	
(2) 業主林旺代墊商店5至6月份的電費，貸記「業主往來」項目。	
(3) 會計小姐欣凌每年12月31日均幫企業結算損益一次。	
(4) 外銷歐洲瑞士商品一批，依歐元報價並結匯，換算成新臺幣金額入帳。	

2. 【交易】試判斷下列各項目是否為交易。若屬於交易，再判斷其種類，以「✓」表示：

事項	是否為交易	依交易對象分		依是否涉及現金		
		對外交易	內部交易	現金交易	轉帳交易	混合交易
(1) 以現金支付薪水						
(2) 收銀機內發現偽鈔						
(3) 購買貨車，先付一半車款						
(4) 倉庫的商品泡水受損						
(5) 與廠商簽訂銷售合約						
(6) 辦公設備提列折舊						

3. 【會計項目】試判斷各會計項目所屬的財務報表要素名稱（A資產、L負債、C權益、R收益、E費損），若為抵減項目，請註明「－」。

	會計項目	財務報表要素		會計項目	財務報表要素
(1)	暫 付 款		(2)	預收收入	
	代 收 款			預付費用	
(3)	應收帳款		(4)	折 舊	
	備抵損失－應收帳款			累計折舊	
(5)	存 貨		(6)	銷貨收入	
	銷貨成本			銷貨折讓	
(7)	租金收入		(8)	銀行借款	
	租金支出			銀行存款	
(9)	應收票據		(10)	應付公司債	
	備抵損失－應收票據			應收收益	
(11)	應付利息		(12)	稅 捐	
	普通股股本			應付營業稅	

4. 【會計項目】下列為<u>台北商店</u>本年底各會計項目餘額：

現　金	$11,800	專 利 權	$500	薪資支出	$4,000
銷貨收入	23,000	應付票據	5,000	業主資本	31,900
進貨折讓	500	銀行存款	1,000	存　貨	1,000
佣金收入	300	應收帳款	8,000	房屋及建築成本	5,000
土地成本	20,000	著作權	6,000	進　貨	3,000
文具用品	700	銷貨退回	1,000	水電瓦斯費	2,000
累計折舊－房屋及建築	200	備抵損失	400	銀行長期借款	4,000
折　舊	100	銀行透支	1,100	利息費用	2,300

試求：(1) 資產總額　(2) 負債總額　(3) 收益總額　(4) 費損總額　(5) 本期淨利

(6) 權益總額。

5. 【會計方程式】下列為<u>野柳商店</u>連續兩年度的財務狀況，請將空格填入適當答案：

項目 年度	期初			期末			總收益	總費損	淨利 (或淨損)
	資產	負債	權益	資產	負債	權益			
110 年度	$800	$200		$1,500			$900		
111 年度		$500		$1,800		$700		$1,500	

6. 【會計方程式】<u>金瓜石商店</u>期初資產$600,000、負債$400,000；期末資產$800,000，負債$500,000，試求：（假設各小題各自獨立）

(1) 若本期業主曾增資$190,000，提取$60,000，則本期損益若干？

(2) 若本期業主曾存入$30,000，費損$100,000，則收益若干？

(3) 若本期淨利$200,000，業主曾提取$50,000，則本期曾增資或減資若干？

分錄與日記簿

Chapter 4

學習目標

研讀本章內容後，同學們應該能夠回答下列問題：

1. 「借」與「貸」二字的意義為何？
2. 借貸法則與複式簿記原理有何差異？
3. 分錄的意義是什麼？
4. 分錄依據不同分類標準，可包含哪些種類？
5. 買賣業常見的交易有哪些？請舉出五至十個最常使用的會計項目。
6. 順序式日記簿格式中，應設置哪些欄位？填寫分錄的步驟為何？
7. 何謂會計憑證？它的法定保存期限多久？
8. 何謂原始憑證？取得原始憑證為甚麼很重要？
9. 傳票的功用為何？格式及編製內容為何？如何登入日記簿？

本章課文架構

```
                        分錄與日記簿
   ┌──────────┬──────────┬──────────┬──────────┐
借貸法則及      分錄種類及      日記簿格式及      會計憑證
複式簿記       買賣業常見分錄   記錄方法

▶ 借貸的意義    ▶ 以是否涉及現金分  ▶ 日記簿格式     ▶ 原始憑證
▶ 借貸法則       類          ▶ 分錄記入日記簿的  ▶ 記帳憑證(傳票)
▶ 複式簿記     ▶ 以涉及會計項目個    步驟
▶ 分錄的意義       數分類
              ▶ 以分錄之目的分類
              ▶ 買賣業常見之分錄
```

　　企業平時的營業活動，會因規模大小不同而發生為數不等的交易量，少則數十筆，多則千百筆。本章旨在介紹如何使用「借貸法則」的記帳技巧，將平常發生的會計事項，循序完整地記錄在日記簿上，到了期末，才能編製報表，把企業的經營績效及財務狀況報導出來。

　　分錄是會計循環的第一個步驟，所謂「好的開始，就是成功的一半」，會計功能是否能有效地發揮，正確的分錄是首要關鍵。

第一節 借貸法則及複式簿記

一 帳戶

(一) 帳戶的概念

　　帳戶具有一定的結構，是用來核算並監督各交易事項引起企業資金變動情況和結果的單位。企業每使用一個會計項目，必須相對應設置一個帳戶在帳簿上，以便集中彙總各會計項目的「增」、「減」變動情形。因此，會計項目就是「帳戶名稱」，它規範了帳戶的實質內涵。

(二) 帳戶的格式

　　帳戶的基本結構分為左右兩方，左方稱為借方（debit），右方稱為貸方（credit），一方登載增加金額，另一方則登載減少金額（例如某帳戶，若借方代表增加，貸方就代表減少；若貸方代表增加，則借方就代表減少）。至於哪方登載增加，哪方登載減少，則視帳戶的類別而定，故「借」與「貸」僅代表方向。

　　帳戶的簡易格式與英文大寫字母"T"相似，故稱為T字帳。T字帳上方記錄會計項目名稱，格式如下：

<table>
<tr><td colspan="2" align="center">會計項目名稱</td></tr>
<tr><td align="center">左方（借方）</td><td align="center">右方（貸方）</td></tr>
</table>

　　記入金額到帳戶左方，稱為借記；記入金額到帳戶右方，稱為貸記。當借方金額大於貸方金額時，差額稱為借方餘額，簡稱借餘；貸方金額大於借方金額時，差額則稱為貸方餘額，簡稱貸餘；借方金額等於貸方金額時，帳戶餘額則為零。餘額計算式可歸納如下：

公式

期初餘額＋本期增加金額－本期減少金額＝期末餘額

 借貸法則

　　借貸法則是根據會計方程式「資產＝負債＋權益」發展而來。T字帳中間縱線畫上等號，資產在方程式左邊，所以將資產增加記在帳戶的借方，負債及權益在方程式的右邊，所以將負債及權益增加記在帳戶的貸方；相反地，依等式移項原理，資產減少改記在貸方，負債及權益減少則改記在借方。

借方		貸方
資產	＝	負債＋權益

例題1

一年甲班總務股長小奕，為了清楚記錄班費，設置了「現金」項目。現金是資產項目，所以增加記借方，減少記貸方。從下列「現金」T字帳可以看出，9月1日現金增加$8,000、9月18日增加$4,000；9月30日現金減少$9,000。

借方		現金	貸方	
9/1	$8,000		9/30	$9,000
9/18	4,000			
借餘	$3,000			

借方金額合計$12,000，貸方金額合計$9,000，借方金額大於貸方金額，表示現金項目有借餘$3,000（$12,000－$9,000＝$3,000）。換句話說，一年甲班9月底時，班費剩餘3,000元。

　　此種有關資產、負債、權益發生增減變動時，區別哪些財務報表要素增加記借方、減少記貸方；哪些財務報表要素增加記貸方、減少記借方的規則，稱為「借貸法則」。

　　另外，收益增加使權益增加，所以增加記貸方；費損增加使權益減少，所以增加記借方。茲將記錄各類財務報表要素的借貸法則，用T字帳彙總表達，如圖4-1：

》圖4-1　借貸法則

　　由上述借貸法則可以得知，借方有五種變化情形，貸方也有五種變化情形，連接借貸方各一個項目，形成5×5＝25種組合。換句話說，財務報表要素的增減變化共可出現25種交易型態的組合，如圖4-2所示：

資產增加記借方，貸方可引起的要素變動有五種。

五項要素借貸的增減變動共有25種組合。

》圖4-2　各財務報表要素增減變化的情形

腦力激盪…

1. 試根據借貸法則，填入「借」或「貸」方：

    (1) 資產增加記＿＿＿＿＿＿方，資產減少記＿＿＿＿＿＿方。

    (2) 費損增加記＿＿＿＿＿＿方，費損減少記＿＿＿＿＿＿方。

    (3) 負債增加記＿＿＿＿＿＿方，負債減少記＿＿＿＿＿＿方。

    (4) 權益增加記＿＿＿＿＿＿方，權益減少記＿＿＿＿＿＿方。

    (5) 收益減少記＿＿＿＿＿＿方，收益增加記＿＿＿＿＿＿方。

2. 依據借貸法則，負債若增加，可能引起哪些財務報表要素變化？（請說明增加或減少）

三 分錄的意義與複式簿記

(一) 分錄的意義

　　凡企業發生的每一筆交易，必須先取得憑證，再根據憑證內容辨認交易性質，並依照借貸法則，區分應借、應貸的會計項目，並計算交易金額，做初步序時記錄的工作，這項工作稱為分錄（Journalizing）。

知識加油站　會計憑證

　　會計憑證包括原始憑證及記帳憑證兩種。商業應根據原始憑證，編製記帳憑證，再根據記帳憑證，記錄會計帳簿。

* 原始憑證：是指在經濟事項發生或完成時所取得或填製，用以記錄和證明經濟事項的發生或完成，例如：收據、發票。

* 記帳憑證：則根據原始憑證所編製，用來顯示會計人員處理的責任。

(二) 複式簿記原理

依據《商業會計法》第11條第3項規定：「會計事項之記錄，應用雙式簿記方法為之」。「雙式簿記」常被稱為「複式簿記」，係指每一筆交易均包含借、貸雙方的記錄，「有借必有貸，借貸金額必相等」。分錄的記法如下：

借：會計項目　　　　　$×××
　貸：會計項目　　　　　　$×××

例題2

10月25日美麗美早餐店向銀行借入現金80萬元，借款期間三個月。試為美麗美早餐店分析交易並作分錄。

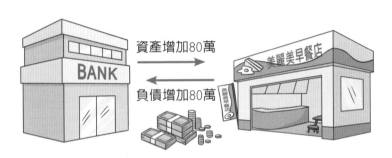

解

步驟1	以早餐店立場分析交易	此項交易，使早餐店的現金增加80萬元；同時，早餐店對銀行也增加了80萬元的借款。
步驟2	運用借貸法則分析借貸	收到「現金」80萬元 ➡ 資產增加 ➡ 記借方 向「銀行借款」80萬元 ➡ 負債增加 ➡ 記貸方
步驟3	採複式簿記原理作分錄	10/25　現　金　　　　　　800,000 　　　　　　銀行借款　　　　　　800,000 ➡ 說明： ①數字前的金額符號「$」通常省略 ②貸方較借方略右移1~2格，以便區隔借、貸方。

四 借貸法則及分錄釋例

茲以買賣業大大商店10月份發生之交易為例，引導同學們分析每筆交易，並正確運用借貸法則與複式簿記原理，以熟悉分錄的做法。（＋代表增加，－代表減少）

$$資產＝負債＋權益＋（收益－費損）$$

(一) 資產增加，權益增加

10月1日：張家五兄弟投資現金$500,000，依公司法創設大大商店。

交易分析	選用會計項目	完成分錄	借貸法則運用
商店收到現金──▶ 現金增加 來自股東投資──▶ 股本增加	現　金　　500,000 　股　本　　　　500,000	借方　　　　貸方 資產＋ 　　　　　權益＋

(二) 資產增加，資產減少

10月2日：大大商店以現金$100,000購買小貨車，供載貨用。

交易分析	選用會計項目	完成分錄	借貸法則運用
購買貨車──▶ 運輸設備增加 付出現金──▶ 現　金減少	運輸設備成本100,000 　現　金　　　100,000	借方　　　　貸方 資產＋ 　　　　　資產－

(三) 資產增加，收益增加

10月4日：銷售商品一批$70,000，收到貨款立即存入銀行。

交易分析	選用會計項目	完成分錄	借貸法則運用
貨款存入銀行──▶ 銀行存款增加 銷售商品──▶ 銷貨收入增加	銀行存款　　70,000 　銷貨收入　　　70,000	借方　　　　貸方 資產＋ 　　　　　收益＋

(四)費損增加，資產減少

10月6日：購買保險$2,000，以現金支付保費。

交易分析	選用會計項目	完成分錄	借貸法則運用
購買保險 ┄┄► 保險費增加 付出現金 ┄┄► 現　金減少	保險費　　　2,000 　現　金　　　2,000	借方　　　　　貸方 費損 + 　　　　　資產 −

(五)費損增加，負債增加

10月10日：向甲商店購進商品一批$50,000，貨款暫欠。

交易分析	選用會計項目	完成分錄	借貸法則運用
購進商品 ┄┄► 進　　貨增加 未付貨款 ┄┄► 應付帳款增加	進　貨　　50,000 　應付帳款　　50,000	借方　　　　　貸方 費損 + 　　　　　負債 +

(六)負債減少，資產減少

10月18日：償還甲商店部分貨欠$20,000，以現金付訖。

交易分析	選用會計項目	完成分錄	借貸法則運用
償還貨款 ┄┄► 應付帳款減少 付出現金 ┄┄► 現　　金減少	應付帳款　　20,000 　現　金　　　20,000	借方　　　　　貸方 負債 − 　　　　　資產 −

(七)負債減少，負債增加

10月28日：貨欠$30,000，開出三個月到期的票據償還甲商店。

交易分析	選用會計項目	完成分錄	借貸法則運用
償還貨款 ┄┄► 應付帳款減少 開出票據 ┄┄► 應付票據增加	應付帳款　　30,000 　應付票據　　30,000	借方　　　　　貸方 負債 − 　　　　　負債 +

(八) 權益減少，資產減少

10月31日：張家五兄弟決定減資$100,000，取回現金。

交易分析	選用會計項目	運用借貸法則	完成分錄
減資 ⟶ 股本減少 現金被提走 ⟶ 現金減少	借方　　　　貸方 權益 − 　　　　資產 −	股　本　　100,000 　現　金　　　　100,000

茲彙總大大商店10月份之會計恆等式變化過程如下：

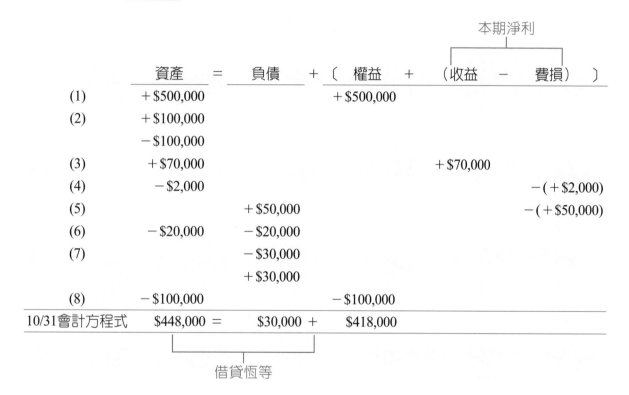

	資產	=	負債	+	〔 權益	+	（收益	−	費損）	〕
(1)	＋$500,000				＋$500,000					
(2)	＋$100,000									
	−$100,000									
(3)	＋$70,000						＋$70,000			
(4)	−$2,000								−（＋$2,000）	
(5)			＋$50,000						−（＋$50,000）	
(6)	−$20,000		−$20,000							
(7)			−$30,000							
			＋$30,000							
(8)	−$100,000				−$100,000					
10/31會計方程式	$448,000 ＝		$30,000	＋	$418,000					

本期淨利（於收益及費損上方）

借貸恆等

腦力激盪…

3. 試分析下列交易,選用適當之會計項目,區分要素增減變動,完成分錄:

交易事項	完成分錄	財務報表要素變動
例:購買電腦設備$20,000,以現金付訖。	辦公設備成本　20,000 　　現　金　　　　20,000	(　　資產＋　　) (　　資產－　　)
(1) 拿公司現金償還銀行短期借款$10,000。	(　　　　　　　) 　(　　　　　　　)	(　　　　　　) (　　　　　　)
(2) 郵電費$2,500,今日由銀行存款戶頭轉帳付訖。	(　　　　　　　) 　(　　　　　　　)	(　　　　　　) (　　　　　　)
(3) 本月員工薪資$12,000,業主自掏腰包代墊。	(　　　　　　　) 　(　　　　　　　)	(　　　　　　) (　　　　　　)

4. 某公司期初會計基本方程式如下,試分析左列交易對各要素之影響,並列出期末會計方程式:

期初會計方程式	資產$60,000 ＝負債$20,000＋權益$40,000
①股東增加股本$10,000 ②應收票據到期,如期兌現$1,000 ③賒購辦公設備一批$2,000 ④現金支付保險費$3,000	
期末會計方程式:	資產(　　　　)＝負債(　　　　)＋權益(　　　　)

一、是非題

(　　) 1. 會計的「借」、「貸」二字，代表帳戶的方向，左方稱借方，右方稱貸方。

(　　) 2. 所謂借貸法則，是指「有借必有貸，借貸必相等」。

(　　) 3. 收益發生時，會使權益減少，所以應借記。

(　　) 4. 帳戶借方小於貸方，產生貸餘；帳戶貸方小於借方，產生借餘。

(　　) 5. 所有會計事項均至少影響兩種財務報表要素之增減變動。

二、選擇題

(　　) 1. 依據借貸法則，當負債減少，可能使　(A)收益增加　(B)資產減少　(C)負債增加　(D)以上皆有可能。

(　　) 2. 依據借貸法則，當費損增加，<u>不可能</u>配合的要素變化為　(A)收益增加　(B)資產增加　(C)權益增加　(D)負債增加。

(　　) 3. 賒購設備，財務報表要素會產生哪種影響？　(A)收益增加　(B)資產減少　(C)權益增加　(D)負債增加。

(　　) 4. 依據借貸法則，交易所引起財務報表要素發生增減變化，共有　(A)5種　(B)10種　(C)9種　(D)25種。

三、實作題

1. 試判斷下列會計項目增減變動時，應記借方或記貸方該會計項目。

會計項目	借或貸	會計項目	借或貸
土地成本增加		稅捐增加	
應付帳款增加		累計折舊增加	
業主資本減少		存貨減少	
利息收入減少		預收貨款減少	

2. 試分析下列交易，選用適當之會計項目，區分要素增減變動，完成分錄：

交易事項	完成分錄		財務報表要素變動	
(1) 銷售商品一批$3,000，貨款暫欠。	(	)	(	)
	(	)	(	)
(2) 業主代付本店廣告費$8,000。	(	)	(	)
	(	)	(	)

第二節　分錄種類及買賣業常見分錄

一　分錄的種類

依據不同的分類標準，分錄可以歸納成下列不同種類：

(一) 依是否涉及現金而分類

1. **現金分錄**：指借方或貸方，僅有一個現金會計項目的分錄，此為純現金收入或純現金支出的分錄。例如：

文具用品	300		現　金		5,000
現　金		300	存入保證金		4,000
			租金收入		1,000

2. **轉帳分錄**：指借方與貸方均無現金的分錄，即完全無現金的收付。例如：

業主往來	100
佣金收入	100

3. **混合分錄**：指借方或貸方，同時涉及現金項目與非現金項目的分錄。換言之，為涉及部分現金、部分轉帳的分錄。例如：

進　貨	20,000	
現　金		10,000
應付帳款		10,000

貸方除了「現金」項目外，還有其他非現金的項目。

(二) 依涉及會計項目個數而分類

1. **單項分錄**（又稱簡單分錄）：指借貸雙方，均只有一個會計項目的分錄。例如：

   現　金　　　1,000
   　　銷貨收入　　　1,000

2. **多項分錄**（又稱複雜分錄）：指分錄中的借方或貸方、或借貸雙方，同時有兩個或兩個以上項目的分錄。例如：

   進　貨　　　2,000　　　房屋及建築成本　100,000
   　　應付帳款　　　1,000　　土地成本　　　200,000
   　　應付票據　　　1,000　　　　業主資本　　　　150,000
   　　　　　　　　　　　　　　　　銀行長期借款　　　150,000

腦力激盪…

5. 判斷下列分錄屬於何種分錄型態？請在適當空格內打「✓」。

分　錄	依涉及項目個數區分		依是否涉及現金區分		
	單項分錄	多項分錄	現金分錄	轉帳分錄	混合分錄
進　貨　　100 　現　金　　　100					
廣告費　　200 　郵電費　　　200					
現　金　　100 著作權　　400 　股　本　　　500					
租金支出　200 應付票據　700 　現　金　　　900					

（三）以分錄之目的而分類

1. **開業分錄**：企業設立時，業主投資的分錄。

2. **一般分錄**：日常一般交易的分錄。

3. **更正分錄**：過帳後發現分錄錯誤，予以更正的分錄。

4. **調整分錄**：期末結帳前，為正確計算本期損益所作的修正分錄。

5. **結帳分錄**：期末將收益與費損類帳戶結轉至本期損益，再轉至權益的分錄；或是實帳戶採分錄結轉法結轉下期的分錄。

6. **回轉分錄**：新會計年度開始，將上期期末部分調整分錄作對轉的沖回分錄。

二 買賣業常見之分錄

（一）開業分錄、業主往來分錄

開業分錄與業主往來分錄，是關於業主（股東）投資企業、業主與企業間的臨時性交易所記的分錄。作此分錄時，須注意下列會計項目的使用時機：

1. <u>業主資本</u>：獨資業主投資、增資或減資時使用。

2. <u>業主往來</u>：業主臨時性的存入或提取時使用。

3. <u>股本</u>：公司股東投資、增資或減資時使用。常分為普通股股本、特別股股本。

例題3

業主張三投資房屋$100,000及商品$20,000，創設商店。試完成分錄，並指出財務報表要素之變動：

解

房屋及建築成本	100,000	（資產＋）
存　貨	20,000	（資產＋）
業主資本（股本）	120,000	（權益＋）

➲商店發生廣告費用支出$4,000，由業主代墊。

解

廣　告　費	4,000		（費損＋）
業主往來		4,000	（權益＋）

➲支付保險費$10,000，其中半數是商店的火險費用，半數是業主私人人身保險費，應由業主負擔。

解

保　險　費	5,000		（費損＋）
業主往來	5,000		（權益－）
現　　金		10,000	（資產－）

腦力激盪 ···

6. 試完成下列交易之分錄，並列出財務報表要素之變動（增加＋，減少－）：

交易事項	分錄	財務報表要素變動
(1) 業主投資現金$500,000、土地$800,000及貨車乙輛$200,000，開設貨運行。		
(2) 支付水電及瓦斯支出共$4,000。		
(3) 業主代購辦公用文具一批$4,000。		

會計概論

(二)進貨相關分錄

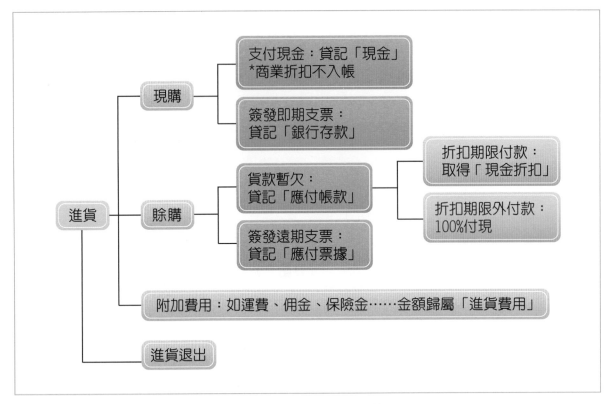

》圖4-3 常見的進貨交易情形

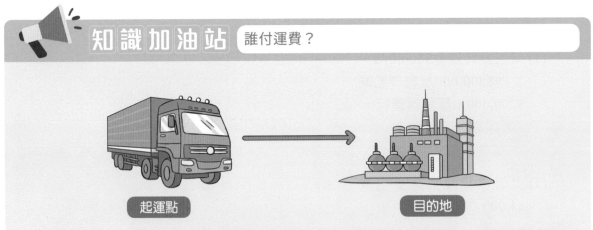

買賣交易，運費應由誰負擔呢？一般是以「交貨地點」來區別。若約定起運點交貨，則在賣方處，商品所有權即移轉給買方，途中運費及風險自然由買方負責；若目的地交貨，則待貨物送達買方處時所有權才移轉，故途中運費及風險由賣方負擔。換言之，在起運點交貨，為買方之「進貨運費」，應使用「進貨費用」項目入帳；在目的地交貨，則為賣方之「銷貨運費」，應使用「運費」項目入帳。

例題**4** ....

下列為<u>內灣商店</u>有關進貨之交易,試做分錄:

【 現　　購 】 5月1日現購商品$20,000,另支付運費$300(起運點交貨)。

　　　　　進　　貨　　20,000
　　　　　進貨費用　　　300
　　　　　　　現　金　　　　　　20,300

　　　　　說明:起運點交貨,為買方負擔之運費,列入「進貨費用」項目。

【 現　　購 】 5月2日購進商品$8,000,簽發即期支票付訖。

　　　　　進　　貨　　　8,000
　　　　　　　銀行存款　　　　　8,000

【 賒　　購 】 5月3日賒購商品,定價$50,000,八折成交,簽發六個月後到期的遠期支票付訖。

　　　　　進　　貨　　40,000
　　　　　　　應付票據　　　　40,000

　　　　　說明:商業折扣不入帳,以折扣後成交價入帳。
　　　　　　　　成交價=$50,000×(1-20%)=$40,000。

【 賒　　購 】 5月6日向甲商店賒購商品$50,000,付款條件2/10,n/30。

　　　　　進　　貨　　50,000
　　　　　　　應付帳款　　　　50,000

【進貨退出】 前5月6日向甲商店賒購之部分商品$10,000,因品質不符退還賣方。

　　　　　應付帳款　　10,000
　　　　　　　進貨退出　　　　10,000

　　　　　說明:「進貨退出」為進貨的減項項目。

【折扣期間內付款】 5月16日償還甲商店半數貨款。

應付帳款　　20,000

　　進貨折讓　　　　　　400

　　現　金　　　　　19,600

說明：折扣期間內付款，取得現金折扣，亦可用「進貨折扣」項目。

5%退貨$10,000後，貨款剩$40,000，半數貨款為$20,000。

現金折扣＝$40,000×$\frac{1}{2}$×2%＝$400

【折扣期間外付款】 6月5日償還甲商店剩餘的貨款。

應付帳款　　20,000

　　現　金　　　　20,000

說明：超過折扣期間還款，沒有折扣，100%付現。

剩餘貨款（應付帳款）＝$50,000－$10,000－$20,000＝$20,000

【預付貨款】 6月8日訂購商品一批$20,000，預付訂金一成。

預付貨款　　2,000

　　現　金　　　　2,000

說明：訂購商品只是一種約定行為，未引起財務報表要素發生增減變動，不做分錄。但預付訂金使現金減少，將來又可扣抵貨款，故須入帳。一成為10%。

【預訂商品交貨】 6月11日將前6/8訂購之商品，全數交貨，並以現金付清剩餘九成貨款。

進　貨　　20,000

　　預付貨款　　　　2,000

　　現　金　　　　18,000　($20,000×90%)

腦力激盪…

7. 試完成下列交易之分錄：

交易事項		分錄
8/6	現購商品，定價$10,000，九折成交，另外支付買方應負擔之運費$500。	
8/15	向芭樂公司訂購商品$20,000，訂金三成，開立即期支票付訖。	
8/18	前項芭樂公司所訂購之商品，今日交貨，並償還剩餘貨款。	
10/1	向西瓜公司賒購商品1,000件@$50，付款條件1/10，n/30。	
10/5	前項西瓜公司所批購的商品，計有240件規格不符，予以退貨。	
10/11	以現金清償西瓜公司剩餘的貨欠。	
10/18	購入商品$30,000，半數付現，半數開立30天到期本票乙紙付訖。	

(三) 銷貨相關分錄

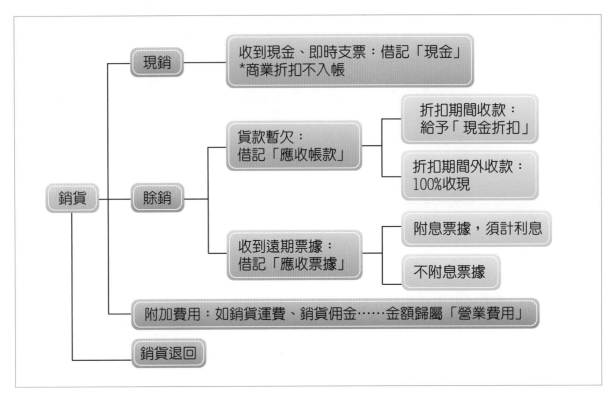

》圖4-4 常見的銷貨交易情形

例題5

下列為<u>內灣商店</u>8月份有關進貨之交易,試做分錄:

【　現　銷　】1日　現銷商品$60,029,百元以下尾數讓免。

　　　　現　　金　　　　60,000
　　　　　　銷貨收入　　　　　　60,000

　　　　說明:成交當時的讓免不必入帳。

【銷貨退回】2日　前現銷商品,部分被退回,貨款$1,000以現金退還。

　　　　銷貨退回　　　1,000
　　　　　　現　　金　　　　　1,000

【銷貨運費】 3日　現銷商品$5,000，另付運費$200（目的地交貨）。

現　　　金	4,800	
運　　　費	200	
銷貨收入		5,000

說明：目的地交貨條件時，賣方要負責運送途中的運費。現金合併金額為
$5,000－$200＝$4,800。

【預收貨款】 5日　客戶前來訂購商品$20,000，今日並將訂金$2,000匯至本店指定銀
行帳戶。

銀行存款	2,000	
預收貨款		2,000

說明：訂購是契約行為不作分錄。

【預售商品交貨】 9日　本月5日客戶訂購的商品，今日交貨，並收回餘款。

現　　　金	18,000	
預收貨款	2,000	
銷貨收入		20,000

說明：收款時，應先扣抵訂金。故收現金為$18,000（$20,000－$2,000）。

【　　賒　銷　　】 3日　賒銷商品$50,000予乙商店，付款條件：2/10，1/20，n/EOM。

應收帳款	50,000	
銷貨收入		50,000

【現金償還貨欠】 18日　乙商店交來現金 $24,750，以償還3日部分貨款。

現　　　金	24,750	
銷貨折讓	250	
應收帳款		25,000

說明：20日內付款應給予1%折扣，實際償還的帳款為$24,750÷(1－1%)
＝$25,000。

【現金、支票償還貨欠】 18日　賒銷商品$80,000，收到現金$20,000及遠期支票乙紙。

現　　金　　　20,000

應收票據　　　60,000

　　　銷貨收入　　　　　80,000

說明：收到遠期支票，借記「應收票據」，金額為$60,000 ($80,000 － $20,000)。

【票據到期兌現】 28日　前18日所收之票據，如數兌現。

現　　金　　　60,000

　　　應收票據　　　　　60,000

【銷貨簽發匯票】 29日　銷貨商品$8,000給丙公司，本店簽發匯票請其承兌，尚未獲回覆。

應收帳款　　　8,000

　　　銷貨收入　　　　　8,000

說明：《票據法》規定「匯票執票人於匯票到期日前，得向付款人要求承兌。付款人經承兌後，即須負付款之責。」所以收到匯票先記「應收帳款」，等承兌後再正式記錄為「應收票據」項目。

【收到承兌匯票】 30日　收到丙公司承兌後之匯票。

應收票據　　　8,000

　　　應收帳款　　　　　8,000

8. 試為下列會計事項作必要分錄:

交易事項		分錄
7/1	現銷商品100件@$200。	
7/3	前現銷之商品退回20件,並退還現金。	
7/11	支付銷貨的運費$500(目的地交貨)。	
7/14	阿信來電訂購商品乙批$9,000,並將訂金$1,000匯至本店的銀行指定帳戶。	
7/20	阿信前來取貨,並交來遠期支票乙紙付清尾款。	
8/2	銷售商品,以定價$10,000之八折成交,半數收現,餘暫欠。	
8/10	收回本月2日售貨之欠款,給予2%折扣。	
8/12	銷售商品$8,000給丁公司,簽發匯票請其承兌,尚未獲回覆。	
8/22	收到丁公司承兌後之匯票。	

(四)購置資產

購買不動產、廠房及設備,應以取得成本入帳。除買價外,尚包含達到可供使用狀態前一切合理必要支出,例如:運費、試車費、安裝費等;但不慎於運送途中發生損壞的修理支出,則不宜列入成本。

> **公式**
>
> 成本 = 買價 + 合理必要之附加支出

 例題6

試作下列會計事項之必要分錄:

(1) 將現金$10,000存入銀行,開立支票存款戶。

銀行存款	10,000	
現　金		10,000

(2) 賒購電腦一部$30,000。

辦公設備成本	30,000	
應付設備款		30,000

> 說明: 因進貨以外之非主要營業活動發生之債務,均屬於「其他應付款」項目。進一步細分,此題可使用「應付設備款」會計項目

(3) 購置房地產$3,000,000,房屋與土地價值比為1:2,半數付現,半數向銀行辦理抵押借款,借款期間10年。

房屋及建築成本	1,000,000	
土地成本	2,000,000	
現　金		1,500,000
銀行長期借款		1,500,000

> 說明: $3,000,000 \times \frac{1}{3} = \$1,000,000$;$3,000,000 \times \frac{2}{3} = \$2,000,000$

(4) 購買機器$24,000，另付運費$1,000、安裝及試車費$600，並支付搬運不慎損壞的修理費$300。

機器設備成本	25,600	
修繕費	300	
現　金		25,900

說明：依成本原則，達使用狀態前之合理必要支出，均列入成本。成本＝$24,000＋$1,000＋$600＝$25,600。

(5) 投標工程$800,000，支付押金一成，業主代墊。

存出保證金	80,000	
業主往來		80,000

(6) 向外購買一項專利權$100,000，簽發支票付訖。

專利權	100,000	
銀行存款		100,000

說明：支票，若未特別說明，視為即期支票。

(7) 簽約並預付二年廣告費$48,000，簽發三個月期支票付訖。

預付費用	48,000	
（預付廣告費）		
應付票據		48,000

票據種類 \ 立場	債權人（賣方） 收到票據	債務人（買方） 簽發票據
即期支票	銀行存款　××× 　　銷貨收入　　×× ×	進　　貨　　×× × 　　銀行存款　　×× ×
遠期支票、本票	應收票據　×× × 　　銷貨收入　　×× ×	進　　貨　　×× × 　　應付票據　　×× ×
未承兌遠期匯票	應收帳款　×× × 　　銷貨收入　　×× ×	進　　貨　　×× × 　　應付帳款　　×× ×
已承兌遠期匯票	應收票據　×× × 　　應收帳款　　×× ×	應付帳款　　×× × 　　應付票據　　×× ×

9. 試作各項交易之分錄：

交易事項	分錄
(1) 以現金$600,000購置房地產，其中地價是房價的兩倍。	
(2) 辦公室添購冷氣機一台，定價$40,000，九折成交，另安裝費用$2,000，全部款項暫欠。	
(3) 承租店面一間，本日簽租約，押金3個月及本月租金$20,000，全數開立支票付訖。	

➡ 說明：「押金3個月」，表示承租人須支付3個月租金的額度，作為履約保證金。

 支票

我國《票據法》第4條第Ⅰ項規定：「稱支票者，謂發票人簽發一定之金額，委託金融業者於見票時，無條件支付與受款人或執票人之票據。」

》圖4-5 劃線記名支票

(五) 營業費用

交易事項	分錄
1. 購買辦公用文具紙張$100。	文具用品　　　　100 　現　金　　　　　　　100
2. 現購郵票$100、電話卡一張$200。	郵電費　　　　　300 　現　金　　　　　　　300
3. 本月水費$300、瓦斯費$1,000及電費$400，由銀行帳戶直接扣款付訖。	水電瓦斯費　　1,700 　銀行存款　　　　　1,700
4. 於知名入口網站刊登廣告一個月$2,500，開立一個月期票付訖。	廣告費　　　　2,500 　應付票據　　　　　2,500
5. 支付員工薪津$50,000，代扣所得稅6%，代扣健保費$500，餘付現。	薪資支出　　　50,000 　代收款－所得稅　　3,000 　代收款－健保費　　　500 　現　金　　　　　46,500 ➡ 說明：代收款若未設明細帳，則貸方 改記：代收款3,500、現金46,500。
6. 職員李四欲往北部出差，暫支現金$ 5,000。	暫付款　　　　5,000 　現　金　　　　　　5,000 ➡ 亦可用「預付旅費」項目入帳。

交易事項	分錄
7. 李四出差歸來，報銷如下：交通費$1,000、膳食費$2,000、住宿費$1,500，餘款繳回現金。	旅　費　4,500 現　金　　500 　　暫付款　　5,000
8. 簽發即期支票乙紙$8,000，捐款給慈善基金會。	捐　贈　8,000 　　銀行存款　8,000
9. 購買清潔用品$180。	其他費用　180 　　現　金　　180

(六) 營業外收益、營業外費損

交易事項	分錄
1. 仲介買賣賺得佣金$3,000，收到劃線記名即期支票乙紙。 ➡ 說明：劃線記名支票，必須經由銀行交換轉帳至指定者銀行帳戶。	銀行存款　3,000 　　佣金收入　3,000
2. 將閒置店面出租，本月租金$8,000，收到未劃線不記名的即期支票乙紙。	銀行存款　8,000 　　租金收入　8,000
3. 辦公室廢紙回收，出售得款$30。	現　金　30 　　其他收入　30
4. 支付向銀行長期借款之利息$3,000。	利息費用　3,000 　　現　金　3,000
5. 月底盤點庫存現金，共短少$135。	現金短溢(其他損失)　135 　　現　金　135
6. 收銀機內發現兩張千元偽鈔。	其他損失　2,000 　　現　金　2,000

腦力激盪…

10. 試作各項交易之分錄：

交易事項	分錄
(1) 現購垃圾袋$1,000，辦公室清潔用品 $50。	
(2) 宴請客戶之應酬支出$900，由業主代墊。	
(3) 簽發即期支票支付薪資$100,000，代扣 6%所得稅及$4,000健保費。	
(4) 現購廣式月餅100盒@$400，饋贈員工祝 賀佳節快樂。	
(5) 開10天期本票支付法律顧問公費$2,000。	
(6) 現付房租$5,000，押金$10,000。	
(7) 本店應支付甲店利息$1,000，而甲店應支 付本店佣金$1,000，雙方同意互抵。	

一、是非題

( ) 1. 借方一個會計項目，貸方兩個會計項目之分錄稱為混合分錄。

( ) 2. 目的地交貨之進貨，運送途中之運費由買方負擔。

( ) 3. 起運點交貨之銷貨，賣方應將運送途中產生之運費借記「銷貨運費」。

( ) 4. 外銷貨物收取之美金，應依匯率折算新台幣「元」入帳。

( ) 5. 購買機器所支付的安裝費、試車費，均應計入機器的成本。

二、選擇題

( ) 1. 過帳後才發現日記簿內金額誤記，此時會計人員應做何種分錄？　(A)調整分錄　(B)更正分錄　(C)轉帳分錄　(D)回轉分錄。

( ) 2. 借：現金$100，貸：佣金收入$100，是為　(A)轉帳分錄　(B)多項分錄　(C)開業分錄　(D)現金分錄。

( ) 3. 收到尚未承兌之匯票，應借記　(A)應收帳款　(B)應收票據　(C)銀行存款　(D)應付票據。

( ) 4. 混合分錄必為　(A)簡單分錄　(B)結帳分錄　(C)轉帳分錄　(D)多項分錄。

三、分錄題

試為大吉商店與大利商店買賣雙方分別作適當分錄。

1. 6月 1日　大吉商店賒售$10,000商品給大利商店，條件為2/10，n/30。

　　6月 5日　大利商店因部份商品品質不良退回$1,000。

　　6月10日　大利商店償還大吉商店全部貨欠，並取得折扣。

2. 8月 1日　大吉商店向大利商店洽租倉庫一間，押金$6,000，簽發即期支票付訖。

　　8月 5日　大吉商店支付本期租金$3,000。

3. 10月 1日　大吉商店為大利商店仲介售出房地產$100,000，仲介抽取佣金5%，簽發三個月票據乙紙。

　　12月31日　大利商店10/1開立之期票到期，以現金付訖。

	大吉商店（賣方）	大利商店（買方）
1.	6/1	6/1
	6/5	6/5
	6/10	6/10
2.	8/1	8/1
	8/5	8/5
3.	10/1	10/1
	12/31	12/31

第三節 日記簿格式及記錄方法

　　會計上專供記載分錄的帳簿，稱為日記簿。由於日記簿是以交易發生時間的先後順序記錄，故為序時帳簿；另外，在帳簿組織中，日記簿也是記錄交易發生的第一本帳簿，所以又稱為原始記錄簿。

一 日記簿的格式

　　日記簿的格式，有順序式（並列式）、對照式（分列式）兩種，實務上多採用順序式。茲以順序式日記簿為例，說明其格式如下：

日　記　簿

第 ❽ 頁

年		憑單號數	會計項目	摘要	類頁	借方金額	貸方金額
月	日						
❶		❷	❸	❹	❺	❻	❼

❶ 日期欄：記載交易發生的年、月、日。

❷ 憑單號數欄：記載交易發生時的會計憑證編號。

❸ 會計項目欄：記載交易借貸的會計項目名稱。

❹ 摘要欄：簡要說明交易內容。

❺ 類頁欄：記載將交易的會計項目及金額，轉登分類帳帳戶的頁次。

❻ 借方金額欄：記載借方會計項目發生的金額。

❼ 貸方金額欄：記載貸方會計項目發生的金額。

❽ 日頁：記載日記簿的頁次。

日記簿的記錄方法

(一)登入日記簿步驟及應注意事項

1. 填寫交易日期

   (1)按交易發生時間的先後順序入帳。

   (2)每頁第一筆交易皆須填寫年、月、日。

   (3)以後同月的交易，其後的「月」免再填寫；同日的交易，其後的「日」以填寫「〃」代替。

2. 填寫憑證號數：填寫該筆交易會計憑證的號碼，可於數字前加#。

3. 填寫會計項目及金額：依左借右貸，先借後貸的順序，先填寫借方項目，在借方金額欄上填寫借方金額；次列再後退1~2個字的距離填寫貸方項目、貸方金額，以使借貸分明。

   (1)金額欄任何數字可免填「$」，且數字靠右對齊。

   (2)所有金額以阿拉伯數字填寫，且每三位數加一逗點「，」。例如：$243,857,000。

4. 將交易內容簡要記入摘要欄。

5. 類頁欄暫不填寫，待過帳時再填寫。

6. 日記簿每頁最後一行，須將借、貸方金額結總合計，在合計數上方劃單紅加減線，合計數下方劃雙紅終結線。

   (1)若合計數上面還有空行，應於摘要欄內由右上方至左下方劃一單斜線註銷。

   (2)「合計」應寫在摘要欄。

   (3)合計數旨在檢驗借貸方是否平衡，不必過次頁。

   (4)一筆分錄，不可拆開分記兩頁。

7. 日記簿有錯誤時，若尚未過帳，應採用「註銷更正法」處理。

(二)釋例

交易經分析確定應借應貸的會計項目後，即可按複式簿記原理登錄日記簿。茲舉例說明如下：

1. 交易發生

香芋西點麵包店，主要營業項目為買賣西點麵包。試為下列該店03年10~11月發生之交易做必要記載：

10月25日　銷售西點麵包$10,000，貨款暫欠。

10月25日　以現金支付本月份的房租$6,000。

11月 5日　以房子抵押向銀行借款$100,000，借款期間20年。

2. 登入日記簿

日　記　簿

第 3 頁

03 年		憑單	會計項目	摘要	類	借方金額	貸方金額
月	日	號數			頁	千百十萬千百十元	千百十萬千百十元
10	25	#102501	應收帳款	銷售商品，貨款		$10000	
			銷貨收入	暫欠			$10000
	〃	#102502	租金支出	現付房租		6000	
			現　金				6000
11	5	#110501	現　金	向銀行抵押借款，		100000	
			銀行長期借款	期間20年			100000
				合　計		$116000	$116000

說明： 正式日記簿中，標示有 千百十萬千百十元 的位置，只要照位置填上數字即可。若日記簿沒有特別標示，則金額盡量靠右線，元位以上，每隔三位作「,」表示，金額符號「$」也可以省略不寫。

三　日記簿的功用

(一) 瞭解交易全貌

　　日記簿將所有交易發生的項目、金額集中記錄，並在摘要欄作相關事實的重點陳述，故從日記簿可看到完整的交易全貌及營業經過情形。

(二) 便於事後查核

　　日記簿係按交易發生的先後順序集中記錄，事後欲查閱某筆交易時，可循交易日期迅速獲得資料。

(三) 易於發現錯誤

　　在日記簿中，借貸項目、金額集中列示，可以減少項目誤列、重覆、遺漏或不平衡的錯誤發生。

(四) 作為各種相關記錄之依據

　　日記簿是交易發生後第一本登錄的帳簿，會計人員根據日記簿將分錄過入分類帳，再依分類帳編製會計報表。

 腦力激盪…

11. 試將小朱商店6-7月份發生之交易記入日記簿，並加以合計。
　　110年6月28日　購買商品一批$20,000，貨款暫欠。
　　110年6月28日　以現金支付促銷活動的廣告費用$6,000。
　　110年7月5日　向第一銀行信用借款$100,000，期間半年。

日　記　簿

第 3 頁

年		憑單號數	會計項目	摘要	類頁	借方金額							貸方金額						
月	日					千	百	十	萬	千	百	十	元	千	百	十	萬	千	百	十	元
		(略)																			

（四）分錄釋例

趨勢科技商店創立於民國110年12月1日，位址於台北市精華商圈內，以經營買賣電腦周邊產品為主。茲將趨勢科技商店該年12月份所發生之交易事項，記錄至普通日記簿內：

1日　業主柯南投資現金$300,000，辦公設備$200,000，商品$50,000，開設商店。

1日　承租店面一間，現付押金$100,000及三個月租金$90,000。

2日　購買商品$40,000，簽發二十天期支票乙紙$30,000，餘款暫欠。

4日　客戶訂購商品$30,000，約定12月10日交貨，交來一張12月10日到期支票$10,000作為訂金。

7日　銷售商品一批，售價$20,000，貨款暫欠。

10日 12月4日客戶訂購之商品，本店今日交貨，客戶依約支付全部貨款（含到期本票）。

17日 本店應支付中華商店房租$1,500，中華商店應支付本店佣金$1,000，雙方同意抵付，差額補足現金。

20日 簽發即期支票支付廣告費$4,000，其中四分之一應由業主負擔。

31日 向保險公司繳交保費$3,000。

日 記 簿

110年		會計項目	摘要	類頁	借方金額	貸方金額
月	日					
12	1	現　金	業主柯南投資現金、		$300,000	
		辦公設備成本	設備、商品，開設商		200,000	
		存　貨	店。		50,000	
		業主資本				$550,000
	〃	存出保證金	承租店面，現付押金		100,000	
		租金支出	及租金。		90,000	
		現　金				190,000
	2	進　貨	購買商品，簽發20天		40,000	
		應付票據	票據，餘款暫欠。			30,000
		應付帳款				10,000
	4	應收票據	客戶訂貨交來12/10		10,000	
		預收貨款	到期支票。			10,000
	7	應收帳款	賒銷商品		20,000	
		銷貨收入				20,000
	10	現　金	12/4客戶訂購商品，		30,000	
		預收貨款	今日交貨，收回票款		10,000	
		應收票據	與餘款。			10,000
		銷貨收入				30,000
	17	租金支出	本店應付房租與應收		1,500	
		佣金收入	中華佣金互抵，差額			1,000
		現　金	補現。			500
	20	廣告費	開支票償付廣告費，		3,000	
		業主往來	業主須負擔1/4。		1,000	
		銀行存款				4,000
	31	保險費	繳交保險費。		3,000	
		現　金				3,000
			合　計		$858,500	$858,500

一、是非題

( ) 1. 日記簿之會計項目欄中，貸方項目書寫位置應較借方項目右縮1～2個字距。

( ) 2. 日記簿之摘要欄，應將交易內容詳細敘述。

( ) 3. 日記簿同一頁記載同年同月不同日之交易，只須填註不同的日期，無須重複記載年份與月份。

( ) 4. 日記簿內之類頁欄，分錄時暫不填寫，待過帳程序時再填上分類帳頁數。

二、選擇題

( ) 1. 日記簿之登帳，應按 (A)會計經理指示之順序 (B)交易發生之先後順序 (C)會計人員之習慣順序 (D)會計項目編號順序逐日記入。

( ) 2. 下列何者不是日記簿設置之欄位 (A)日期欄 (B)摘要欄 (C)日頁欄 (D)類頁欄。

( ) 3. 日記簿之登帳步驟，下列何者應為第一步驟？ (A)填摘要欄 (B)填會計項目欄 (C)填憑證號碼欄 (D)填日期欄。

( ) 4. 下列有關日記簿之敘述，何者有誤？ (A)一筆分錄不可拆開分記兩頁 (B)每頁第一筆交易皆須填寫年月日 (C)金額欄內數字均應標上「$」之符號 (D)日記簿金額合計數不必過次頁。

三、日記簿實作題

1. 大雅商店成立於110年初，存貨採實地盤存制。試該商店110年度1月部份之交易事項記入日記簿。

1日 業主張大雅增資現金$400,000，辦公設備$200,000及商品$400,000。

4日 銷售商品一批定價$86,200，收到現金$46,000及一個月期之本票乙紙$40,000，餘免。

7日 向和平商店訂購商品$200,000，約定1月13日交貨，以現金支付訂金$50,000。

8日 向大富公司賒購商品$75,000，八折成交，付款條件2/10，n/30。

10日 收到當月租金$6,000及二個月的押金$12,000。

13日 本月7日向和平商店訂購之商品本日交貨，本商店以即期支票支付餘款。

18日 以現金償付8日賒購之貨款。

20日 業主代墊本店之水費$800、電費$3,800與瓦斯費$2,000。

24日 同業大貴商店今日開幕，本店致贈花籃一對$3,000，以示祝賀。

31日 本月份員工薪津$22,000，除代扣所得稅6%，勞保費$2,000外，餘開支票乙紙轉入各員工薪資存款帳戶。

日　記　簿

年		會計項目	摘要	類頁	借方金額	貸方金額
月	日					
			（略）			

第四節　會計憑證

一 會計憑證的意義

胡適先生名言：「有幾分證據，說幾分話。」人生哲學如此，企業帳簿登錄亦應如此。企業財務報表應具備可靠的品質特性，才能得到投資人及債權人長期資金挹注，達到永續經營目標。爲確保財務報表可靠性品質，其內容必須根據眞實發生的交易作記錄，《商業會計法》第14條明文規定：「會計事項之發生，均應取得、給予或自行編製足以證明之會計憑證。」

而所謂會計憑證，係證明企業交易事項的發生經過及會計人員處理的責任，並作爲記入帳簿所根據的各種憑證。其主要功能，在於充當會計人員記錄帳簿及事後驗證的客觀證據。

二 會計憑證的種類及保存

(一) 會計憑證的種類

會計憑證依其性質，可分爲原始憑證及記帳憑證兩類。商業應根據眞實事項取得或給予原始憑證；再根據原始憑證，編製記帳憑證；最後根據記帳憑證，登入帳簿。

茲將會計憑證的種類及帳務流程簡列如圖4-6：

發生會計事項 ⟶　　取得原始憑證　⟶　編製記帳憑證　⟶　登入帳簿

【雙方成交】　　　【發票、收據】　　　【傳票】　　　　【日記簿】

》圖4-6 會計憑證種類及帳務流程

(二)會計憑證之保存

1. 會計憑證應按日或按月裝訂成冊，有原始憑證者應附於記帳憑證之後，作為證明文件。

2. 「各項會計憑證除應永久保存或有關未結會計事項者外，應於年度決算程序辦理終了後，至少保存5年。」保管期限屆滿，經商業之負責人核准後，得予以銷毀。

3. 會計憑證若因經辦或主管該項人員之故意或過失，致使該項會計憑證毀損、缺少或滅失而致商業遭受損害時，該經辦或主管人員應負賠償之責。

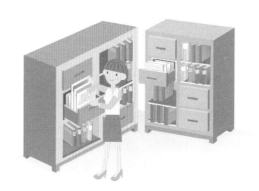

法規報你知 《商業會計法》第15條

商業會計憑證分下列二類：
一、原始憑證：證明會計事項之經過，而為造具記帳憑證所根據之憑證。
二、記帳憑證：證明處理會計事項人員之責任，而為記帳所根據之憑證。

 原始憑證

　　凡營業上所使用之單據書表及文件，足以證明會計事項經過並得據以編製記帳憑證者，無論自外界取得或自製，均屬原始憑證。原始憑證依據產生主體之不同，可再細分為三種：

(一)外來憑證

　　指發生對外交易時，企業從本身以外個體所取得之憑證。常見者有：購買貨物而取得的進貨發票；支付各項款項而取得的發票、收據或簽收單

（如：繳費收據、員工借據、銀行送金簿存根聯、對帳單、定期存單、薪資簽收單、支出證明單）；顧客訂貨單或銷貨退回的退貨單。

(二) 對外憑證

指發生對外交易時，由企業本身製發交予外界之憑證。例如：銷貨開立的發票或收據；向外訂購商品的訂貨單、進貨退出的退貨單；向他人借款開立的借據；收入款項簽發的收據等。企業開具對外憑證時，通常至少一式二聯，正本交給對方收執，副本為存根，留作憑證。

 法規報你知 《商業會計法》第37條

對外憑證之繕製，應至少自留副本或存根一份；副本或存根上所記該事項之要點及金額，不得與正本有所差異。

(三) 內部憑證

指基於企業本身經營及內部管理上需要而自行製存之憑證。常見者有：部門請購單、倉庫的領料單、驗收單、商品盤存單、差旅費報告表、各種計算表等（如：薪資計算表、折舊分攤表、成本明細表）。

 知識加油站

一筆交易皆有授受雙方主體，賣方開出發票或收據即為對外憑證，買方收取該發票或收據即為外來憑證，例如：銷貨發票相對於進貨發票。

茲列示常見之原始憑證格式如下，以供參考：

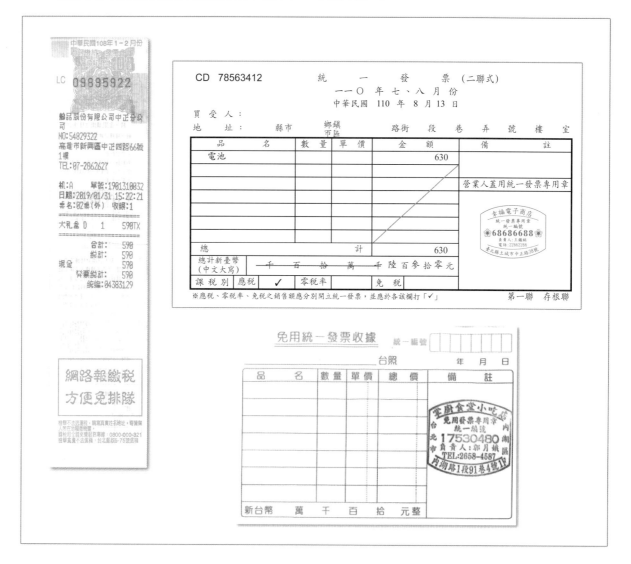

由以上舉例可以得知，各類原始憑證並無一定格式及內容，除統一發票外，商業得視實際需要自行設計。惟外來憑證及對外憑證應記載憑證名稱、日期、交易雙方名稱、地址或統一編號、交易內容及金額等事項，並經開具人簽名或蓋章，至於內部憑證則由商業根據事實及金額自行製存。

如果原始憑證因事實之困難，無法取得或因意外事故毀損、缺少或滅失者，應根據事實及金額作成憑證，由商業負責人或其指定人員簽章，分別或連帶負責證明，憑以記帳，如：支出證明單。

四 記帳憑證（傳票）

(一) 傳票的意義

依據客觀性原則，會計人員應該根據交易產生的收據或發票等原始憑證直接入帳，但因原始憑證大小及規格不一，不易整理。於是實務上，將原始憑證的日期、摘要、會計項目及金額等要項，填寫於具一定格式及大小的書面憑證內，傳遞予相關部門，以便辦理審核、收付、登帳等工作，並要求相關人員簽章，以確定責任歸屬。此種書面憑證，《商業會計法》稱為記帳憑證，實務上通稱為傳票，而編製傳票則俗稱為「切傳票」。

(二) 傳票的功用

傳票之功用，大致可歸納如下：

1. **作為帳簿記載的依據**

   會計事項經過原始憑證的審核與傳票的簽章後，會計人員才能依照傳票的項目、借貸方向及金額，轉登於日記簿及分類帳內。

2. **發揮內部牽制的作用，確認責任歸屬**

   傳票遞送於各相關部門，在經辦人員簽章時，除可互相查證避免錯誤外，也可達到彼此牽制效果，減少發生舞弊的機會。

3. **便於整理及查核**

   由於傳票具有一定格式及大小，背面又附有原始憑證，會計人員若將傳票依編號順序整理並裝訂成冊，將可成為完整檔案，方便日後查核。

(三)傳票的格式

依據商業會計法規定，記帳憑證種類規定如下：收入傳票、支出傳票及轉帳傳票。前項所稱轉帳傳票，得視事實需要，分為現金轉帳傳票及分錄轉帳傳票。各種傳票，得以顏色或其他方法區別之。

目前一般企業使用之傳票，均以「交易」為編製單位，每筆交易發生的全部項目皆記載於同一張傳票內，屬於複式傳票之格式。常見格式如下：

1. **現金收入傳票**

是專門用來記載現金收入交易的傳票。因為現金收入交易的借方項目必定是「現金」，所以省略「借：現金」的記載，僅須記載貸方項目。現金收入傳票通常用白底紅色字線印刷，以方便識別。其格式如圖4-7：

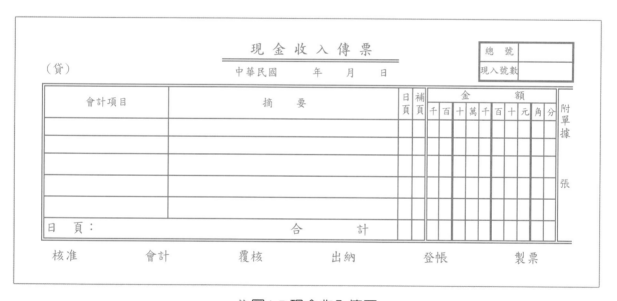

》圖4-7 現金收入傳票

2. **現金支出傳票**

是專門用來記載現金支出交易的傳票。因為現金支出交易的貸方項目必定是「現金」，所以省略「貸：現金」的記載，僅須記載借方項目，現金支出傳票通常以白底藍色字線印刷，以方便識別。其格式如圖4-8：

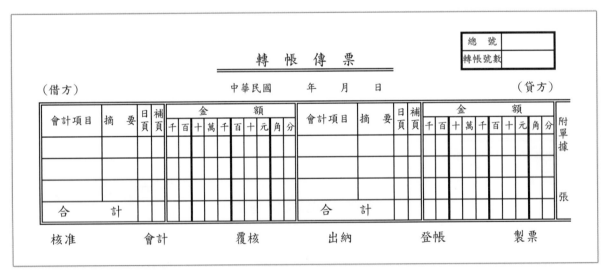

》圖4-8 現金支出傳票

3. 轉帳傳票

是專門用來記載轉帳交易及混合交易的傳票。轉帳傳票格式是由普通日記簿的格式轉換而來，所以，轉帳傳票必須記載借、貸雙方的會計項目及金額，通常以白底黑色字線印刷，以方便識別。其格式如圖4-9：

》圖4-9 轉帳傳票

(四)傳票的整理

1. 傳票必須依據原始憑證來編製，並將原始憑證附於傳票的背面。

2. 傳票依交易順序分類整理後，填寫總號，按日或按月裝訂成冊，並加製封面。

3. 封面上應標明冊號、起迄日期、頁數，由會計人員簽章，以示負責，並妥善保存，格式如圖4-10：

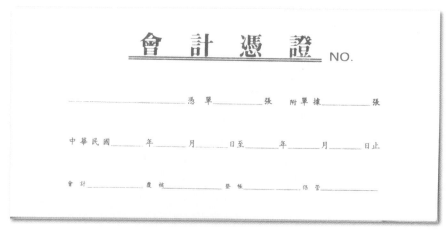

》圖4-10 記帳憑證封面

 腦力激盪…

12. 玩具反斗城公司近日向某玩具製造商購進一批泰迪熊玩偶，並經下列必要之內部控制程序。試寫出玩具反斗城將交易正式入帳之內部控制流程順序？（以英文字母代號表示）

(A) 主辦會計人員：將進貨交易正式入帳。

(B) 製票人員：核對訂購單、驗貨單、發票等原始憑證編製傳票。

(C) 經理：於傳票上簽章核准交易。

(D) 倉管人員：驗收進貨之商品。

(五) 傳票的編製步驟及方法

1. 首先檢查所取得的原始憑證，再依交易的種類，取出合適的傳票，如圖4-11。

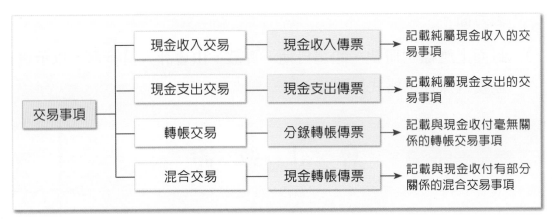

2. 取出合適的傳票後，依交易的內容，將日期、會計項目、摘要、金額等一一填記。

3. 檢查所附的原始憑證，填上張數，將原始單據黏貼或裝訂於傳票背面；並在傳票右上角加以編號。

4. 將傳票傳至各相關經辦人員，並要求每位相關人員在傳票下方適當職稱內簽章，以示負責。

 知識加油站 傳票如何編號？

1. 分號：係按使用傳票的類別依序編號，原則上一張傳票編一個分號。例如：商店開業第一天共編製了二張現金收入傳票，三張現金支出傳票，四張轉帳傳票，傳票分號應為：現金收入傳票的分號（現入號數）依序由1編到2號，現金支出傳票的分號（現支號數）依序由1編到3號，轉帳傳票的分號（轉帳號數）由1編到4號。

2. 總號：係會計人員於每日或每期集中整理所有傳票後，再依序編寫的號碼。所以，總號直接按交易發生時間的先後順序排列編碼，不分傳票種類。

3. 會計電腦化下編號：採電腦記帳時，會計軟體會按傳票編製的時序自動排序編號，通常只編列一個號碼，不再區分總號與分號。例如：110年6月1日的第一筆交易編的傳票編號為1100601001，輸入第二筆交易時自動產生的傳票號碼為1100601002，依此類推。

腦力激盪…

13. 試為下列交易選用適當之複式傳票種類：

交易內容	交易種類	三分法
例如：現付廣告費。	現金支出交易	現金支出傳票
(1) 現銷商品。	( )	( )
(2) 賒購商品，半數付現，半數暫欠。	( )	( )
(3) 庫存商品遭竊。	( )	( )
(4) 上月份員工薪水，代扣勞健保後全數付現。	( )	( )

(六) 複式傳票的編製釋例

例題7

幸福電子商店在民國110年9月10日，發生下列四筆交易事項，試為該公司編製複式傳票（假設編號均自#1開始)。

(1) 現銷液晶電視機五台，共$200,000。

(2) 現購電腦四台@$25,000，另支付運送費用$500。

(3) 賒銷按摩椅三座給康健商店，共$90,000（存貨採定期盤存制）。

(4) 向東元公司購進電器一批$150,000，支付現金$50,000，餘款暫欠。

解

1. 現銷液晶電視機五台，共$200,000。

此為現金收入交易，須編製現金收入傳票。現金收入傳票本身已具備「借：現金」的性質，所以傳票上只須填寫貸方項目及其他應記載項目：

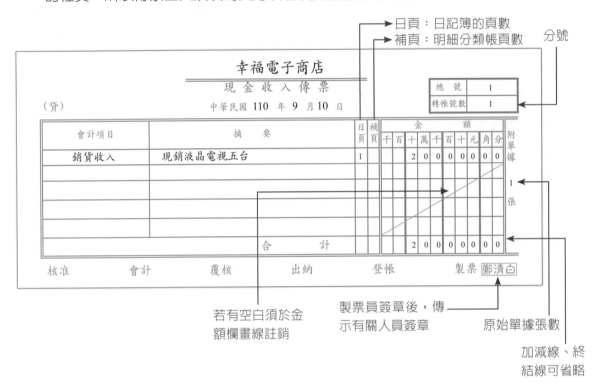

日頁：日記簿的頁數
補頁：明細分類帳頁數
分號

若有空白須於金額欄畫線註銷

製票員簽章後，傳示有關人員簽章

原始單據張數

加減線、終結線可省略

2. 現購電腦四台@$25,000，另支付運送費用$500。

此為現金支出交易，須編製現金支出傳票。現金支出傳票本身已具備「貸：現金」的性質，所以傳票上只須填寫借方項目及其他應記載項目：

3. 賒銷按摩椅三座給康健商店，共\$90,000。（存貨採定期盤存制）

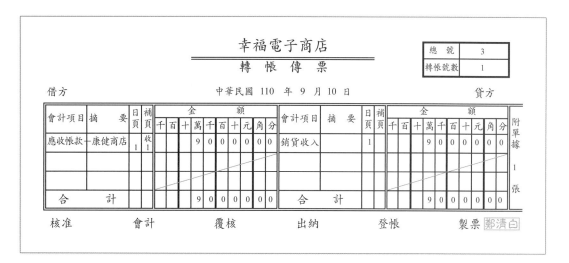

幸福電子商店																													
轉 帳 傳 票													總　號	3															
													轉帳號數	1															

借方　　　　　　中華民國 110 年 9 月 10 日　　　　　　貸方

會計項目摘要	日頁	補頁	金　額									會計項目	摘要	日頁	補頁	金　額									附單據
			千	百	十	萬	千	百	十	元	角	分			日頁	補頁	千	百	十	萬	千	百	十	元	角	分	
應收帳款－康健商店	1	收1			9	0	0	0	0	0	0		銷貨收入	1				9	0	0	0	0	0	0		1 張
合　　計					9	0	0	0	0	0	0		合　　計					9	0	0	0	0	0	0		

核准　　會計　　　覆核　　　出納　　　登帳　　　製票 鄭清白

4. 向東元公司購進電器一批\$150,000，支付現金\$50,000，餘款暫欠。

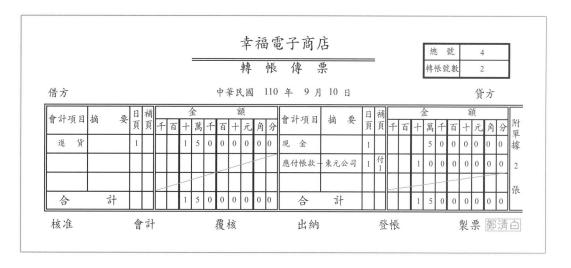

幸福電子商店																													
轉 帳 傳 票													總　號	4															
													轉帳號數	2															

借方　　　　　　中華民國 110 年 9 月 10 日　　　　　　貸方

會計項目摘要	日頁	補頁	金　額									會計項目	摘要	日頁	補頁	金　額									附單據
			千	百	十	萬	千	百	十	元	角	分			日頁	補頁	千	百	十	萬	千	百	十	元	角	分	
進　貨	1			1	5	0	0	0	0	0	0		現金	1				5	0	0	0	0	0	0		2 張
													應付帳款－東元公司	1	付1			1	0	0	0	0	0	0		
合　　計				1	5	0	0	0	0	0	0		合　　計				1	5	0	0	0	0	0	0		

核准　　會計　　　覆核　　　出納　　　登帳　　　製票 鄭清白

14. 哆來A夢商店民國110年8月份發生下列交易事項：

　1日 現收佣金$2,000。

　6日 現付房租$8,000。

　18日 大雄商店寄來三個月期本票乙紙$60,000，償還其前欠貨款。

　29日 向胖虎商店購買商品$90,000，付現$30,000，開立期票據乙紙$40,000，
　　　其餘款項暫欠。

試作： 編製8月29日之複式傳票

補充說明： 傳票編號截至7月底止，各類傳票編號情況如下：總號編至#100，現金收入傳
　　　　　票分號編至#35，現金支出傳票#23，轉帳傳票#22。

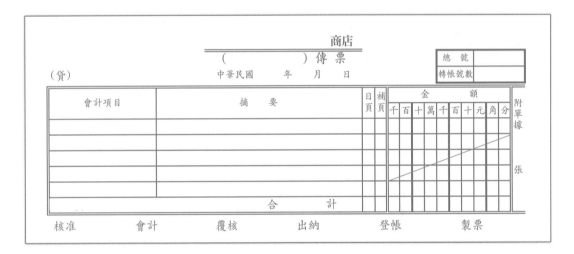

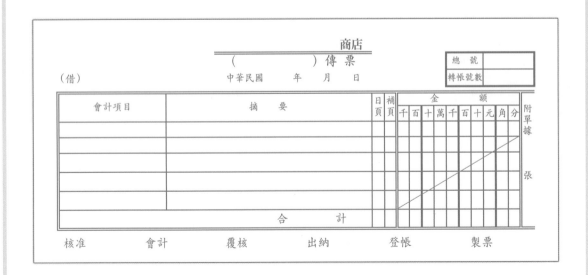

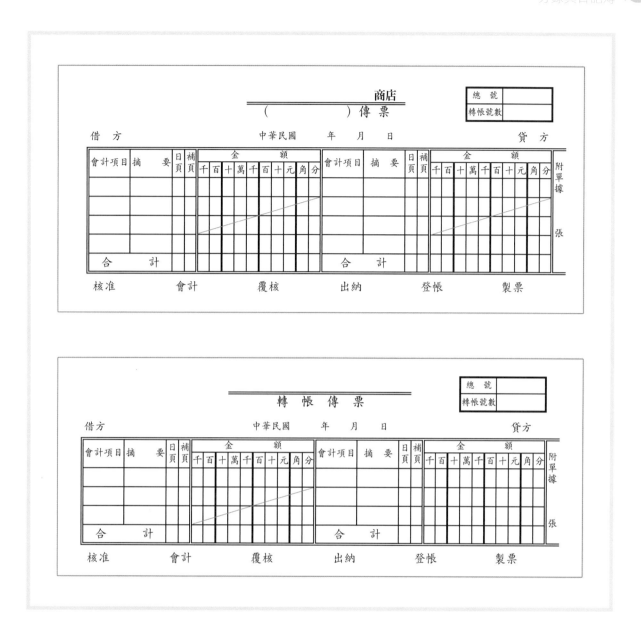

(七) 複式傳票記入帳簿的程序

1. 編妥傳票經相關經辦人員簽章核准後，會計人員即可根據傳票登入日記簿，並互註頁次。日記簿頁次填入傳票的「日頁」欄內；傳票的種類及分號填入日記簿的「傳票號數」欄內。例如：「現收1」代表現金收入傳票的第1張，「現支2」代表現金支出傳票的第2張。一般以「現收×」、「現支×」、「轉帳×」及「現轉×」（若採三分法，以「轉帳×」）來表達傳票號數，此舉可方便日後查核帳冊。

2. 登入日記簿後，再過入總分類帳，過帳方法與一般無異。

3. 設有明細分類帳之過帳，乃由傳票直接過入，不須經由日記簿，可收迅速過帳與分工之效。其過帳時，須將明細分類帳的頁次填入傳票的「補頁欄」內。至於未設明細類的項目，傳票上的補頁欄可任其空白，不需註明過帳之頁次。過帳之流程如圖4-12：

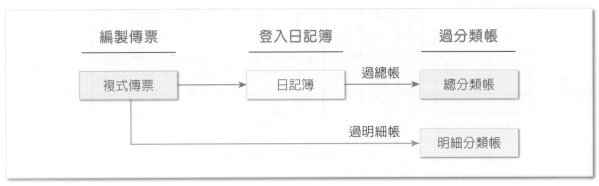

》圖4-12 傳票過帳流程

茲以前例幸福電子商店在民國110年9月10日的交易，採複式傳票三分法編製傳票的例題，說明其記帳程序如下：

日 記 簿

第 1 頁

110年		傳票號數	會計項目	摘要	類頁	借方金額	貸方金額
月	日						
9	10	現收1	現 金	(略)		200,000	
			銷貨收入				200,000
		〃	現支1	進 貨		100,000	
			進貨費用			500	
			現 金				100,500
		〃	轉帳1	應收帳款－康健商店		90,000	
			銷貨收入				90,000
		〃	轉帳2	進 貨		150,000	
			現 金				50,000
			應付帳款－東元公司				100,000
				合計		540,500	540,500

應收帳款明細分類帳

康健商店   第 1 頁

110 年		傳票號數	摘要	借方金額		貸方金額		借或貸	餘額	
月	日									
9	10	轉帳1		90,000	00			借	90,000	00

應付帳款明細分類帳

東元公司   第 1 頁

110 年		傳票號數	摘要	借方金額		貸方金額		借或貸	餘額	
月	日									
9	10	轉帳2				100,000	00	貸	100,000	00

(八) 代傳票

1. 代傳票的意義

所謂代傳票，係指以原始憑證代替傳票。如果原始憑證已具備傳票上應有的要件，且格式劃一時，可以直接用來代替記帳憑證，不必另行填製傳票。

使用代傳票之目的，一方面可節省重覆抄錄工作、簡化工作流程，一方面可以降低抄寫錯誤的機會。實務上，銀行業最常見。

2. 代傳票釋例

就銀行業而言，常見的代傳票是以顧客填製的存款單（存入憑條）代替現金收入傳票：顧客提款單（取款憑條）、顧客開立的支票代替現金支出傳票。一般企業則較常以進貨或銷貨發票代替傳票使用。茲以銀行常用的代傳票，圖示並說明如下：

會計概論

(1)現金收入代傳票：圖4-13之存摺類存款憑條本身即代表借「現金」，右上方則列有三個貸方會計項目，可視存款性質作勾選。

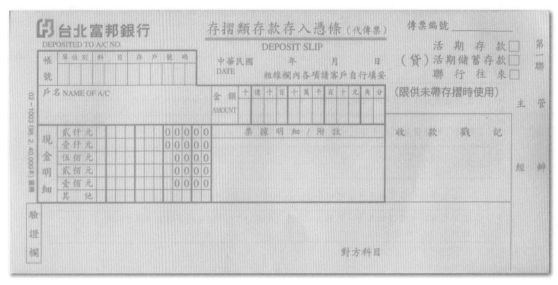

≫圖4-13 現金收入代傳票

(2)現金支出代傳票：圖4-14之存摺類存款憑條本身即代表貸「現金」，中間列有五個借方會計項目，可視存款性質作勾選。

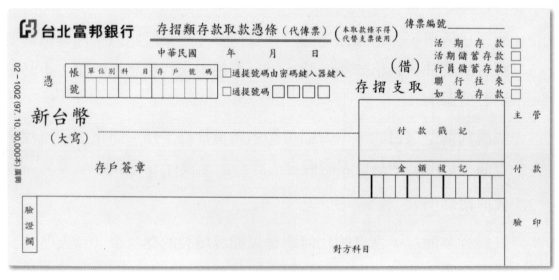

≫圖4-14 現金支出代傳票

146

一、是非題

( ) 1. 交易均應取得足以證明之會計憑證，始可入帳。

( ) 2. 員工借款開立之借據，屬於內部憑證。

( ) 3. 水電瓦斯費之繳費收據，屬於外來憑證。

( ) 4. 無法取得原始憑證之會計事項，得以內部經辦人員連帶的證明取代。

( ) 5. 對外交易之原始憑證，只要一份正本即可，不必自留副本或存根。

( ) 6. 傳票是一種內部憑證。

( ) 7. 現金支出傳票，通常為白底紅色字線印刷。

( ) 8. 傳票應該永久保存。

( ) 9. 會計憑證應按日或按月裝訂成冊，原始憑證須附於記帳憑證之後。

二、選擇題

( ) 1. 證明交易事項之經過，而為造具記帳憑證的各種單據憑證，稱為什麼？ (A)交易憑證 (B)原始憑證 (C)記帳憑證 (D)傳票。

( ) 2. 商品打入國內知名百貨公司專櫃銷售，專櫃開立給顧客的統一發票，屬於何種憑證？ (A)內部憑證 (B)外來憑證 (C)對外憑證 (D)記帳憑證。

( ) 3. 請購單、領料單、訂購單、稿費簽收單，以上有幾項憑證屬於內部憑證？ (A)一項 (B)二項 (C)三項 (D)四項。

( ) 4. 下列哪一項流程之順序正確？ (A)登入帳簿→記帳憑證→原始憑證 (B)原始憑證→登入憑證→記帳憑證 (C)原始憑證→記帳憑證→登入帳簿 (D)記帳憑證→原始憑證→登入帳簿。

( ) 5. 各項會計憑證，除永久保存或有關未結會計事項者外，應於年度決算程序辦理終了後，至少保存多久？ (A)3年 (B)5年 (C)10年 (D)15年。

( ) 6. 下列何者不是傳票的功用？ (A)作為記帳之依據 (B)證明相關人員責任，發揮內部控制功能 (C)方便整理及日後查閱 (D)取代原始憑證，方便逃漏稅。

( ) 7. 複式傳票為 (A)僅限於記載現金收支之事項 (B)僅限於記載轉帳之事項 (C)每一項目，填製一張傳票 (D)每一筆交易，填製一張傳票。

( ) 8. 原始憑證兼作記帳憑證者，稱為什麼？ (A)代傳票 (B)單式傳票 (C)套用傳票 (D)總傳票。

三、填充題

1. 試填入會計憑證之種類：

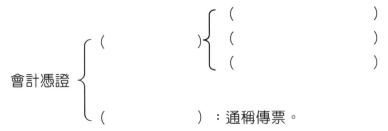

會計憑證 ｛ （　　　　　） ｛ （　　　　　　　　）
（　　　　　　　　）
（　　　　　　　　）

（　　　　　　）：通稱傳票。

2. 【複式傳票】瑞士商店採三分法之複式傳票制度，試將該商店110年9月交易編製適當之傳票。

16日　現付水費$300、電話費$800。

17日　銷售商品$50,000，全數收現。

18日　購置機器一台$200,000，頭期款付現$50,000，餘簽發遠期票據一紙支付。

【註：傳票總號自#100編起；分號現收自#32編起，現付自#18編起，轉帳自#41編起】

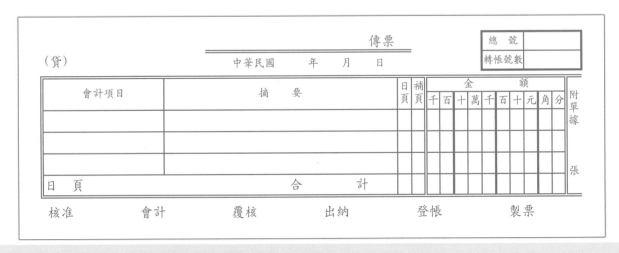

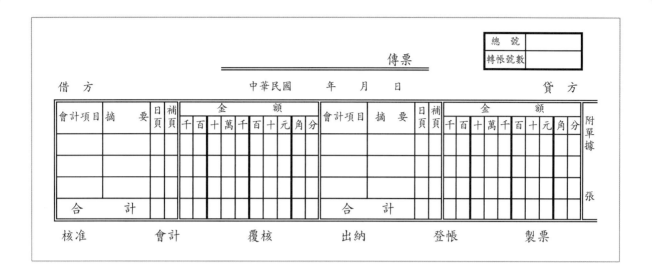

一、 帳戶與借貸的意義

1. 記錄各項資產、負債、權益、收益及費損等財務報表要素增減變動的工具，又稱為「T字帳」。

2. 借方及貸方僅代表帳戶的方向，左方稱借方，右方稱貸方。

二、 借貸法則

1. 由會計方程式「資產＝負債＋權益」發展而來。係指依據會計方程式，將交易所引起財務報表要素之增減變動，區別哪些記入借方，哪些記入貸方的記帳規則。

2. 各財務報表要素增減變化，共可出現25種交易型態組合。

借方	貸方
資 產 增 加	資 產 減 少
負 債 減 少	負 債 增 加
權 益 減 少	權 益 增 加
收 益 減 少	收 益 增 加
費 損 增 加	費 損 減 少

三、 分錄的意義

1. 分錄：為會計循環第一個步驟。係指按交易發生之先後順序，根據借貸法則，分析交易應借應貸之會計項目及金額，作初步序時記錄之手續。

2. 日記簿：專供記載分錄之帳簿，又稱分錄簿、序時帳簿、流水帳或原始記錄簿。

四、 複式簿記原理

一筆交易須包含借貸雙方的記錄，有借必有貸，借貸金額必相等。

五、 分錄的種類

1. 依交易之性質分：開業分錄、一般分錄、更正分錄、調整分錄、結帳分錄、回轉分錄。

2. 依涉及會計項目之多寡分：單項（簡單）分錄、多項（複雜）分錄。

3. 依是否涉及現金分：現金分錄、轉帳分錄、混合分錄。

六、 買賣業常見的分錄實例

例如：開業分錄、進貨分錄、銷貨分錄、業主往來分錄、購置資產分錄、支付營業費用分錄、營業外收益及費損分錄。詳細請參閱課本說明。

七、進、銷貨相關會計處理

交易情況		會計處理	
		賣方	買方
1. 取得折扣	商業折扣	折扣後以成交價入帳	折扣後以成交價入帳
	現金折扣與尾數讓免	借記銷貨折讓	貸記進貨折讓
2. 商品遭退回		借記銷貨退回	貸記進貨退出
3. 因買賣商品而收付訂金		貸記預收貨款 （負債類項目）	借記預付貨款 （資產類項目）
4. 運費	起運點交貨	－	借記進貨費用 （銷貨成本加項）
	目的地交貨	借記運費 （營業費用）	－

八、日記簿格式

1. 有順序式（並列式）及對照式（分列式）兩種。實務上常用順序式。
2. 內容有日期欄、憑單號數欄、會計項目欄、摘要欄、類頁欄、借方金額欄及貸方金額欄。

九、日記簿的功用

1. 瞭解交易全貌。
2. 便於事後查核。
3. 易於發現錯誤。
4. 作為各種相關記錄之依據。

十、 會計憑證的意義

證明企業交易事項的發生經過及會計人員處理責任，作為記入帳簿所根據的各種單據憑證。

十一、會計憑證的種類

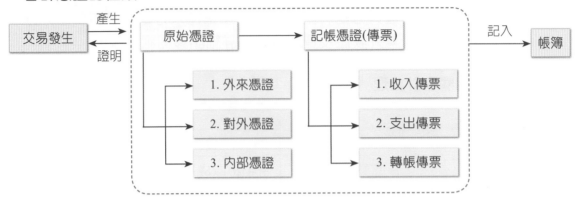

十二、會計憑證的作成及保存

1. 取得或給予原始憑證 → 編製記帳憑證（傳票） → 登入帳簿。
2. 各項會計憑證除應永久保存或有關未結會計事項者外，應至少保存五年。

十三、傳票的意義

係根據原始憑證的內容，填寫於具一定格式之書面憑證內，傳遞予各部門之間，以便辦理審核、收付及登帳等工作，並由各級經辦人員簽章，以示負責。

十四、複式傳票記入帳簿的程序

1. 編妥傳票 → 相關人員簽章核准 → 登入日記簿 → 互註頁次。
2. 日記簿 → 過總分類帳。
3. 傳票 → 直接過明細分類帳。

知 識 ▶▶ 理 解 ▶▶ 應 用

一、填充題

1. 帳戶簡易格式與英文T相似，簡稱_____帳。帳戶左方稱_____，右方稱為_____。

2. 記入金額至帳戶左方，稱_____記；記入金額到帳戶右方，稱_____記。借貸僅代表_____之意義。

3. _____為會計循環第一個步驟。專供分錄記載之帳簿稱_____或稱_____或稱_____。

4. 複式簿記原理係指一筆交易_____，_____。

5. 試填入適當之憑證種類名稱：

會計憑證
- 1. _____
  - (1)外來憑證
  - (2)對外憑證
  - (3)_____
- 2. 記帳憑證
  - (1) 現金收入傳票
  - (2) _____支出傳票
  - (3) _____

6. 我國企業因習慣及法令規定，必須根據原始憑證另依一定格式填製記帳憑證作為入帳的根據，此憑證傳遞於有關部門人員簽章，稱為_____。

7. 現金收入傳票僅需填寫_____方會計項目；現金支出傳票僅需填寫_____方會計項目；轉帳傳票則_____項目均須填寫。

8. 資料儲存媒體內所儲存之各項會計憑證，除應永久保存或有關未結會計事項者外，應於年度決算程序辦理終了後，至少保存_____年；各項會計帳簿及財務報表則至少保存_____年。

二、選擇題

4-1 (　　) 1. 賒購土地，使資產總額　(A)不變　(B)增加　(C)減少　(D)不一定。

(　　) 2. 賒銷商品遭退回，其結果會使　(A)資產減少，收益減少　(B)資產增加，收益減少　(C)資產減少，負債減少　(D)權益減少，收益增加。

( ) 3. 根據借貸法則，下列何者屬於費用增加與權益增加？ (A)業主提取現金自用 (B)員工報銷差旅費 (C)業主代付本店房租 (D)開立支票支付廣告費。

( ) 4. 收到阿美商店匯來款項，未言明用途，當即存入銀行，則應借記 (A)暫收款 (B)暫付款 (C)應收帳款 (D)銀行存款。

4-2 ( ) 5. 借：進貨，貸：現金、應付帳款，此筆分錄屬於 (A)簡單分錄 (B)現金分錄 (C)開業分錄 (D)混合分錄。

( ) 6. 為響應賑災捐款，業主以企業名義劃撥$10,000至行政院內政部的帳戶，應借記 (A)銀行存款$10,000 (B)稅捐$10,000 (C)交際費$10,000 (D)捐贈$10,000。

( ) 7. 開立遠期票據$1,000償還客戶貨欠，此交易使 (A)負債總額增加$2,000 (B)負債總額增加$1,000 (C)負債總額不變 (D)資產減少$1,000，負債減少$1,000。

( ) 8. 下列何種交易事項，會發生費用？ (A)現購辦公室設備 (B)償還日前賒購文具用品之款項 (C)以零錢購買郵票 (D)搜集舊衣捐贈非洲國家。

( ) 9. 8月1日賒銷商品定價$50,000，按八折成交，付款條件2/10，n/30，則分錄應借記 (A)應收帳款$40,000 (B)應收帳款$50,000 (C)銷貨收入$40,000 (D)銷貨收入$50,000。

( ) 10.續第9題，同年8月11日收取半數貨款，其分錄中銷貨折扣之借貸方向及金額應為 (A)借$800 (B)貸$800 (C)借$400 (D)貸$400。

( ) 11.續第9題，8月30日收取剩餘貨款，其分錄應借 (A)現金$20,000 (B)應收帳款$20,000 (C)現金$19,600 (D)應收帳款$19,600。

4-3 ( ) 12.日記簿有錯誤時，若尚未過帳，其正確之處理方法為 (A)修正液塗銷更正 (B)註銷更正法 (C)分錄更正法 (D)不能更正。

( ) 13.日記簿每頁合計時，其「合計」二字應填寫於 (A)摘要欄 (B)會計項目欄 (C)類頁欄 (D)金額欄。

( ) 14.下列各項何者不是日記簿之功用？ (A)便於事後查核 (B)為流水帳記錄 (C)表達營業績效 (D)做為相關記錄之根據。

4-4 ( ) 15. 會計憑證的功能為何？ (A)證明交易之發生及作為記帳的依據 (B)證明相關人員的責任，發揮內部控制的功能 (C)作為查核會計表冊的依據 (D)以上皆是。

( ) 16. 購貨時取得的統一發票，屬於何種憑證？ (A)外來憑證 (B)原始憑證 (C)會計憑證 (D)以上皆是。

( ) 17. 傳票種類不同，印刷顏色亦不同，其目的是什麼？ (A)便於編製總傳票 (B)便於編製報表 (C)便於分類整理 (D)較為美觀。

三、綜合應用

1. 【借貸法則】依據借貸法則分析各交易對各要素之影響，並列出新的會計基本方程式：

對財務報表要素影響 交易	資產	負債	權益
原有會計方程式	$50,000　=	$20,000　+	$30,000
(1) 業主投資電腦設備一部$10,000			
(2) 以現金$2,000償還短期借款。			
(3) 開立期票乙紙$3,000，償還以前貨欠。			
(4) 前開立之票據$1,000到期，業主代付。			
新的會計方程式			

2. 【借貸法則】試舉出會影響下列財務報表要素增減變動的交易實例：
   (1) 費損增加，資產減少。
   (2) 資產增加，負債增加。
   (3) 負債減少，權益增加。

3. 【分錄實作】試將下列交易作成分錄，並寫出其財務報表要素（資產A、負債L、權益C、收益R、費損E）的增減變化：

交易事項	完成分錄	財務報表要素變動
例題： 向銀行借款$30,000，期限半年	現　金　　　30,000 　　銀行借款　　　　30,000	借方：A ＋ 貸方：L ＋
(1) 支付本店於籌備期間因設立所發生的薪資$2,000。		
(2) 業主黃君投資房屋$300,000開設本店。		
(3) 賒購甲商店商品一批$50,000，九折成交，付款條件2/10，1/20，n/30。		

交易事項	完成分錄	財務報表要素變動
(4) 前賒購甲商店商品其中$5,000品質不良，予以退還，扣抵先前欠甲商店之貨款。		
(5) 前10/5賒購商品一批$20,000，付款條件2/10，1/20，n/30，今日10/25償還貨欠。		
(6) 銷售商品$10,000，收到20天到期之支票乙紙。		
(7) 銷售商品，寄出客戶應承兌的匯票$30,000。		
(8) 收到上項客戶承兌後的匯票。		
(9) 支付水費$200、電費$2,000及瓦斯費$1,000，由銀行戶頭轉帳支付。		
(10) 向松山商店訂購商品$25,000，先支付訂金$5,000。		

4. 【日記簿】試將歐風傢俱店03年3月份之會計事項記入日記簿。

2日　向甲店賒購待售之桌椅一批計$80,000，付款條件2/10，1/20，n/30。

5日　現付上月份員工交誼廳的報費$450及商業週刊半年期訂費$2,100。

5日　現銷書櫃、衣櫃等商品計$100,500，尾數$500情讓，款項隨即存入銀行。

10日　向欣欣車行購入載貨用小卡車乙部，定價$250,000，八折成交，半數付現，半數暫欠。

15日　簽發彰化銀行即期支票乙紙，支付一年期房屋保險費$10,000。

20日　償還甲店2日貨款如數。

22日　顧客訂購沙發等傢俱總價$100,000，當即收現$5,000作為訂金。

25日　向乙店購入古董櫃等商品計$60,000，簽發二個月期附年息6%之本票付訖。

31日　本月份員工薪津$50,000，除代扣所得稅10%，勞保費$1,500外，餘開支票乙紙轉入各員工薪資存款帳戶。

歐風傢俱店
日 記 簿

03年		憑證	會計項目	摘要	類	借方金額	貸方金額
月	日	號數			頁		
		(略)		(略)			

NOTE

過帳與分類帳

Chapter 5

學 習目標

研讀本章內容後，同學們應該能夠回答下列問題：

1. 過帳的意義為何？
2. 為什麼要設置分類帳？它與日記簿的性質有何不同？
3. 分類帳格式有哪兩種？
4. 為什麼實務界普遍使用餘額式分類帳？
5. 一般買賣業，常設置的明細分類帳帳戶有哪些？
6. 統制帳戶與明細分類帳關係為何？
7. 分錄過入分類帳的步驟為何？
8. 哪些帳戶常產生借餘？又哪些帳戶常產生貸餘？

本 章課文架構

```
                         過帳與分類帳
                              │
        ┌─────────────┬─────────────┬─────────────┐

  過帳意義及          分類帳種類        總分類帳格式        過帳的方法
  分類帳功用

▶ 過帳的意義      ▶ 總分類帳        ▶ 標準式帳戶       ▶ 總分類帳過帳方法
▶ 分類帳的性質     ▶ 明細分類帳      ▶ 餘額式帳戶       ▶ 明細帳過帳方法
▶ 分類帳的功用     ▶ 統制帳與明細帳關
                    係
```

> **導讀**　　平時我們可以從日記簿記載的分錄，全盤瞭解企業交易全貌，但這畢竟只是流水帳，無法看出個別會計項目金額的增減變化。爲了進一步瞭解個別會計項目的增減變動及其餘額情況，會計人員會另外設置一本以「會計項目」爲主的總分類帳簿，來進行分類集中的工作。

第一節　過帳之意義及分類帳之功用

一　過帳的意義

　　會計人員逐日將交易事項登入日記簿後，即應進行過帳手續。所謂過帳（posting），就是將日記簿內各分錄的借方金額及貸方金額，按原借、貸方向逐一轉記到相對分類帳戶借方及貸方的程序。

過帳

二　分類帳的性質

　　日記簿中每一個會計項目，都必須爲它設置一個相對帳戶來記錄該項目的增減變動，故「會計項目」就是「帳戶名稱」，兩者名稱一致。

　　分類帳（Ledger）由若干帳戶組成，每一帳戶記載一個會計項目金額的增減變動情形，是一本以會計項目（帳戶）爲單位的帳簿，屬於交易的終結記錄簿。帳戶的排列順序與會計項目表相同，依序爲資產、負債、權益、收益及費損。

　　分類帳與日記簿的性質明顯不同，整理如表5-1。

》表5-1　日記簿與分類帳之性質比較

主要帳簿種類	性質比較
日記簿	以交易為主體的原始記錄簿，屬於歷史性縱的紀錄。
分類帳	以帳戶為主體的終結記錄簿，屬於分類性橫的紀錄。

三 分類帳的功用

(一) 瞭解每一個帳戶的增減變化及餘額情形

透過分類帳，可以隨時得知各個會計項目在某一期間的借、貸方發生金額及其餘額變化。例如老闆可以從「銀行存款」帳戶內的借、貸方變化，隨時掌握銀行存款的增加與減少過程及其剩餘款項，來判斷商店是否存有周轉不靈的危機。

(二) 作為編製財務報表的依據

企業發生的所有交易及金額，均必須作成分錄記入日記簿，再過入分類帳。因此，分類帳所有帳戶的餘額，可充分顯示企業的財務狀況與經營績效，作為編製財務報表的依據。其中資產、負債及權益帳戶餘額，可作為編製資產負債表依據；收益及費損帳戶餘額，可作為編製綜合損益表依據。

四 會計電腦化對過帳的影響

會計電腦化後，軟體便能迅速將輸入的分錄，判斷其會計項目的借、貸方向及金額，自動分類、計算、彙總，隨時更新各帳戶金額。相較於傳統的人工過帳方式，電腦過帳不但能快速處理大量資料，且能避免人為疏失造成的錯誤與遺漏，大大提高會計處理效率。

第二節 分類帳之種類

一 分類帳的種類

我國《商業會計法》規定，分類帳可分為總分類帳及明細分類帳兩種。

(一) 總分類帳

係依據「會計項目」而設立的分類帳戶，簡稱總帳。總分類帳係企業依據會計項目表的順序，每一會計項目設置一帳戶，以便彙總分類整理各個會計項目個別增減變動的帳簿。

(二) 明細分類帳

係依據「會計項目下之子目」而設立的分類帳戶，明細分類帳是為了輔助總分類帳不足而設置，又稱輔助分類帳，或簡稱輔助帳。例如：在應收帳款的帳戶下，依客戶名稱設立應收帳款明細分類帳，以瞭解個別客戶的收款情形；在存貨的帳戶下，依商品的種類設置存貨明細帳，可瞭解個別商品的庫存情形，並方便加強其控管。

任何帳戶皆可設置明細帳，但設置多少無一定標準，得按實際需要自行設置。買賣業常設置的明細帳，如應收帳款、應付帳款、銀行存款、存貨等。

二 總分類帳與明細分類帳的關係

總分類帳為終結帳簿，可據以編製會計報表；明細分類帳為總分類帳其中某一帳戶的輔助帳簿，為該帳戶個別明細的記錄簿，可據以編製明細表。設有明細分類帳的總分類帳帳戶，稱為統制帳戶（統馭項目）。換句話說，「統制帳」是對各「明細帳」總數作概括彙總的紀錄，而明細帳戶（明細項目）則為統制帳戶的個別明細記錄簿，兩者具有統制與隸屬的關係，其關係式如下：

統馭項目餘額 ＝ 各明細項目餘額之和

例題1

NoNo鞋店販賣的鞋子種類很多，包括皮鞋、運動鞋、休閒鞋及室內鞋等。會計小姐為了瞭解店內各種鞋類的庫存情形，除了將所有鞋子彙總以總分類帳「存貨」項目列帳外，還以不同子目設置「皮鞋」、「運動鞋」、「休閒鞋」及「室內鞋」等四個存貨明細帳，來記錄各類鞋子的存貨情形。

由右圖中可以看出，該鞋店的鞋子存貨總數為14雙，是由皮鞋5雙、運動鞋4雙、休閒鞋3雙及室內鞋2雙等各明細加總的結果。該鞋店每雙鞋子定價都是$200，存貨明細帳分別為「存貨－皮鞋$1,000」、「存貨－運動鞋$800」、「存貨－休閒鞋$600」及「存貨－室內鞋$400」，存貨總帳餘額為$2,800（$2,800＝$1,000＋$800＋$600＋$400）。

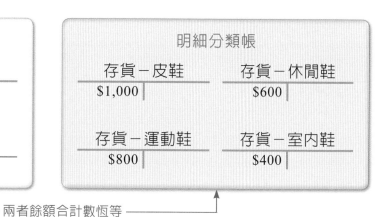

知識加油站 應收帳款貸餘時

應收帳款明細分類帳戶若發生貸餘，在資產負債表上應列為流動負債。

會計概論

腦力激盪…

1. 台北商店為瞭解各客戶積欠貨款情形,設置應收帳款明細帳,各餘額如下:

　　應收帳款－台科大公司　借餘　$40,000

　　應收帳款－北科大公司　借餘　　20,000

　　應收帳款－雲科大公司　貸餘　　25,000

　　則該商店應收帳款統制帳戶之餘額為若干?＿＿＿＿＿＿＿。

一、是非題

(　　) 1. 會計項目就是「帳戶名稱」。

(　　) 2. 分類簿是以項目為主體的原始紀錄簿。

(　　) 3. 明細分類帳是為輔助分類帳不足而設置，又稱輔助分類帳。

(　　) 4. 應付帳款統制帳戶之餘額與其各明細帳戶餘額之總和，在某些特殊情況下會不相等。

(　　) 5. 每一個會計項目在分類帳上必設置一個帳戶。

二、選擇題

(　　) 1. 企業若要瞭解各會計項目的增減變動及其餘額情形，必須進行何種會計程序？
(A)分錄　(B)過帳　(C)試算　(D)調整。

(　　) 2. 分類帳是以　(A)交易　(B)會計項目　(C)客戶　(D)時間　為主體的終結帳簿。

(　　) 3. 下列何者為編製會計報表之依據？　(A)日記簿　(B)總分類帳　(C)會計憑證
(D)明細帳。

(　　) 4. 下列何種帳戶可能會設置明細分類帳？　(A)應收帳款　(B)辦公設備　(C)存貨
(D)以上皆有可能。

三、填充題

1. 分類帳種類可以分為＿＿＿＿＿＿＿及＿＿＿＿＿＿＿＿。

2. 總分類帳係以＿＿＿＿＿＿＿＿＿為分類基礎；明細分類帳則以＿＿＿＿＿＿＿＿＿＿＿＿＿＿為分類基礎。

3. 總分類帳與其明細分類帳具有＿＿＿＿＿與＿＿＿＿＿的關係。

4. 四維商店應收帳款統制帳戶有借餘$20,000，該帳戶設有四個明細分類帳，忠孝店為借餘$5,000，仁愛店借餘$2,000，信義店為貸餘$3,000，則和平店為借餘或貸餘多少？
＿＿＿＿＿＿＿＿＿＿。

第三節 分類帳之格式及過帳方法

一 分類帳的格式

記錄每一個會計項目增減變動的工具，稱為帳戶。帳戶的格式，通常分為標準式及餘額式兩種。

(一) 標準式帳戶

標準式帳戶分為左右兩方，左方記載借方事項，右方記載貸方事項，兩方格式相同。因有借、貸兩個金額欄，又稱「兩欄式」帳戶。其格式如下：

帳戶名稱										第　頁
年		摘　要	日	借方金額	年		摘　要	日	貸方金額	
月	日		頁		月	日		頁		

標準式帳戶其左右對稱，若將兩方用直線隔開，再加頂端橫線，形狀與英文字母「T」相似，故稱T字帳，會計教學及研究常採用之。茲將現金的標準式帳戶，簡化成T字帳，其格式如右：

現金　　第　頁

(二) 餘額式帳戶

餘額式帳戶除借、貸兩個金額欄外，尚增設餘額欄，故又稱為「三欄式」帳戶，其格式如下。此格式特色，在於能隨時顯示各帳戶餘額，使用性較高，我國實務界普遍採用之。

帳戶名稱						第 頁	
年 月 日		摘 要	日 頁	借方金額	貸方金額	借或貸	餘 額

❷ 過帳方法

　　過帳是將日記簿的分錄，轉記到分類帳的程序，不論是哪種格式的分類帳，其過帳步驟大致相同。

(一) 標準式帳戶的過帳方法

　　過帳是以每一個分錄為處理對象，一個分錄過帳完畢後，再進行下一個分錄的過帳，而且過帳順序是先過借方，再過貸方。茲舉03年12月24日之開業分錄，說明分錄過入分類帳之步驟如下：

步驟❶	先找到和會計項目相同的帳戶	日記簿的借方項目為「現金」，找出分類帳的相同帳戶名稱「現金」。
步驟❷	填寫日期欄	轉記日記簿交易發生的日期03/12/24。
步驟❸	填寫摘要欄	註明該交易的對方項目「業主資本」。因為日記簿已對交易事實作明確完整的紀錄，實務上，常將分類帳摘要省略。
步驟❹	填借（貸）金額	日記簿為借方金額，即填入分類帳的借方金額欄；貸方金額，即填入貸方金額欄。
步驟❺	互填註日頁及類頁	將日記簿的頁次轉記到分類帳「日頁」欄；再將過入分類帳的頁次回填日記簿「類頁」欄。故日記簿的類頁欄若已填上頁數，即表示已過帳完畢，可避免遺漏或重複過帳。

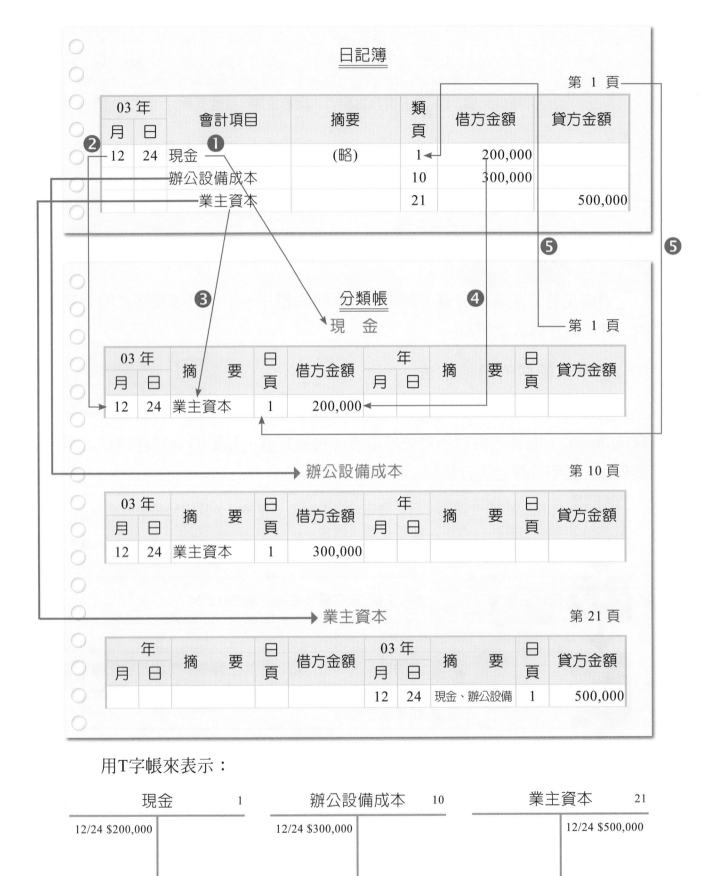

日記簿

第 1 頁

03 年		會計項目	摘要	類頁	借方金額	貸方金額
月	日					
12	24	現金	(略)	1	200,000	
		辦公設備成本		10	300,000	
		業主資本		21		500,000

分類帳

現 金

第 1 頁

03 年		摘 要	日頁	借方金額	年		摘 要	日頁	貸方金額
月	日				月	日			
12	24	業主資本	1	200,000					

辦公設備成本

第 10 頁

03 年		摘 要	日頁	借方金額	年		摘 要	日頁	貸方金額
月	日				月	日			
12	24	業主資本	1	300,000					

業主資本

第 21 頁

年		摘 要	日頁	借方金額	03 年		摘 要	日頁	貸方金額
月	日				月	日			
					12	24	現金、辦公設備	1	500,000

用T字帳來表示：

現金 1	辦公設備成本 10	業主資本 21
12/24 $200,000	12/24 $300,000	12/24 $500,000

腦力**激盪**···

2. 試將日記簿中的分錄，過入標準式分類帳及 T 字帳：

<u>日記簿</u>

第 4 頁

03 年		會計項目	摘要	類頁	借方金額	貸方金額
月	日					
10	3	現　金	(略)		80,000	
		銷貨收入				80,000
	14	應收票據			50,000	
		銷貨收入				50,000
			合　　計		$130,000	$130,000

<u>分類帳</u>

現　金

第 1 頁

年		摘　要	日頁	借方金額	年		摘　要	日頁	貸方金額
月	日				月	日			

應收票據

第 8 頁

年		摘　要	日頁	借方金額	年		摘　要	日頁	貸方金額
月	日				月	日			

銷貨收入

第 41 頁

年		摘　要	日頁	借方金額	年		摘　要	日頁	貸方金額
月	日				月	日			

現金	1	應收票據	8	銷貨收入	41

(二)餘額式帳戶的過帳方法

餘額式帳戶的過帳方法與前面標準式帳戶的過帳原理相同，只是多了一欄「餘額欄」，每一筆過帳均須將「借或貸」餘額結算出來。

日記簿

第 1 頁

03 年		會計項目	摘要	類頁	借方金額	貸方金額
月	日					
12	24	現　金	(略)	1	200,000	
		辦公設備成本		10	300,000	
		業主資本		21		500,000

分類帳

現　金

第 1 頁

03 年		摘　　要	日頁	借方金額	貸方金額	借或貸	餘額
月	日						
12	24	業主資本	1	200,000		借	200,000

辦公設備成本

第 10 頁

03 年		摘　　要	日頁	借方金額	貸方金額	借或貸	餘額
月	日						
12	24	業主資本	1	300,000		借	300,000

業主資本

第 21 頁

03 年		摘　　要	日頁	借方金額	貸方金額	借或貸	餘額
月	日						
12	24	現金、辦公設備成本	1		500,000	貸	500,000

知識加油站 餘額式帳戶的「餘額」怎麼算呢？

　　將上次交易餘額與本次交易金額，依據「同方向相加、反方向相減」的原理求出餘額。餘額若為借餘，則填「借」，若餘額為貸餘，則填「貸」，若無餘額，則填上「平」。舉例說明如下：

應收帳款　　　　　　　　　　　第 5 頁

03 年		摘　要	日頁	借方金額	貸方金額	借或貸	餘　　額
月	日						
12	1	(略)	1	500,000		借	500,000
	8		〃	20,000		〃	520,000
	13		〃		320,000	〃	200,000
	19		〃		280,000	貸	80,000
	20		〃	100,000		借	20,000
	30		〃		20,000	平	0

➡ 說明：12/ 8　上次借餘$500,000＋借方金額$20,000＝借餘$520,000（同方向相加）

　　　　12/13　上次借餘$520,000－貸方金額$320,000＝借餘$200,000（反方向相減）

　　　　12/19　上次借餘$200,000－貸方金額$280,000＝貸餘$80,000（貸方金額＞上次借餘）

　　　　12/30　上次借餘$20,000－貸方金額$20,000＝$0（無餘額）

 腦力激盪····

3. 試將「應付帳款」帳戶之空格，填入適當之文字或數字：

應付帳款　　　　　　　　　　　第 13 頁

03 年		摘　　要	日頁	借方金額	貸方金額	借或貸	餘　　額
月	日						
10	1	承前頁	4	50,000	300,000		
	27		〃		40,000		
11	15		〃	300,000			
	24		〃		10,000		
	30		〃		165,000		

 會計概論

 腦力激盪····

4. 試將下列日記簿內之分錄，過入餘額式分類帳：

<u>日記簿</u>

第 4 頁

03 年		會計項目	摘要	類頁	借方金額	貸方金額
月	日					
9	1	應收帳款	（略）		7,000	
		銷貨收入				7,000
	3	現　金			7,000	
		應收帳款				7,000

<u>分類帳</u>

現　金　　　　　　　　　　　　　第 1 頁

03 年		摘　要	日頁	借方金額	貸方金額	借或貸	餘　額
月	日						
8	31	（略）	3			借	20,000

應收帳款　　　　　　　　　　　　第 5 頁

03 年		摘　要	日頁	借方金額	貸方金額	借或貸	餘　額
月	日						
		（略）					

銷貨收入　　　　　　　　　　　　第 41 頁

03 年		摘　要	日頁	借方金額	貸方金額	借或貸	餘　額
月	日						
8	31	（略）	3			貸	20,000

(三) 分類帳過次頁的方法

分類帳每頁記滿時，應將餘額過次頁，其方法如下：

1. 在該頁最後一行日期欄填入「〃」，摘要欄填寫「過次頁」或「轉下頁」，日頁欄打「✓」，並將各帳戶借、貸方金額欄分別加總。

2. 在下一頁第一行日期欄，填入上一頁最後日期，摘要欄內填寫「承前頁」或「接上頁」，日頁欄打「✓」表示該金額非來自日記簿，並轉記上頁之借、貸總額及餘額。

例題2

現 金　　　　　　　第 1 頁

03 年		摘　要	日頁	借方金額	貸方金額	借或貸	餘　額
月	日						
10	1	（略）	1	80,000		借	80,000
	3		〃		30,000	〃	50,000
	15		〃	4,000		〃	54,000
	28		2		10,000	〃	68,000
	〃	過次頁	✓	168,000	100,000		

現 金　　　　　　　第 2 頁

03 年		摘　要	日頁	借方金額	貸方金額	借或貸	餘　額
月	日						
10	28	承前頁	✓	168,000	100,000	借	68,000

腦力激盪‧‧‧

5. 是非題：

（　　）(1)分類帳每一頁的合計金額不須過次頁。

（　　）(2)日記簿每一頁的合計金額不必過次頁。

(四)各類會計項目的餘額

分錄經過帳後,各餘額式帳戶均能隨時結算出餘額,正常情況下,資產及費損類帳戶會產生借餘;負債、權益及收益類帳戶會產生貸餘。各帳戶的減項或抵減項目,則產生相反方向的餘額。

 腦力**激盪**…

6. 指出下列帳戶正常餘額之方向(借餘或貸餘)?

帳戶名稱	正常餘額方向	帳戶名稱	正常餘額方向
(1) 利息收入		(4) 進貨退出	
(2) 累計折舊		(5) 應付薪資	
(3) 現　　金		(6) 預付稅捐	

三 明細分類帳之過帳方法

總分類帳的某一帳戶若進一步設置明細分類帳時,總分類帳中的帳戶只記載交易總數,交易明細則記入明細分類帳中,並應編製明細表。茲舉例題2說明如下。

例題3

試將致遠商店03年12月份發生之部分交易，記入日記簿、過入總分類帳及明細分類帳，並編製月底之明細表。

12/ 1　向天龍公司賒購商品$50,000。

12/ 6　賒銷給大明公司商品$40,000。

12/15　向弟虎公司購進商品$50,000，付現$20,000，餘款暫欠。

12/18　銷售給小明公司商品$44,000，立即收現$12,000，餘款賒欠。

12/20　大明公司償還12月6日所欠之部分貨款$20,000。

12/30　賒銷給小明公司商品$10,000。

解

(1) 日記帳簿

日　記　簿

第 8 頁

03年 月	日	會計項目	摘要	總頁	補頁	借方金額	貸方金額
12	1	進　貨	（略）	51		$50,000	
		應付帳款－天龍		23	付1*		$50,000
	6	應收帳款－大明		4	收1**	40,000	
		銷貨收入		41			40,000
	15	進　貨		51		50,000	
		現　金		1			20,000
		應付帳款－弟虎		23	付2		30,000
	18	現　金		1		12,000	
		應收帳款－小明		4	收2	32,000	
		銷貨收入		41			44,000
	20	現　金		1		20,000	
		應收帳款－大明		4	收1		20,000
	30	應收帳款－小明		6	收2	10,000	
		銷貨收入		41			10,000
			合　計			$214,000	$214,000

*「付1」表示應付帳款明細帳第1頁，「付2」表示應付帳款明細帳第2頁。

**「收1」表示應收帳款明細帳第1頁，「收2」表示應收帳款明細帳第2頁。

(2) 總分類帳

現　金	第1頁
12/18　12,000	12/15　20,000
12/20　20,000	
	(借餘62,000)

應收帳款	第4頁
12/6　　40,000	12/20　20,000
12/18　32,000	
12/30　10,000	
(借餘62,000)	

應付帳款	第23頁
	12/1　　50,000
	12/15　30,000
	(貸餘80,000)

銷貨收入	第41頁
	12/6　　40,000
	12/18　44,000
	12/30　10,000

進　貨	第51頁
12/1　　50,000	
12/15　50,000	

(3) 明細分類帳

應收帳款明細帳

大明公司	第1頁
12/6　40,000	12/20　20,000

小明公司	第2頁
12/18　32,000	
12/30　10,000	

應付帳款明細帳

天龍公司	第1頁
	12/1　50,000

弟虎公司	第2頁
	12/15　30,000

統制帳戶餘額與各明細帳餘額相等

(4) 明細表

應收帳款明細表
中華民國03年12月31日

帳頁	戶名	餘額
1	大明公司	$20,000
2	小明公司	42,000
	合　計	$62,000

應付帳款明細表
中華民國03年12月31日

帳頁	戶名	餘額
1	天龍公司	$50,000
2	弟虎公司	30,000
	合　計	$80,000

一、是非題

(　　) 1. 標準式分類帳每過一筆須計算一次餘額。

(　　) 2. 分類帳之日期欄，應填寫過帳之日期。

(　　) 3. 過帳時，分類帳與日記簿互註頁次，其所填數字應該相同。

(　　) 4. 借方金額大於貸方金額，會產生借餘。

(　　) 5. 分類帳的日頁欄係填註過帳資料之來源，即日記簿頁數。

(　　) 6. 餘額式帳戶每記滿一頁時，須將餘額轉至次頁。

二、選擇題

(　　) 1. T字帳為　(A)標準式　(B)餘額式　(C)帳戶式　(D)總額式　帳戶之簡化格式。

(　　) 2. 當餘額式帳戶及其借貸方相等，結餘為零時，在「借或貸」欄內應註明　(A)零　(B)平　(C)無　(D)保留空白。

(　　) 3. 在餘額式帳戶上，資產及費損類帳戶通常會產生　(A)借餘　(B)貸餘　(C)貸差　(D)無餘額。

(　　) 4. 某一帳戶原貸方金額$8,000，借方金額$3,000，現再過入一筆貸方金額$1,500，則該帳戶更新後餘額為何者？　(A)借餘$6,500　(B)貸餘$6,500　(C)借餘$12,500　(D)貸餘$12,500。

三、填充題

1. 分類帳之格式有＿＿＿＿＿＿和＿＿＿＿＿＿兩種，實務上多採＿＿＿＿＿＿。

2. 日記簿某筆分錄之類頁欄若已填上頁碼，表示該筆分錄已完成＿＿＿＿＿＿程序。

3. 餘額式帳戶共有借方金額、＿＿＿＿＿＿及＿＿＿＿＿＿等三個金額欄。

4. 過帳時，分類帳頁數應填入日記簿之＿＿＿＿＿＿欄，日記簿頁數應填入分類帳之＿＿＿＿＿＿欄。

第四節 過帳釋例

茲以大雄商店為例，將該商店03年12月份日記簿內之分錄，逐筆過入餘額式分類帳如下：

一 過帳後的日記簿

> 過完帳，要填類頁欄。同學容易忘記！

日 記 簿

第 4 頁

03年 月	03年 日	會計項目	摘要	類頁	借方金額	貸方金額
12	1	現金	業主葉大雄投資現	11	$150,000	
		房屋及建築成本	金及房屋，開設大	16	200,000	
		業主資本	雄商店	31		$350,000
	2	銀行存款	將部分現金存入銀	12	50,000	
		現金	行	11		50,000
	3	進貨	購買商品一批，部	51	50,000	
		現金	分付現，部分暫欠	11		25,000
		應付帳款		22		25,000
	7	應收帳款	賒銷商品一批	15	30,000	
		銷貨收入		41		30,000
	10	辦公設備成本	購置電腦一台，簽	18	40,000	
		銀行存款	發即期支票付訖	12		40,000
	28	應付帳款	以現金償還前欠貨	22	25,000	
		進貨折讓	款，取得2%折扣	53		500
		現金		11		24,500
	31	保險費	以現金支付保險費	57	15,000	
		現金		11		15,000
			合 計		$560,000	$560,000

過帳後的分類帳

分　類　帳

現金　　　　　　　　　　　　　第 11 頁

03 年		摘　　要	日頁	借方金額	貸方金額	借或貸	餘額
月	日						
12	1	業主資本	4	150,000		借	150,000
	2	銀行存款	〃		50,000	〃	100,000
	3	進　貨	〃		25,000	〃	75,000
	28	應付帳款	〃		24,500	〃	50,500
	31	保險費	〃		15,000	〃	35,500

銀行存款　　　　　　　　　　第 12 頁

03 年		摘　　要	日頁	借方金額	貸方金額	借或貸	餘額
月	日						
12	2	現　金	4	50,000		借	50,000
	10	辦公設備成本	〃		40,000	〃	10,000

應收帳款　　　　　　　　　　第 15 頁

03 年		摘　　要	日頁	借方金額	貸方金額	借或貸	餘額
月	日						
12	7	銷貨收入	4	30,000		借	30,000

房屋及建築成本　　　　　　　第 16 頁

03 年		摘　　要	日頁	借方金額	貸方金額	借或貸	餘額
月	日						
12	1	業主資本	4	200,000		借	200,000

辦公設備成本　　　　　　　　第 18 頁

03 年		摘　　要	日頁	借方金額	貸方金額	借或貸	餘額
月	日						
12	10	銀行存款	4	40,000		借	40,000

應付帳款　　　　　　　　　　　　　第 22 頁

03 年		摘　　要	日頁	借方金額	貸方金額	借或貸	餘額
月	日						
12	3	進　貨	4		25,000	貸	25,000
	28	現金、進貨折讓	〃	25,000		平	0

業主資本　　　　　　　　　　　　　第 31 頁

03 年		摘　　要	日頁	借方金額	貸方金額	借或貸	餘額
月	日						
12	1	現金、房屋及建築	4		350,000	貸	350,000

銷貨收入　　　　　　　　　　　　　第 41 頁

03 年		摘　　要	日頁	借方金額	貸方金額	借或貸	餘額
月	日						
12	7	應收帳款	4		30,000	貸	30,000

進貨　　　　　　　　　　　　　第 51 頁

03 年		摘　　要	日頁	借方金額	貸方金額	借或貸	餘額
月	日						
12	3	現金、應付帳款	4	50,000		借	50,000

進貨折讓　　　　　　　　　　　　　第 53 頁

03 年		摘　　要	日頁	借方金額	貸方金額	借或貸	餘額
月	日						
12	28	應付帳款	4		500	貸	500

保險費　　　　　　　　　　　　　第 57 頁

03 年		摘　　要	日頁	借方金額	貸方金額	借或貸	餘額
月	日						
12	31	現　金	4	15,000		借	15,000

一、過帳的意義

係根據日記簿的分錄，將每一會計項目按原金額，原借貸方向，予以分類集中，逐一轉記至分類帳相同帳戶之會計程序。為會計循環第二步驟。

二、分類帳：係彙總記載各帳戶（會計項目）增減變動的帳簿。帳戶編排順序為資產、負債、權益、收益及費損。

三、分類帳的性質

1. 分類帳係以會計項目（帳戶）為主體之紀錄。
2. 分類帳係帳務處理最後一本正式帳簿，又稱終結記錄簿。
3. 分類帳係彙總各帳戶之帳簿，屬「橫的」紀錄。

四、分類帳的功用

1. 可以瞭解每一個帳戶的增減變化情形及餘額。
2. 可以作為編製財務報表的依據。

五、分類帳的種類

種類	別稱	說明
總分類帳	總帳	依據會計項目而設立的分類帳
明細分類帳	輔助分類帳／輔助帳	依據會計項目下之子目而設立的分類帳。任何帳戶皆可設置明細帳，視實際需要而定。
兩者具統制及隸屬關係： 　　　總分類帳統制帳戶之餘額＝明細分類帳各子目餘額之和		

六、總分類帳的格式

1. 標準式分類帳：又稱兩欄式帳戶，可簡化成 T 字帳。
2. 餘額式分類帳：除借、貸金額欄外，增設餘額欄，又稱三欄式帳戶。能隨時顯示各帳戶餘額，多為實務界所採用。

七、 過帳方法

1. 標準式分類帳：過帳順序為先過借方，再過貸方。其步驟為：

   (1)先找到和會計項目相同的帳戶。

   (2)填寫日期欄：交易發生日期。

   (3)填寫摘要欄。

   (4)填借（貸）金額。

   (5)互填註日頁及類頁：類頁欄若已填上頁數，表示已過帳完畢。

2. 餘額式分類帳：與標準式過帳原理同，但每次過帳須結算餘額。

八、 借方金額＞貸方金額，產生借餘；若貸方金額＞借方金額，產生貸餘。

九、 餘額式分類帳每頁記滿時，需將餘額過次頁。

十、 資產及費損類帳戶正常產生借餘；負債、權益及收益類帳戶正常產生貸餘。減項或抵銷項目，為其反方向餘額。

十一、 相較於傳統人工過帳，利用電腦過帳不但能快速處理大量資料，且能避免人為疏失造成之錯誤或遺漏。

知 識 ▸▸ 理 解 ▸▸ 應 用

一、選擇題

5-1 ( ) 1. 分戶集中的歸類工作是 (A)分錄 (B)試算 (C)調整 (D)過帳。

( ) 2. 分類帳是由下列何者彙集而成? (A)交易 (B)帳戶 (C)分錄 (D)過帳。

( ) 3. 編製會計報表之根據為 (A)日記簿 (B)序時簿 (C)分類帳 (D)分錄簿。

( ) 4. 下列對分類帳性質之敘述,何者有誤? (A)以帳戶為主體之帳簿 (B)橫的記錄 (C)終結帳簿 (D)編排依收益、費損、資產、負債及權益之順序。

5-2 ( ) 5. 總帳係指 (A)備忘記錄簿 (B)財產目錄 (C)分類帳簿 (D)日記簿。

( ) 6. 分類帳中之每一帳戶用來 (A)彙總資產交易之金額 (B)彙總損益交易之金額 (C)彙總同項目交易之金額 (D)所有項目名稱與餘額之列表。

( ) 7. 所謂統制帳戶是指 (A)權益帳戶 (B)設有明細分類帳之總分類帳戶 (C)永久性 帳戶 (D)金額較大之帳戶。

5-3 ( ) 8. 下列何者非類頁欄之功用? (A)便於偵查錯誤 (B)減少重複或遺漏過帳 (C)作 為日記簿與分類帳之對照 (D)方便編製試算表。

( ) 9. 分類帳中可與原始交易記錄互相勾稽之欄位為 (A)類頁欄 (B)日頁欄 (C)摘要 欄 (D)餘額欄。

( ) 10.若某一帳戶漏過一筆金額,則下列何者之正確性不受影響? (A)日記簿 (B)分 類帳 (C)試算表 (D)財務報表。

( ) 11.通常會產生貸方餘額的會計項目是 (A)應收帳款 (B)文具用品 (C)進貨折讓 (D)存出保證金。

( ) 12.下列敘述,何者正確? (A)明細帳及統制帳戶均不須逐筆過帳 (B)明細帳及統 制帳戶均須每日過帳 (C)明細帳必須逐筆過帳 (D)統制帳戶是根據明細帳之總 額過帳。

( ) 13.日記簿類頁欄之填寫應該 (A)過完一頁再填寫 (B)每過一筆,填寫一筆 (C)月 底再填寫 (D)過完一天再填寫。

( ) 14.某一帳戶,上一筆資料顯示貸餘 $3,000,若再過一筆借方金額$4,000,則現在餘 額為 (A)借餘 $1,000 (B)貸餘 $7,000 (C)借餘 $7,000 (D)貸餘 $1,000。

( ) 15.下列敘述,何者有誤? (A)分類帳每頁記滿時,無須將金額結總過次頁 (B)日 記簿每頁記滿時,須將金額結總但不須過次頁 (C)分類帳之性質是「橫」的記 載 (D)填類頁欄可避免重複過帳。

( ) 16.下列有關過帳之敘述，正確者有幾項？ (A)一項 (B)二項 (C)三項 (D)四項。

① 為會計程序之第二步驟。

② 分類帳與日記簿互相註記之頁次相同。

③ 應付帳款明細帳一般以供應商商號為子目。

④ 分錄比過帳需要較高的會計專業。

二、綜合應用

1. 【過分類帳】試將下列日記簿之分錄，過入餘額式分類帳：

日 記 帳

第 4 頁

03 年		會計項目	摘要	類頁	借方金額	貸方金額
月	日					
8	1	進　貨	（略）		$8,500	
		進貨費用			200	
		現　金				$200
		應付帳款				8,500
	3	現　金			4,000	
		應收帳款			6,000	
		銷貨收入				10,000
	5	銀行存款			9,600	
		現　金				9,600
	7	現　金			1,000	
		應收票據			5,000	
		應收帳款				6,000
			合　計		$34,300	$34,300

分　類　帳

現　金　　　　　　　　　　第 11 頁

年		摘　　　要	日頁	借方金額	貸方金額	借或貸	餘額
月	日						
7	31	(略)	✓			借	30,000

銀行存款　　　　　　　　　第 13 頁

年		摘　　　要	日頁	借方金額	貸方金額	借或貸	餘額
月	日						
7	31	(略)	✓			借	10,000

應收票據　　　　　　　　　第 14 頁

年		摘　　　要	日頁	借方金額	貸方金額	借或貸	餘額
月	日						
		(略)	4				

應收帳款　　　　　　　　　第 16 頁

年		摘　　　要	日頁	借方金額	貸方金額	借或貸	餘額
月	日						
7	31	(略)	✓			借	4,000

應付帳款　　　　　　　　　第 23 頁

年		摘　　　要	日頁	借方金額	貸方金額	借或貸	餘額
月	日						
7	31	(略)	✓			貸	10,000

業主資本　　　　　　　　　　第 31 頁

年		摘　　要	日	借方金額	貸方金額	借或貸	餘額
月	日		頁				
7	31	(略)	✓			貸	25,000

銷貨收入　　　　　　　　　　第 41 頁

年		摘　　要	日	借方金額	貸方金額	借或貸	餘額
月	日		頁				
7	31	(略)	✓			貸	50,000

進　貨　　　　　　　　　　　第 51 頁

年		摘　　要	日	借方金額	貸方金額	借或貸	餘額
月	日		頁				
7	31	(略)	✓			借	41,000

進貨費用　　　　　　　　　　第 52 頁

年		摘　　要	日	借方金額	貸方金額	借或貸	餘額
月	日		頁				
		(略)					

試算與試算表

Chapter

6

學 習目標

研讀本章內容後，同學們應該能夠回答下列問題：

1. 會計人員為何編製試算表？應用何種原理編製？
2. 試算表的格式有哪些？如何編製？
3. 試算表所能發現之錯誤為何？所不能發現之錯誤又為何？
4. 試算不平衡時，錯誤檢查之程序為何？
5. 試算發現錯誤時，應如何更正？

本 章課文架構

```
                    試算與試算表
```

試算意義及試算表之功用	試算表格式、編製方法及實例	試算表錯誤追查及更正
▶ 試算之意義 ▶ 依據之原理 ▶ 試算之功用 ▶ 試算表編製時機	▶ 總額式試算表 ▶ 餘額式試算表 ▶ 試算表編製方法	▶ 試算能發現之錯誤 ▶ 試算不能發現之錯誤 ▶ 錯誤追查之方法 ▶ 常用推計方法 ▶ 錯誤更正之方法

　　會計工作非常繁瑣，很容易發生錯誤。平時會計人員忙於分錄與過帳程序，若能在適當時機加以試算驗證，則錯誤與遺漏將可及時發現並予以更正。

　　即時的更正錯誤，可以減少會計人員後續的麻煩，也可以提升會計品質。但試算非萬能，許多錯誤仍無法輕易地發現，應戒慎之。

第一節　試算之意義及試算表之功用

一　試算的意義

　　所謂試算（taking trial balance），是根據「借貸平衡原理」，將總分類帳各帳戶及其金額，加以彙總列表，檢查借方總額與貸方總額是否平衡，藉以驗證分錄與過帳是否正確的會計程序。此種為了試算所編製的各帳戶彙總表，稱為試算表。

》圖6-1
兩邊相等就是平衡

二　試算依據的原理

　　複式簿記的特質，就是每筆分錄記載都是「有借必有貸，借貸必相等」，此種現象又稱「借貸平衡原理」。既然每筆分錄借、貸金額相等，則根據「等量加等量其和必等」的數學原理，過帳後各帳戶的借方合計總額必然等於貸方合計總額；又根據「等量減等量，其差必等」的數學原理，各帳戶借方餘額合計數也會與貸方餘額合計數相等。茲舉一實例，說明如下：

試算

例題1

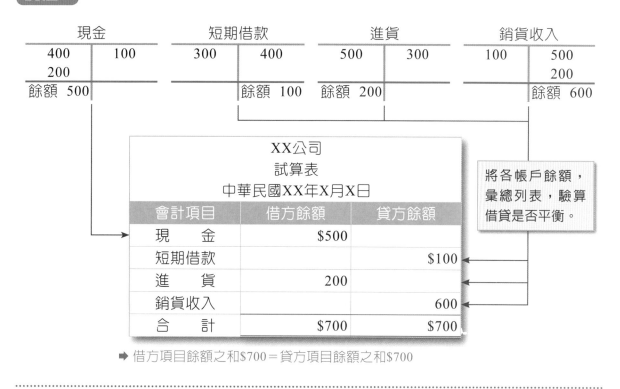

→ 借方項目餘額之和$700＝貸方項目餘額之和$700

三 試算表的功用

(一) 查驗帳簿記載是否錯誤

平時日記簿與分類帳記載，難免會發生錯誤，會計人員應該定時加以驗算，才能早日發現錯誤，及時更正。

(二) 瞭解企業的經營概況

試算表乃依據總分類帳各帳戶之金額編製，因此，企業主管可藉由表內各帳戶餘額狀況，初步瞭解企業的財務狀況與經營績效。

(三) 作為編製財務報表的依據

試算表屬於驗算性質之非正式報表，但表內包含所有帳戶的餘額，故編製財務報表時，可直接引用試算表上的金額，以省去翻閱分類帳的工作。

四 試算表編製時機

　　試算表可定期或不定期編製，試算期間長短，也沒有一定的規定，得視企業交易量的多寡及需要而定。但每次試算期間不宜相隔太久，否則一旦發現錯誤，資料卻已又累積太多，會使得回溯核對不易。試算表除定期每年年底必須編製外，也可以每半年、每個月、每週或不定期編製。

一、是非題

( ) 1. 編製試算表目的，在驗證分錄及過帳工作的正確性。

( ) 2. 試算表為企業正式報表，應對外公布。

( ) 3. 每次試算所隔期間愈久，愈容易發現錯誤。

( ) 4. 試算表的編製，均一年一次。

( ) 5. 依據複式簿記原理，「借方帳戶餘額之和＝貸方帳戶餘額之和」。

二、選擇題

( ) 1. 下列會計程序，何者具有驗證錯誤之功能？ (A)分錄 (B)過帳 (C)試算 (D)調整。

( ) 2. 下列何者不是試算的功能？ (A)驗證帳簿記載是否錯誤 (B)瞭解經營概況 (C)作為編製會計報表的依據 (D)瞭解某一筆交易全貌。

( ) 3. 試算表乃根據會計何種原理原則所編製？ (A)借貸法則 (B)客觀衡量原理 (C)借貸平衡原理 (D)一致性原則。

( ) 4. 試算表裡各會計項目金額從何而來？ (A)日記簿 (B)會計憑證 (C)分類帳 (D)備查簿。

第二節 試算表格式及編製實例

一 試算表的格式

試算表的格式,常見有:總額式及餘額式兩種。實務上,多採用餘額式。

(一)總額式試算表

又稱「合計式試算表」,乃根據「等量加等量,其和必等」定理編製,是彙列分類帳各帳戶的名稱及其借、貸方總額而成,其格式如下。

企 業 名 稱 試算表 年 月 日			
類頁	會計項目	借方總額	貸方總額
	合 計		

(二)餘額式試算表

又稱「差額式試算表」,乃根據「等量減等量,其差必等」定理而編製,是彙列分類帳各帳戶的名稱及其借方或貸方餘額而成,其格式如下。

企 業 名 稱 試算表 年 月 日			
類頁	會計項目	借方餘額	貸方餘額
	合 計		

二 試算表的編製方法

試算表係以總分類帳各帳戶為編製基礎,故其編製步驟,須由總分類帳各帳戶金額的計算開始。其編製方法及步驟如下。

(一) 總分類帳戶金額的計算

1. 編製餘額式試算表時,在餘額式分類帳上,因隨時已結算出餘額,故只須將帳戶名稱及其餘額,轉抄至試算表即可。

2. 編製總額式試算表時,因為必須有借方與貸方總金額,故須將各帳戶借、貸方金額欄分別加總,並以鉛筆小字書寫於借、貸方最末一筆金額下方。

例題2

銀行存款 　　　　　　　　　　　　　　第 2 頁

03 年 月	03 年 日	摘要	日頁	借方金額	貸方金額	借或貸	餘　額
11	1	略	6	400		借	400
	18		〃		100	〃	300
	30		〃	200		〃	500
				*600	*100		

（填入總額式試算表） 　　　　　　　　　　（填入餘額式試算表）

說明:＊表示用鉛筆填寫,待試算表編製完成後,須將鉛筆填寫的數字擦掉,以利之後繼續過帳。

(二)試算表內容

1. <u>表首</u>：填寫企業名稱、試算表名稱及日期（指交易紀錄的截止日）

2. <u>類頁欄</u>：依總分類帳帳戶的頁次，依序填入。

3. <u>會計項目欄</u>：填寫時不必區分借貸，一律靠左邊對齊依序排列，依分類帳各帳戶編號順序填入（順序為：資產→負債→權益→收益→費損。）

4. <u>借（貸）方金額欄</u>：依試算表格式不同，抄錄分類帳結計的總額或餘額。

5. <u>合計</u>：將金額欄分別加總合計，合計數額之上劃一單紅線，表示相加，合計數額之下劃雙紅線，表示借貸平衡。

腦力激盪…

1. 會計人員於110年10月2日，根據110年9月30日各帳戶餘額編製試算表時，試算表的日期應填寫＿＿＿＿＿＿＿＿＿＿＿。

三 試算表編製實例

重點步驟

步驟1：依序將帳戶名稱及其餘額（由分類帳取得）列入試算表

步驟2：計算借方餘額總計及貸方餘額總計

步驟3：驗證借方餘額總計等於貸方餘額總計

茲以第五章<u>大雄商店</u>的分類帳為例，編製該商店03年12月31日之試算表：

分 類 帳

現 金 第 11 頁

03年 月	日	摘 要	日頁	借方金額	貸方金額	借或貸	餘額
12	1	業主資本	4	150,000		借	150,000
	2	銀行存款	〃		50,000	〃	100,000
	3	進 貨	〃		25,000	〃	75,000
	28	應付帳款	〃		24,500	〃	50,500
	31	保險費	〃		15,000	〃	[註2]35,500
				[註1]150,000	114,500		

銀行存款 第 12 頁

03年 月	日	摘 要	日頁	借方金額	貸方金額	借或貸	餘額
12	2	現 金	4	50,000		借	50,000
	10	辦公設備成本	〃		40,000	〃	10,000

應收帳款 第 15 頁

03年 月	日	摘 要	日頁	借方金額	貸方金額	借或貸	餘額
12	7	銷貨收入	4	30,000		借	30,000

▶ 註1：編製總額式時，必須先以鉛筆書寫總額，金額只有一個時，不必加總。

▶ 註2：編製餘額式時，只要直接抄錄最後餘額即可。

房屋及建築成本　　　　　　　　　　　第 16 頁

03 年		摘　　要	日頁	借方金額	貸方金額	借或貸	餘額
月	日						
12	1	業主資本	4	200,000		借	200,000

辦公設備成本　　　　　　　　　　　　第 18 頁

03 年		摘　　要	日頁	借方金額	貸方金額	借或貸	餘額
月	日						
12	10	銀行存款	4	40,000		借	40,000

應付帳款　　　　　　　　　　　　　　第 22 頁

03 年		摘　　要	日頁	借方金額	貸方金額	借或貸	餘額
月	日						
12	3	進　貨	4		25,000	貸	25,000
	28	現金、進貨折讓	〃	25,000		平	0

業主資本　　　　　　　　　　　　　　第 31 頁

03 年		摘　　要	日頁	借方金額	貸方金額	借或貸	餘額
月	日						
12	1	現金、房屋及建築成本	4		350,000	貸	350,000

銷貨收入　　　　　　　　　　　　　　第 41 頁

03 年		摘　　要	日頁	借方金額	貸方金額	借或貸	餘額
月	日						
12	7	應收帳款	4		30,000	貸	30,000

進　貨　　　　　　　　　　　　　　　第 51 頁

03 年		摘　　要	日頁	借方金額	貸方金額	借或貸	餘額
月	日						
12	3	現金、應付帳款	4	50,000		借	50,000

進貨折讓　　　　　第 53 頁

03 年		摘　　要	日頁	借方金額	貸方金額	借或貸	餘額
月	日						
12	28	應付帳款	4		500	貸	500

保險費　　　　　第 57 頁

03 年		摘　　要	日頁	借方金額	貸方金額	借或貸	餘額
月	日						
12	31	現金	4	15,000		借	15,000

(一) 總額式試算表

大雄商店
試算表
03年12月31日

類頁	會計項目	借方總額	貸方總額
11	現　　　　　　金	$150,000	$114,500
12	銀　行　存　款	50,000	40,000
15	應　收　帳　款	30,000	
16	房屋及建築成本	200,000	
18	辦公設備成本	40,000	
22	應　付　帳　款	25,000	25,000
31	業　主　資　本		350,000
41	銷　貨　收　入		30,000
51	進　　　　　　貨	50,000	
53	進　貨　折　讓		500
57	保　　險　　費	15,000	
	合　　　　　計	$560,000	$560,000

知識加油站 帳戶餘額為0時之處理方式

　　若帳戶餘額為 0 時，餘額式試算表不列入；但編製總額式、總額餘額式試算表時，仍應將借方總額及貸方總額列入。例如本頁釋例中的應付帳款借方總額與貸方總額相等，餘額為零。試算表編製便依此處理方式。

(二) 餘額式試算表

<table>
<tr><td colspan="4" align="center">大雄商店
試算表
03年12月31日</td></tr>
<tr><th>類頁</th><th>會計項目</th><th>借方餘額</th><th>貸方餘額</th></tr>
<tr><td>11</td><td>現　　　　金</td><td>$35,500</td><td></td></tr>
<tr><td>12</td><td>銀　行　存　款</td><td>10,000</td><td></td></tr>
<tr><td>15</td><td>應　收　帳　款</td><td>30,000</td><td></td></tr>
<tr><td>16</td><td>房屋及建築成本</td><td>200,000</td><td></td></tr>
<tr><td>18</td><td>辦公設備成本</td><td>40,000</td><td></td></tr>
<tr><td>31</td><td>業　主　資　本</td><td></td><td>$350,000</td></tr>
<tr><td>41</td><td>銷　貨　收　入</td><td></td><td>30,000</td></tr>
<tr><td>51</td><td>進　　　　貨</td><td>50,000</td><td></td></tr>
<tr><td>53</td><td>進　貨　折　讓</td><td></td><td>500</td></tr>
<tr><td>57</td><td>保　　險　　費</td><td>15,000</td><td></td></tr>
<tr><td></td><td>合　　　　計</td><td>$380,500</td><td>$380,500</td></tr>
</table>

註：「應付帳款」帳戶的餘額為0，不必列入。

腦力激盪⋯

2. 試根據下列<u>大雪山商店</u>04年8月份之分類帳內容，編製8月31日各種格式之試算表：

現　金 　　　　　　第1頁

04 年		摘要	日頁	借方金額	貸方金額	借或貸	餘　額
月	日						
8	7	略	8	110,000		借	110,000
	12		〃		10,000	〃	100,000
	20		〃		50,000	〃	50,000
	27		〃	22,000		〃	72,000

應收帳款 　　　　　　第15頁

04 年		摘要	日頁	借方金額	貸方金額	借或貸	餘　額
月	日						
8	12	略	8	10,000		借	10,000
	23		〃	30,000		〃	40,000
	31		〃		40,000	平	0

銷貨收入 　　　　　　第41頁

04 年		摘要	日頁	借方金額	貸方金額	借或貸	餘　額
月	日						
8	7	略	8		110,000	貸	110,000
	23		〃		30,000	〃	140,000
	27		〃		22,000	〃	162,000

進　貨 　　　　　　第52頁

04 年		摘要	日頁	借方金額	貸方金額	借或貸	餘　額
月	日						
8	20	略	8	50,000		借	50,000
	31		〃	40,000		〃	90,000

腦力激盪…

(1) 總額式試算表（合計式試算表）

| | | 年　　月　　日 | |
類頁	會計項目	借方總額	貸方總額

(2) 餘額式試算表（差額式試算表）

| | | 年　　月　　日 | |
類頁	會計項目	借方餘額	貸方餘額

一、是非題

(　　) 1. 餘額式試算表較適合財務報表編製，實務上應用較廣。

(　　) 2. 試算表表首所填寫的日期，應為交易截止日。

(　　) 3. 試算表內會計項目欄填入的順序為收益、費損、資產、負債及權益。

(　　) 4. 試算表表身包括類頁欄、會計項目欄、摘要欄及金額欄。

(　　) 5. 餘額式試算表每個會計項目借貸兩個金額欄，均會記載金額。

二、選擇題

(　　) 1. 根據「等量減等量，其差必等」數學定理，所編製的試算表為　(A)總額式　(B)餘額式　(C)總額餘額式　(D)以上皆是。

(　　) 2. 實務上，企業常採用何種格式的試算表？　(A)總額式　(B)總額餘額式　(C)合計式　(D)餘額式。

(　　) 3. 下列哪一帳戶正常為貸方餘額？　(A)現金　(B)銷貨折讓　(C)累計折舊　(D)廣告費。

(　　) 4. 編製總額式試算表時，如有借貸總額相等的帳戶，則該帳戶　(A)借貸總額均列入　(B)僅列單方總額　(C)以0列入　(D)不必列入。

(　　) 5. 全華公司於7月1日編製1至6月上半年的試算表，試算表日期應為　(A)1月1日　(B)6月30日　(C)7月1日　(D)1月1日～7月1日。

第三節　試算表發現錯誤的追查及更正

一　試算表錯誤追查

依據借貸平衡原理，當試算表借、貸方合計額不平衡時，可以斷定之前的分錄或過帳工作一定有錯誤；但即使試算平衡，卻不能保證整個帳務處理絕對正確，因為某些不影響數字平衡的錯誤，無法由試算表發現。

(一)試算表不能發現的錯誤（不影響借貸平衡的錯誤）

1. 借、貸方同時發生錯誤

(1)借貸雙方同時重複：整筆交易重複做分錄，或重複過帳。例如：現收一筆佣金$10,000，重複入帳，試算結果仍平衡，但借、貸方金額同時虛增$10,000。

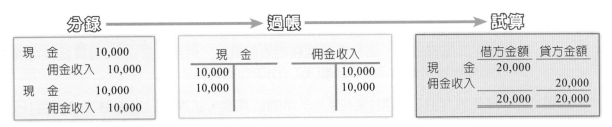

(2)借貸雙方同時遺漏：整筆交易遺漏未做分錄，或漏未過帳。例如：現收一筆佣金$10,000，漏未過帳，試算結果平衡，但借、貸方金額同時虛減$10,000。

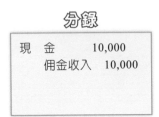

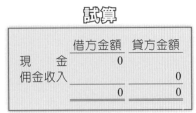

(3)借貸雙方發生同額的錯誤：借貸雙方金額同時記錯或金額同時過錯。例如：現收一筆佣金$10,000，借貸雙方過錯成$1,000，試算結果仍然平衡，但雙方同額減少$9,000。

2. 誤用會計項目或過錯帳戶

分錄時，選用錯誤的會計項目入帳，或是過錯會計項目（帳戶）。此種錯誤，仍不會影響試算平衡。例如：現收一筆佣金$10,000，「佣金收入」誤以「租金收入」項目入帳。

 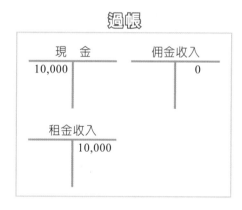 

3. 借貸一方或雙方偶然發生相互抵銷的錯誤

例如：借方項目中「現金」借方多記$500，「銀行存款」借方少記$500，兩個借方項目金額，一增一減互相抵銷，試算表借方金額加總不變，無法發現錯誤。

4. 原始憑證錯誤

一開始原始憑證（如發票、收據）上的金額就發生錯誤，隨之登載的分錄便跟著錯誤，此種原始分錄的錯誤不影響借貸平衡，亦無法透過試算表發現。

(二)試算表可以發現的錯誤（會影響借貸平衡的錯誤）

1. 抄錄或數額計算錯誤

(1)由日記簿➡分類帳➡試算表過程中，金額抄錄錯誤。

(2)分類帳借貸總額或餘額加減錯誤。

(3)試算表加總錯誤。

2. 借或貸某一單方發生錯誤

(1)分錄單方錯誤：例如現收一筆佣金$10,000，分錄借記現金 $10,000，貸方誤記為佣金收入$1,000，試算結果發現不平衡。

(2)過帳單方錯誤：某一方金額重複過帳，或某一方金額漏未過帳。

(3)過帳方向錯誤：借方過入貸方，或貸方過入借方。

 知識加油站 會計電腦化對借貸平衡之影響

　　會計電腦化下，程式皆設計有自動勾稽之功能。分錄在一開始登帳時，便會檢查借貸方金額是否相等，待借貸方金額平衡時，電腦才准予輸入，之後，再經由電腦過帳並自動產生試算表。因此，在會計電腦化下，上述影響借貸平衡的錯誤現象，將不再發生。

例題3

現金$1,000償付應付帳款，過帳時貸方誤記為$100，則對餘額式試算表之影響為何？（假設此交易前的現金帳戶借餘為$2,000，應付帳款帳戶貸餘為$2,000）

解

(1) 正確過帳（○）

分錄	過帳	餘額式試算表

應付帳款　1,000
　現　金　1,000

應付帳款		現　金	
1,000	2,000	2,000	1,000

	借方餘額	貸方餘額
現　金	1,000	
應付帳款		1,000
	1,000	1,000

(2) 錯誤過帳（×）

分錄	過帳	餘額式試算表

應付帳款　1,000
　現　金　1,000

應付帳款		現　金	
1,000	2,000	2,000	100

	借方餘額	貸方餘額
現　金	1,900	
應付帳款		1,000
	1,900	1,000

由上可知，此過帳錯誤的結果，造成餘額試算表的借方餘額多記$900，貸方餘額無誤。

🔍 **腦力激盪···**

3. 進貨退出$2,000，借方記帳無誤，貸方誤記為銷貨退回$2,000，則此錯誤對餘額式試算表借、貸方合計數影響為何？

4. 試指出下列哪些事項為試算表能發現之錯誤？（請打✓）

＿＿＿ (1) 現銷商品$100之分錄，重複過帳。

＿＿＿ (2) 郵電費$200，誤記為水電費$2,000。

＿＿＿ (3) 現購商品$300，貸方之金額誤過入該帳戶之借方。

＿＿＿ (4) 將應付票據帳戶貸餘$30,000，抄入試算表之借方。

二 試算表發現錯誤的追查

(一) 逆查法

當會計人員發現所編製的試算表不平衡（借貸方加總不相等）時，應該立即追查錯誤，並加以更正。追查錯誤的方法，一般可分為逆查法及順查法兩種，其中又以「逆查法」較有效率。

所謂逆查法，乃循會計程序的相反方向（試算→過帳→分錄）進行追查，其檢查程序如圖6-2，詳述如下：

試算表查核 → 總分類帳查核 → 日記簿查核

》圖6-2 逆查法之追查程序

1. 先檢查試算表的加總是否正確；若無發現錯誤再進行下一個步驟。

2. 驗證分類帳餘額轉抄試算表時，是否抄錯；

3. 檢查分類帳各帳戶餘額是否計算錯誤；

4. 驗證每個分錄是否正確地過到分類帳，有無遺漏或重覆過帳；

5. 檢查日記簿的借貸合計數是否平衡、分錄是否錯誤。

至此，所有的錯誤應該都被發現。

(二) 常用的推計方法

除了採逆查法外，會計人員也常依據經驗，由試算表借貸方合計的差額數，推測錯誤可能發生之處。常見的推計方法整理如表6-1。

>>表6-1 試算表不平衡之錯誤推計方式

不平衡情況	可能錯誤	舉例	推計方式
1. 借貸兩方總和不等，相差數可用「9」整除時	數字移位	例如：$240誤寫成$2,400，或$2,400誤寫成$240。兩數字就相差$2,160，可被9除盡（2,160÷9＝240）	檢查帳上是否有$2,400誤寫為$240，或$240誤寫為$2,400。
	數字倒置（換位）	例如：$62誤寫成$26，或$26誤寫成$62。兩數字相差36，可被9整除，得4。	檢查帳上數字十位數與個位數差4的金額：如$62或$26的數字。
2. 借貸兩方總和不等，差額可以用「2」整除時	借貸方向誤置	例如：試算表借方總額$210,000，貸方總額$200,000，兩者差數為$10,000，用2除得5,000。推測可能是借貸方向錯置。	可檢查每一帳戶的數額，以借貸兩方差額的半數$5,000，作為檢查目標，看是否有$5,000金額借方過到貸方。
3. 借貸兩方總數僅有一個位數之差	加減錯誤	例如：借方總額為$54,380，貸方為$54,388。	可重新計算試算表合計數，確認是否有誤。
4. 借貸相差金額較大	某項目金額漏記或誤記	例如：借方總額$845,600，貸方總額$835,600，相差$10,000。	可檢查是否有一筆$10,000交易，借方或貸方重過或漏過。

 知識加油站 試算表借貸兩方總和不等的相差金額

＊若可用「99」整除者，可能為移位兩位之錯誤。

＊若可用「999」整除者，可能為移位三位之錯誤，依此類推。

三 錯誤更正的方法

發現帳簿記載有誤，應立即加以更正，但不宜使用刀刮、橡皮擦或修正液塗改，正確的更正方法有二：

(一)註銷更正法

若錯誤在分錄階段且在過帳前發現，可直接在原錯誤處劃雙紅線註銷，用藍筆或黑筆將正確文字或數字書寫於上方，並由經辦人於紅線上簽章以示負責，故又稱直接更正法。錯誤數額應全部劃線註銷，不能只改其中某一數字，其格式如下所示。

04 年		憑單號數	會計項目	摘要	類頁	借方金額	貸方金額
月	日						
11	12		郵電費 ~~文具用品~~林小明	略		500	
			現金				500 ~~林小明~~680

(二)分錄更正法

若錯誤發生在分錄，但過帳後才發現，通常不直接把錯誤的分錄及分類帳劃線更正，而是另作一個更正分錄以修正錯誤。一般而言，更改錯誤後會影響金額總數者，採用分錄更正法將項目與金額沖正，較為適當。

四 會計電腦化對試算工作的影響

會計電腦化下，會計人員將分錄輸入電腦後，過帳與試算程序便利用系統自動完成，試算表可以隨時列印輸出。因此，以電腦試算取代人工作業，不但能節省大量人力，出現錯誤的機率也非常低。但電腦產生的試算表即使平衡，並不表示完全沒有錯誤，故能一開始就輸入正確的分錄，才是正本之源。

例題4

試將下列錯誤事項做必要之更正分錄：

(1) 現付保險費$800，誤以郵電費$800記帳，且已過帳完畢後發現。

(2) 賒售商品$43,000，誤記為$34,000，已完成過帳程序後發現。

解

(1)

原錯誤分錄	更正分錄
郵電費　　　800　　　　　　沖銷 　　現　金　　800	保險費　　　800 　　郵電費　　　　800

➡ 說明：將多記的「借：郵電費$800」記貸方加以沖銷，並補上正確的項目「借：保險費$800」。

(2)

原錯誤分錄	更正分錄
應收帳款　　34,000 　　銷貨收入　　　34,000	應收帳款　　9,000 　　銷貨收入　　　9,000

➡ 說明：將少記的借、貸方金額補上（$43,000－$34,000＝$9,000）。

腦力激盪…

5. 小芳受雇於OK雜貨店當會計，生性有點小迷糊。在編製試算表時，發現借貸方總額不相等，經追查後共發現三項錯誤，試問：小芳該做之更正分錄為何？

錯誤項目	更正分錄
(1) 賒銷南北貨一批$1,690，誤記為$1,960。	
(2) 本月店面房租共$10,420，已開立即期支票付訖，但漏未入帳。	
(3) 以現金支付廣告費一筆$2,000，重複入帳。	

一、是非題

( ) 1. 試算表結果平衡，表示平時會計程序一定正確。

( ) 2. 現銷商品$1,000之交易誤記為現購時，將使餘額式試算表借貸方餘額各少記$1,000。

二、選擇題

( ) 1. 下列哪一項錯誤，會影響試算表平衡？ (A)分錄整筆遺漏記錄 (B)會計項目誤用 (C)貸方重複過帳 (D)借貸方發生同額抵銷之錯誤。

( ) 2. 數字500誤列為5,000，稱為 (A)移位 (B)倒置 (C)換位 (D)偏位。

( ) 3. 購入文具筆墨誤記為進貨，更正分錄應為 (A)借：進貨，貸：文具用品 (B)借：文具用品，貸：進貨 (C)借：文具用品，貸：現金 (D)借：用品盤存，貸：存貨。

( ) 4. 償還貨欠$5,000，分錄重複入帳，該項錯誤將如何影響總額式試算表？ (A)借貸方均少記$5,000 (B)借貸方均多記$5,000 (C)貸方多記$10,000 (D)無影響。

( ) 5. 下列哪一會計程序，若省略仍不影響報表之正確性？ (A)分錄 (B)過帳 (C)試算 (D)調整。

( ) 6. 下列敘述，何者有誤？ (A)應用會計軟體記帳，可大量降低過帳錯誤的機率 (B)試算表編製時機，視企業實際情況而定 (C)試算表之編製，均應定期為之 (D)記帳作業電腦化為時代趨勢。

一、 試算的意義

將總分類帳各帳戶及其金額加以彙總列表,檢查借方總額與貸方總額是否平衡,藉以驗證分錄與過帳是否正確的會計程序。試算編製各帳戶之彙總表,稱試算表。

二、 試算依據原理

複式簿記「有借必有貸,借貸必相等」之借貸平衡原理。

三、 試算表功用

1. 可查驗帳簿記載是否錯誤。
2. 可瞭解企業的經營概況。
3. 可作為編製財務報表的依據。

四、 試算表編製時機

試算期間長短不一定,得視企業交易量多寡及需要而定。但每次試算期間不宜相隔太久。

五、 試算表格式

試算表的格式有兩種,實務上多採餘額式。

1. 總額式試算表(合計式試算表),根據「等量加等量,其和必等」定理編製。
2. 餘額式試算表(差額式試算表),根據「等量減等量,其差必等」定理編製。

六、 試算表編製步驟

1. 依序將帳戶名稱及其餘額(由分類帳取得)列入試算表。
2. 計算借方餘額總計及貸方餘額總計。
3. 驗證借方餘額總計等於貸方餘額總計。

七、 試算表錯誤檢查

試算表不平衡可斷定分錄或過帳必有錯誤;但不能保證整個帳務處理絕對正確,仍有某些不影響數字平衡的錯誤,無法由試算表發現。

八、 試算表不能發現的錯誤（不影響借貸平衡的錯誤）

1. 借、貸方同時發生錯誤。

2. 誤用會計項目。

3. 借貸一方或雙方偶然發生相互抵銷的錯誤。

4. 原始憑證錯誤。

九、 試算表可以發現的錯誤（會影響借貸平衡的錯誤）

1. 抄錄或計算錯誤。

2. 借或貸單方向發生錯誤。

十、 會計電腦化下，程式皆設計有自動勾稽之功能。經由電腦過帳自動產生試算表後，影響借貸平衡之錯誤現象將可避免發生。

十一、試算表發現錯誤的追查：

1. 逆查法：即循會計程序之相反方向（試算→過帳→分錄）進行，此法較有效率，一般多採之。

2. 常用的推計方法

   (1)借貸方合計數的差額，能被「9」整除時：推測可能是數字移位或倒置（顛倒）。

   (2)借貸方合計數的差額，能被「2」整除時：推測可能是借貸方向錯置，查帳時以借貸雙方差額的半數金額為查核標的。

   (3)借貸方的總數僅有一字之差，可能計算錯誤。

   (4)查看借、貸方合計差額相同金額的交易，是否有一方重過或漏過。

十二、錯誤更正的方法

1. 註銷更正法：適用於錯誤在分錄且在過帳前發現時，直接在原錯誤處上劃雙紅線註銷。

2. 分錄更正法：適用於錯誤發生在分錄但過帳後發現、更改錯誤後會影響金額總數時採用之。

知 識 ▶▶ 理 解 ▶▶ 應 用

一、選擇題

6-1 (　　) 1. 編製試算表主要目的在於　(A)檢視總分類帳借、貸方餘額合計是否平衡　(B)檢視經營獲利情形　(C)檢視會計方法是否正確使用　(D)檢視會計項目是否誤用。

(　　) 2. 試算表之編製應　(A)每天一次　(B)每週一次　(C)每月一次　(D)隨需要而定。

(　　) 3. 下列對於試算表之敘述，何者正確？　(A)均定期編製　(B)平衡代表分類帳金額皆正確　(C)非正式財務報表　(D)表首可以省略。

6-2 (　　) 4. 試算表上類頁欄的內容為　(A)總分類帳的頁數　(B)明細帳的頁數　(C)日記簿的頁數　(D)試算表的頁數。

(　　) 5. 編製餘額式試算表時，若某一帳戶借、貸方總額相等，則　(A)該項目借貸方均以零列入　(B)該項目借貸方總額均應列入　(C)該項目借貸方相抵後列入　(D)該項目不必列入。

6-3 (　　) 6. 不影響試算表平衡的事項為　(A)借方或貸方，一方漏記　(B)貸方過帳至借方　(C)借方資產項目誤以費用項目入帳　(D)借方單方加計錯誤。

(　　) 7. 郵電費誤為水電瓦斯費入帳，則試算表借貸雙方金額　(A)仍然相等　(B)同額增加　(C)借方多記　(D)貸方大於借方。

(　　) 8. 過帳後始發現原分錄有錯誤，更正方法宜採用　(A)註銷更正法　(B)分錄更正法　(C)差額補足法　(D)剪貼更正法。

(　　) 9. 總額式試算表平衡，總額合計$200,000，後發現一筆佣金支出$2,000誤記為利息支出$2,000，經作更正分錄後，總額式試算表的總額結果為　(A)$200,000　(B)$202,000　(C)$204,000　(D)$198,000。

(　　) 10. 試算表不平衡時，檢查錯誤的方法應採　(A)順查法　(B)逆查法　(C)側查法　(D)抽查法。

二、綜合應用

1. 【編製試算表】微風商店03年10月底止，已過帳之分類帳如下，試分別編製該商店的總額式試算表及餘額式試算表。

分　類　帳

現　金　　　　　　　　　　　　　　　第 1 頁

03年 月	日	摘　要	日頁	借方金額	貸方金額	借或貸	餘額
9	1	（略）	1	111,000		借	111,000
	3		〃	10,000		〃	121,000
10	2		2		10,000	〃	111,000
	5		〃	20,000		〃	131,000
	7		〃		21,000	〃	110,000

應收票據　　　　　　　　　　　　　　第 8 頁

03年 月	日	摘　要	日頁	借方金額	貸方金額	借或貸	餘額
10	16	（略）	2	20,000		借	20,000

應收帳款　　　　　　　　　　　　　　第 10 頁

03年 月	日	摘　要	日頁	借方金額	貸方金額	借或貸	餘額
9	3	（略）	1	10,000		借	10,000
10	5		2	10,000		〃	20,000
	16		〃		20,000	平	0

預付租金　　　　　　　　　　　　　　第 12 頁

03年 月	日	摘　要	日頁	借方金額	貸方金額	借或貸	餘額
10	7	（略）	2	21,000		借	21,000

應付票據　　　　　　　　　　　第 23 頁

03 年 月	03 年 日	摘　要	日 頁	借方金額	貸方金額	借或貸	餘額
9	18	（略）	1		10,000	貸	10,000
10	2		2	10,000		平	0

應付帳款　　　　　　　　　　　第 25 頁

03 年 月	03 年 日	摘　要	日 頁	借方金額	貸方金額	借或貸	餘額
9	18	（略）	1		18,000	貸	18,000
10	12		2		10,000	〃	28,000
	21		〃	1,000		〃	27,000

業主資本　　　　　　　　　　　第 31 頁

03 年 月	03 年 日	摘　要	日 頁	借方金額	貸方金額	借或貸	餘額
9	1	（略）	1		111,000	貸	111,000

銷貨收入　　　　　　　　　　　第 41 頁

03 年 月	03 年 日	摘　要	日 頁	借方金額	貸方金額	借或貸	餘額
9	3	（略）	1		20,000	貸	20,000
10	5		2		30,000	〃	50,000

進　貨　　　　　　　　　　　　第 51 頁

03 年 月	03 年 日	摘　要	日 頁	借方金額	貸方金額	借或貸	餘額
9	18	（略）	1	28,000		借	28,000
10	12		2	10,000		〃	38,000

進貨退出							第 52 頁
03 年		摘　要	日頁	借方金額	貸方金額	借或貸	餘額
月	日						
10	21	（略）	2		1,000	貸	1,000

(1) 總額式試算表

試算表 年　　月　　日			
類頁	會計項目	借方總額	貸方總額

(2) 餘額式試算表

		試算表	
		年　　月　　日	
類頁	會計項目	借方餘額	貸方餘額

2. 【平時會計程序】試將森永商店04年6月份之交易，直接記錄到T字帳，計算每個項目餘額，並編製6月30日之餘額式試算表。

6月　1日　業主投資現金$300,000，成立森永商店。

6月　2日　賒購辦公設備$85,000。

6月　5日　以現金購買文具用品$3,600。

6月10日　賒購商品$24,000。

6月11日　銷售商品，收到現金$39,000。

6月12日　以現金償還2日賒購辦公設備之欠款$85,000。

6月28日　業主代付本月份租金$18,000。

6月30日　以現金償還10日之貨欠$20,000。

(1) T字帳

現金	11

辦公設備成本	16

應付帳款	21

應付設備款	23

業主資本	31

業主往來	32

進貨	41

文具用品	43

租金支出	44

銷貨收入	51

(2) 餘額式試算表（差額式試算表）

試算表
年　　月　　日

類頁	會計項目	借方餘額	貸方餘額

調整（一）

Chapter 7

學習目標

研讀本章內容後，同學們應該能夠回答下列問題：

1. 調整的意義是什麼？它的功用為何？
2. 何謂會計基礎？企業常用的會計基礎有哪幾種？
3. 在現金基礎下收益費損何時認列？是否符合一般公認會計原則？
4. 應計基礎與現金基礎，帳務處理結果相同嗎？為什麼？
5. 應計項目包括哪兩項？如何作調整分錄？
6. 預計項目的意義為何？包含哪些預計項目？請各舉一個調整實例說明。
7. 何謂混合帳戶？期末必須作調整嗎？

本章課文架構

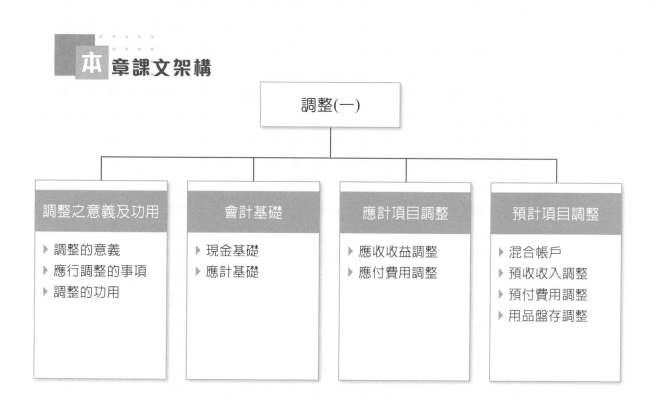

依據會計期間慣例，企業習慣將營業活動以一年的期間做分隔，例行在每年底編製財務報表，提供給企業的利害關係人閱讀。

　　平時，會計人員即使很認眞地將各項交易記入帳簿，但難免有漏網之魚，或是因爲隨著時間的經過而發生變化，使得帳載內容與實際情況不符。本章及第八章即在介紹調整程序，教導期末如何分析修正帳戶，得出眞實餘額，以備將來能編製出允當表達的財務報表。

第一節　調整之意義及功用

一　調整的意義

　　報導期間終了，爲了允當表達企業的財務狀況與經營績效，必須對平時的會計記錄，加以分析、修正，使期末的帳面餘額與實際情況相符。此種修正帳面紀錄以符合實況的會計程序，稱爲調整（adjustment）。調整時所做的分錄稱爲調整分錄。調整屬於內部交易，透過調整分錄及過帳後，自然能達到修正帳戶餘額之目的。

二　期末調整事項

　　企業常見的調整事項，包括：應計項目、預計項目、估計項目及存貨項目（見表7-1）。

》表7-1　期末常見調整項目

1. 應計項目	(1) 應收收益：如應收租金、應收利息 (2) 應付費用：如應付薪資、應付利息
2. 預計項目 （遞延項目）	(1) 預收收入：如預收租金、預收佣金 (2) 預付費用：如預付租金、預付保險費 (3) 用品盤存
3. 估計項目	呆帳（預期信用減損損失）、折舊、攤銷
4. 存貨項目	存貨（期末）、存貨（期初）

本章主要介紹應計項目與應計項目，而估計項目及存貨項目則容待第八章再詳細說明。

三 調整的功用

調整會計工作，可以達到下列兩項功能。

(一) 達成會計期間劃分目的，使各期收益與費損配合正確計算損益

進行調整程序之目的，在使賺得收入時即認列收入，而與賺得該收入所發生的費用，也能配合在同一會計期間認列，使該會計期間發生的收益與費損相互配合，以求出正確損益，會計上稱此為配合原則（又稱「費損認列原則」）。例如：今年12月份賣場業績表現亮麗，但員工薪水卻要等到明年1月5日才發放，依照報導期間劃分（會計期間慣例），今年的薪資雖然明年才發放，仍應歸屬今年的費用，本年底須調整入帳。

(二) 使企業的財務狀況及經營績效正確表達

經調整後，帳面餘額均能符合實際情況，所編製的財務報表也能允當表達企業的財務狀況與經營績效。例如：房屋會因時間經過而逐漸損耗，應該作折舊成本分攤的調整，使房屋的帳面金額降低，以反映實際情況。

老闆！為了編出正確的報表，我必須先做調整，好好分析一下帳戶，把平時沒記到的帳補上去，有錯誤的金額要修正過來。所以，必須給我幾天的作業時間。

林會計！一年來，看你平時這麼認真的記帳，下班前可以把今年的報表編出來讓我看嗎？

一、是非題

(　　) 1. 修正帳面記錄，使帳載餘額與實際情況相符之會計工作稱為調整。

(　　) 2. 調整只要直接修正帳面餘額即可，不作調整分錄。

二、選擇題

(　　) 1. 調整之適當時機為　(A)期初　(B)平時　(C)期末　(D)繳稅前。

(　　) 2. 對平時會計記錄加以分析修正，使符合期末實際情況之工作。我們稱之為　(A)試算　(B)調整　(C)結帳　(D)編表。

(　　) 3. 期末調整之目的在於　(A)減輕會計人員責任　(B)提升競爭力　(C)使各期損益允當表達　(D)簡化會計工作。

(　　) 4. 下列何者不是調整之主要功能？　(A)符合報導期間劃分之目的　(B)確定收益與費損同一期間配合認列　(C)正確表達企業之經營績效與財務狀況　(D)達成節稅之目的。

(　　) 5. 下列對於調整之敘述，何者有誤？　(A)為會計循環之第四個程序　(B)屬於內部交易　(C)任何會計事項期末皆須作調整　(D)目的在符合會計期間慣例與配合原則。

三、填充題

1. 企業常見調整之事項包括_____項目、_____項目、_____項目及存貨項目。

2. 應計項目之調整項目包含_____、_____兩項。

3. 調整之功用為：

　(1) 達成_____劃分目的，使各期_____與_____配合。

　(2) 能允當表達企業的_____及_____。

第二節 會計基礎

　　會計基礎是用來決定收益與費損應歸屬哪一個會計期間的劃分標準，也是入帳時點的依據，又稱為「記帳基礎」。會計基礎有現金基礎、應計基礎及聯合基礎，而調整的主要觀念即依據「應計基礎」而來。茲進一步說明如下。

一 現金基礎

　　又稱「現金收付制」，是指收益及費損的歸屬期間，以「現金實際收付」的時點為認定標準。換句話說，在實際收到現金時才認列收益，實際付出現金時才認列費損，會計期間終了不須作調整。

　　現金基礎下的收益與費損認列，容易與實際發生現金收付期間相同，但與應認列期間可能不符，損益計算不易正確，未符合一般公認會計原則。實務上，僅有以現金交易為主的小規模企業（如小吃店）才會採用。

例題1

甲商店本年（01年）底賒銷商品乙批$2,000，於次年初（02年）才如數收到現金。請依現金會計基礎作下列日期應有分錄：

	現金基礎
本年底賒銷時（01年）	不做分錄
次年初收現時（02年）	現　金　　　　2,000 　　銷貨收入　　　　2,000
說明	次年初收現，銷貨收入歸屬次年度（02年度）。

二 應計基礎

又稱「權責發生制」,是指當交易使企業產生權利或義務時(即權責發生時),就應認列相關的收益或費損,而不論是否已經收付現金。換句話說,不論是否收付現金,期末若確定收益「已賺得」與費損「已發生」,就應調整認列;又若已經收到現金但不屬於本期收入,或已付現但不屬於本期費用,則應調整為下期的預收收入或預付費用。

應計基礎的收益與費損於「實際發生期間」認列,能得出正確損益,符合收益與費損「配合原則」。一般公認會計原則及《商業會計法》規定企業應採用應計基礎。

例題2

甲商店採應計基礎:本年底賒銷商品$2,000,於次年初收到現金。

本年底發生銷貨時	次年初收現
應收帳款　　2,000 　　銷貨收入　　2,000	現　　金　　2,000 　　應收帳款　　2,000

➡ 在應計基礎下,此銷貨收入在本年底發生就應記錄,應歸屬於收入實現年度。

腦力激盪…

1. 乙商店07年12月28日賒購商品$8,888,08年1月4日以現金支付全部貨款。請依各種會計基礎作各日期應有分錄,並判斷該費用歸屬之年度。

	現金基礎	應計基礎(權責發生制)
07/12/28 發生賒購時		
08/1/4 付現時		
費用歸屬年度	(　　　)年度	(　　　)年度

腦力激盪…

2. 本年度已收現的收入共$80,000，其中$25,000為預收明年的收入；本年度已付現的費用共$60,000，其中三分之二為預付明年的費用。試計算不同會計基礎下，本年度認列的「收入」、「費用」及「淨利」金額。

項目 / 會計基礎	收入	－	費用	＝	本期淨利
現金基礎					
應計基礎					

3. 丙商店03年12月份所使用的水電，於04年1月中旬收到繳費通知單後才前往銀行繳費。則該項水電費應歸屬於哪一年度的費用？試就不同會計基礎，勾選該費用歸屬之年度。

會計基礎	費用歸屬年度	
1. 現金基礎	❏ 03年	❏ 04年
2. 應計基礎	❏ 03年	❏ 04年

三 聯合基礎

又稱修正權責基礎，是指現金基礎與應計基礎的聯合運用，平時先使用現金收付制記帳，期末決算時，再依權責發生制將帳戶調整為應有餘額。此種基礎，具有平時簡化工作、期末正確計算損益的優點，最後結果與應計基礎相同，實質上仍屬於應計基礎，為《商業會計法》允許權宜採用的基礎。

IFRS 新知 會計基礎相關規定

* 《國際會計報導準則IFRS》規定：

　　為達成財務報表之目的，財務報表應以應計基礎會計編製。於此基礎下，交易及其他事項之影響應於發生時（而非於現金或約當現金收付時）予以認列，並記錄於會計記錄中，且於相關期間之財務報表中報導。

* 《商業會計法》第10條：

I 「會計基礎採用權責發生制；在平時採用現金收付制者，俟決算時，應照權責發生制予以調整。」

II 「所謂權責發生制，係指收益於確定應收時，費用於確定應付時，即行入帳。決算時收益及費用，並按其應歸屬年度作調整分錄。」

III 「所稱現金收付制，係指收益於收入現金時，或費用於付出現金時，始行入帳。」

一、是非題

(　　) 1. 採現金基礎之記帳，期末不作調整。

(　　) 2. 平時若已依據一般公認會計原則記帳，期末無須再作調整。

(　　) 3. 現金收付基礎與應計基礎，記錄交易皆以權利義務實際發生時間為準。

(　　) 4. 簽發遠期支票購買商品時，在現金基礎下必須記帳。

二、選擇題

(　　) 1. 依IFRS規定，企業應採何種基礎編製財務報表？　(A)現金基礎　(B)應計基礎　(C)聯合基礎　(D)無明文規定。

(　　) 2. 下列哪一種會計基礎並<u>不符合</u>一般公認會計原則？　(A)現金基礎　(B)應計基礎　(C)聯合基礎　(D)權責發生基礎。

(　　) 3. 03年12月底預付04年上半年之廣告費$500,000，此筆廣告費用應歸屬哪一年度？　(A)現金基礎下歸屬04年度　(B)應計基礎下歸屬04年度　(C)聯合基礎下歸屬03年度　(D)無論何種基礎皆歸屬04年度。

三、填充題

1. ＿＿＿＿＿＿＿＿是用來決定＿＿＿＿＿＿＿＿與＿＿＿＿＿＿＿＿應歸屬哪一報導期間的劃分標準，又稱記帳基礎。

2. 商業會計法規定：會計基礎採用＿＿＿＿＿＿＿＿制；在平時採用現金收付制者，俟＿＿＿＿＿＿＿＿時，應照＿＿＿＿＿＿＿＿制予以調整。

3. 下列為關仔嶺公司發生之交易，試分別以現金基礎、權責發生基礎及聯合基礎，計算各年度認列的收入或費用應為多少金額？

(1) 03年12月份員工薪資共$11,000，04/1/5發放。

(2) 03/10/1簽約並預收一年房租，共收現金$12,000。

會計項目 ＼ 會計基礎	現金基礎		權責發生基礎		聯合基礎	
	03年	04年	03年	04年	03年	04年
薪資支出						
租金收入						

第三節 應計項目調整

應計項目又稱為應收應付事項，是指本期已賺得但尚未收到現金的收益，或是本期已發生但尚未支付現金的費用，期末應做調整分錄予以補正。應計項目之調整，包括應收收益與應付費用兩項。

一 應收收益

應收收益是指本期因提供服務已賺得或隨時間經過已實現，期末尚未收現者的各項收益。應收收益調整，一方面借記應收收益，表示債權增加；另一方面貸記收益，承認已賺得（已實現）的收益增加。其調整分錄如下：

| 12/31 | 應收○○ | ×××　.......................（資產增加） |
| | ○○收入 | ×××　..............（收益增加） |

在應計基礎下，期末應收收益必須調整入帳。常見的調整分錄為：

項目	期末調整分錄
應收租金	應收租金　　××× 　租金收入　　　　×××
應收利息	應收利息　　××× 　利息收入　　　　×××
應收佣金	應收佣金　　××× 　佣金收入　　　　×××

例題3

阿里山公司03年8月1日出租店面給某茶行，雙方簽訂租賃契約半年，到期一次收取房租，每個月租金$10,000，試作03年底調整及04年到期收現分錄。

解

03/12/31 年底調整	應收租金　　50,000
	租金收入　　　　50,000 ➡ 認列已賺得的5個月租金(03/8/1～03/12/31)
04/2/1 到期收現	現　　金　　60,000 ➡ 一次收到6個月的租金(03/8/1～04/2/1) 應收租金　　50,000 　　租金收入　　　　10,000 ➡ 繼續認列已賺得的1個月租金(04/1/1～04/2/1)

例題4

台東釋迦公司9月1日收到半年後到期的票據乙紙，面額$100,000，附年息6%，試作年底過期利息之調整分錄。

解

　　　12/31　　　應收利息　　2,000

　　　　　　　　　　利息收入　　　　2,000

➡ ①利息是隨著時間的自然經過產生，雖然尚未收付，年底仍應調整入帳。

　②票據自9/1到年底已持有4個月，過期所賺得利息應調整認列。

　利息＝本金 × 利率 × 期間，

　故利息（9/1~12/31）= $100,000 \times 6\% \times \dfrac{4}{12}$(年) = $2,000

腦力激盪····

4. 來來商店採應計基礎，試作各項年底應有之調整分錄：

交易事項	12/31 調整分錄
(1) 期末尚有租金$30,000未收。	
(2) 某業務部門年底賺得一筆仲介佣金$85,000，因故必須拖到明年初才能收到現金。	
(3) 10月1日收到5個月期票據乙紙$20,000，附月息3厘。	

二 應付費用

應付費用是指本期已發生（耗用）但尚未支付現金的各項費用。應付費用調整，一方面增加認列費用，一方面增加負債。其調整分錄如下：

12/31　○○費用　×××........................（費損增加）
　　　　　應付○○　　×××..............（負債增加）

在應計基礎下，期末應付費用必須調整入帳。常見的調整分錄為：

項目	期末調整分錄
應付薪資	薪資支出　××× 　　應付薪資　　×××
應付租金	租金支出　××× 　　應付租金　　×××
應付利息	利息費用　××× 　　應付利息　　×××

例題5

麻豆文旦行採權責發生基礎，每個月員工薪水規定於次月5日發放，本年12月份員工薪資共$300,000，至年底尚未支付。試作：(1)本年底　(2)次年1月5日　之分錄。

解

(1) 本年底將已經發生但尚未付現的薪資，調整入帳：

本年/12/31　　薪資支出　　　300,000

　　　　　　　　　　應付薪資　　　　300,000

將上述調整分錄過入分類帳：

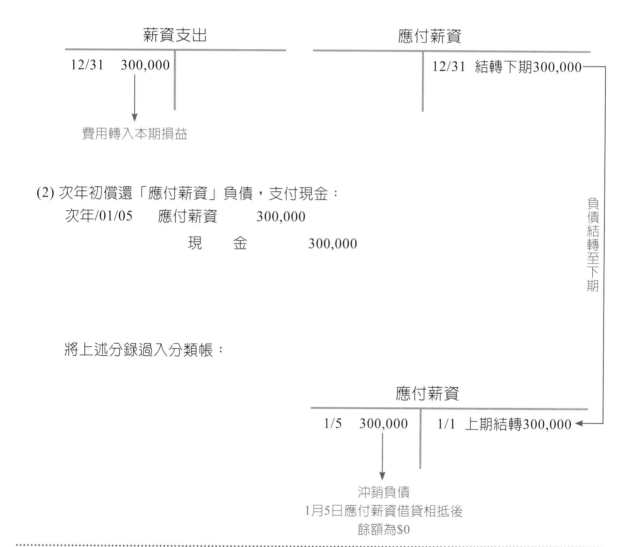

薪資支出	應付薪資
12/31　300,000	12/31　結轉下期300,000

費用轉入本期損益

(2) 次年初償還「應付薪資」負債，支付現金：

次年/01/05　　應付薪資　　　300,000

　　　　　　　　　現　　金　　　　300,000

負債結轉至下期

將上述分錄過入分類帳：

應付薪資
1/5　300,000　｜　1/1　上期結轉300,000

沖銷負債
1月5日應付薪資借貸相抵後
餘額為$0

例題6

01/11/1買勁商店向麥出商店進貨,簽發三個月期本票$20,000,附年息六厘,償還貨欠,該票據到期時,本金及利息如數兌現。試採應計基礎作雙方必要分錄。

解

買勁商店(買方)	麥出商店(賣方)
01/11/1 簽發票據時: 　進　貨　　20,000 　　應付票據　　20,000	01/11/1 收到票據時: 　應收票據　　20,000 　　銷貨收入　　20,000
01/12/31 將本期已發生利息費用調整入帳: 　利息費用　　200 　　應付利息　　200 $11/1{\sim}12/31$利息$=\$20,000\times6\%\times\frac{2}{12}$(年)$=\$200$	01/12/31 將已實現利息調整入帳: 　應收利息　　200 　　利息收入　　200
02/2/1票據到期,如數兌現票據本金(面額)及利息費用: 　應付票據　20,000 (票據兌現,沖銷負債) 　應付利息　　200 (償還上年度利息,負債減少) 　利息費用　　100 (支付本年度利息,費用增加) 　　現　金　　20,300 $1/1{\sim}2/1$利息$=\$20,000\times6\%\times\frac{1}{12}$(年)$=\$100$	02/2/1票據到期,如數收到票據本金(面額)及應得的利息: 　現　金　　20,300 　　應收票據　　20,000 　　應收利息　　200 　　利息收入　　100

 腦力**激盪**…

5. 大林商店採應計基礎,試作各項應有之調整分錄:

交易事項	12/31 調整分錄
(1) 年底有一筆佣金$5,000尚未支付。	
(2) 年底尚積欠員工薪資$190,000。	
(3) 應付未付之租金$3,800。	
(4) 7/1向銀行借款$800,000,期間三年, 　 週息五厘,每年6/30還息。 　 (說明:週息就是年息)	

一、是非題

(　　) 1. 應付費用係指尚未發生但已經支付之費用。

二、選擇題

(　　) 1. 收入已發生，但尚未入帳，期末調整分錄應　(A)借：收益　(B)借：資產　(C)借：費損　(D)貸：負債。

(　　) 2. 期末漏記應付利息，將使　(A)費損多計、負債少計　(B)費損少計、淨利少計　(C)收入少計、資產多計　(D)淨利多計、負債少計。

(　　) 3. 下列對應付費用調整之影響，何者有誤？　(A)費用增加　(B)本期淨利減少　(C)負債結轉下期償還　(D)負債減少。

(　　) 4. 所謂週息一分是指　(A)年息10%　(B)月息10%　(C)日息1%　(D)一週利息10%。

(　　) 5. 八月一日向銀行融資$100,000，月利率一分二厘，若貸款期間三個月，則到期應歸還銀行之本利和為多少？　(A)$103,600　(B)$103,000　(C)$136,000　(D)$100,000。

三、實作題

1. 試作下列各交易日之分錄：

(1) 本年底一筆佣金$30,000已賺得但尚未收現，次年2月28日收到此筆佣金。

本年/12/31調整	次年/2/28收到佣金

(2) 03/4/1購買商品一批$90,000，開立十個月期票據乙紙，附年息4厘。

03/4/1賒購	03/12/31調整利息	04/2/1到期償還本金及利息

第四節　預計項目調整

　　預計項目包括「預收收入」及「預付費用」兩項。凡是預先收取對方現金，未來再提供財貨或勞務者稱為預收收入（負債帳戶）；預先支付對方現金，未來才耗用財貨或服務者稱為預付費用（資產帳戶）。

　　預計項目又稱為遞延項目，如預收收入、預付費用及用品盤存等，其性質會隨著財貨及勞務的提供或耗用，逐漸轉為已實現的收入或已耗用的費用。此類帳戶內容兼具實帳戶與虛帳戶兩種性質，又稱為「混合帳戶」。混合帳戶可能為資產與費用之混合（如預付費用、用品盤存），亦可能為負債與收入之混合（如預收收入）；報導期間終了，所有混合帳戶必須調整，將實帳戶與虛帳戶的金額清楚區分，以便正確計算損益。

一　預收收入的調整

　　常見的預收收入調整事項，有預收租金、預收佣金、預收利息等。這些「預收收入」會隨著財貨或勞務的提供，而陸續賺得或實現為「收入」；報導期間結束時，若尚有義務必須在下期繼續提供的部分，雖收款但尚未盡義務，屬於負債性質，應列於「預收收入」項下。因此，期末時，應該調整劃分出收入（本期已實現）以及預收收入（本期尚未實現）的金額，如圖7-1。

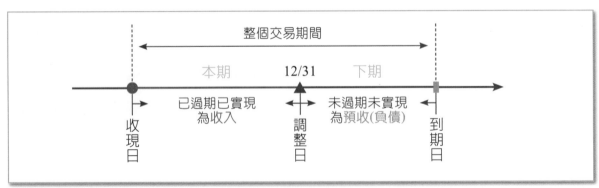

》圖7-1　期末「收入」與「預收收入」金額之調整

　　預收收入的發生及期末調整，因採行的會計基礎不同，而有不同的會計
處理，列表說明如7-2。

》表7-2　預收收入採用不同會計基礎之說明

會計基礎	說明
1. 現金基礎 （現金收付制）	收到現金時，以收入項目入帳，全數列為本期收益，期末不須調整。
2. 應計基礎 （權責發生制）	預先收到現金時，先記載產生提供財貨或服務的義務（負債），期末再將已提供財貨或服務的部份，由預收收入調整為已賺得的收入。此法先記實帳戶（預收收入），期末再將已實現部分轉為虛帳戶（收入），故又稱先實後虛法或記實轉虛法。
3. 聯合基礎 （聯合制） （記虛轉實法）	預先收到現金時，先以收入項目入帳，期末再將屬於下期才可賺得的收入，轉為預收的負債類項目。此法先記虛帳戶（收入），期末再將未實現部分轉為實帳戶（預收收入），故又稱先虛後實法或記虛轉實法。

例題7

宜蘭三星蔥公司01年5月1日預收一年租金$120,000。試依據現金基礎、應計基礎及聯合基礎作01年度有關分錄，並評論之。

解

(1) 現金基礎

5/1　收到現金時	12/31　期末調整時
現　金　　　120,000 　　租金收入　　　　120,000	不做分錄

評論 採現金基礎的結果，01年租金收入認列$120,000，與實際已實現（5/1～12/31）的$80,000不相符，當年收益多計，損益金額不正確。

(2) 應計基礎（記實轉虛）

收到租金時，先以實帳戶「預收租金$120,000」負債項目入帳，隨著時間經過，到了期末，原來預收租金項目性質發生變化，必須將過期8個月的租金，轉為虛帳戶「租金收入$80,000」項目表達。

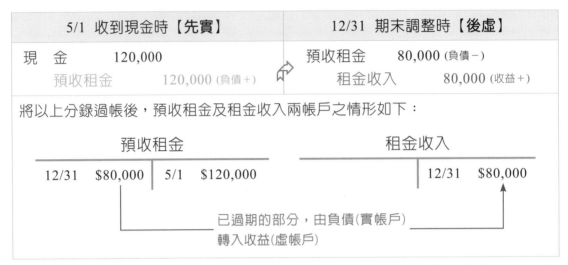

評論 採應計基礎的結果，01年的預收租金貸餘$40,000，租金收入貸餘$80,000與實際過期（已實現）的$80,000相符，可正確計算租金收入。若未作此調整分錄，負債將多記$80,000、收益少記$80,000。

(3) 聯合基礎（記虛轉實）

收到租金時，先以虛帳戶「租金收入$120,000」項目入帳，到了期末，發現原來的租金收入中，有部分未過期，必須將未實現4個月的租金，轉為實帳戶「預收租金$40,000」項目表達。

評論 由上列調整後帳戶餘額可得到證明，採用聯合基礎及應計基礎最後的結果相同。此二法雖然一個先以虛帳戶入帳，另一個先以實帳戶入帳，但殊途同歸，經過調整後，本期皆有租金收入$80,000，預收租金$40,000。若未作此項調整，則收益將多記$40,000、負債少記$40,000。

茲將例題7預收收入採用三種會計基礎的記帳方式，列表比較如下。

會計基礎 時間	現金基礎	應計基礎 （記實轉虛法）	聯合基礎 （記虛轉實法）
01/5/1 收到現金時	現　金　　120,000 　　租金收入　120,000	現　金　　120,000 　　預收租金　120,000	現　金　　120,000 　　租金收入　120,000
01/12/31 期末調整	不做調整分錄	預收租金　　80,000 　　租金收入　80,000	租金收入　　40,000 　　預收租金　40,000
02/5/1 期間屆滿時	不做分錄	預收租金　　40,000 　　租金收入　40,000	預收租金　　40,000 　　租金收入　40,000

知識加油站 預收收入採用不同會計基礎之比較

	● 收到現金時	▲ 期末調整時	
權責發生制 （先實後虛）	現　金　　　　先實 　　預收○○ （負債＋）	預收○○ （負債－）後虛 　　○○收入　（收入＋）	將過期非「預收」部分轉為已賺得之「收入」。
聯合制 （先虛後實）	現　金　　　　先虛 　　○○收入 （收入＋）	○○收入 （收入－）後實 　　預收○○　（負債＋）	將未過期「收入」部分轉為未賺得之「預收」。

 腦力激盪…

6. 03年8月1日預收半年租金$6,000。

(1) 試依不同會計基礎，作下列必要分錄：

	現金收付制	權責發生制（記實轉虛）	聯合制（記虛轉實）
03/8/1 收現日			
03/12/31 調整			
04/8/1 到期日			

(2) 03年底調整後「預收租金」帳戶餘額為＿＿＿＿＿，「租金收入」帳戶餘額為＿＿＿＿＿。

(3) 記實轉虛法下，03年期末若未調整，租金收入將＿＿＿＿＿；記虛轉實法下，03年期末若未調整，則收益將＿＿＿＿＿。（請填多記或少記金額）

例題8

關廟鳳梨公司本年底調整前「預收利息」帳戶餘額$30,000，其中 $\frac{2}{3}$ 已過期，試作調整分錄。

解

(1) 會計基礎判斷：帳上為「預收利息」餘額，表示收到現金時先以「實帳戶」入帳，可確定該公司採「先實後虛法」。

(2) 之後年底調整時，應將實帳戶已過期部分，轉記為虛帳戶「利息收入」，其調整金額應為過期部分（$30,000 × $\frac{2}{3}$ = $20,000）。

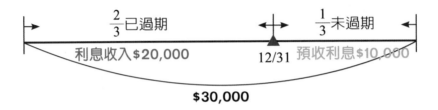

(3) 調整分錄為：

12/31	預收利息	20,000	（負債減少）
	利息收入	20,000	（收益增加）

腦力激盪...

7. 試作下列交易事項之年底調整分錄：

(1) 調整前「預收房租」帳戶餘額$100,000，其中 $\frac{1}{4}$ 未實現。

(2) 「佣金收入」帳上$80,000，到年底已提供60%之服務。

(1)	(2)

二 預付費用

所謂預付費用，是指預先支付現金，未來再享受財貨或服務的支出。預付費用會隨著財貨取得或使用服務而逐漸轉成「費用」。期末時，必須將此支出劃分為兩部分：已耗用（已過期）部分，認列為當期費用；未耗用（未過期）部分，未來具有享受服務的權利，認列為預付費用，屬於資產。常見者如預付保險費、預付利息、預付租金等。因此，期末時，應該藉著調整分錄，劃分出費用（已耗用）以及預付費用（未耗用）的金額，如圖7-2。

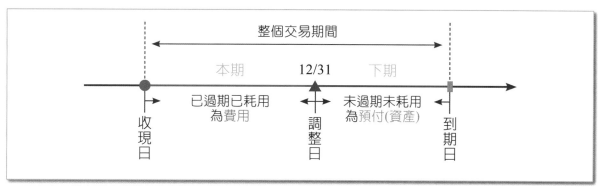

》圖7-2 期末「費用」與「預付費用」金額之調整

預付費用的發生及期末調整，因採行的會計基礎不同，也有不同的會計處理。其作法與預收收入類似，茲列表說明如7-3。

》表7-3 預付費用採用不同會計基礎之說明

會計基礎	說明
1. 現金基礎 （現金收付制）	支付現金當時以費用項目入帳，全數列為本期費用，期末不須調整。
2. 應計基礎 （權責發生制） （記實轉虛法）	預先支付現金時，先全部記實帳戶（資產項目），期末再將已過期或已耗用部分，調整到虛帳戶（費用項目）。
3. 聯合基礎 （聯合制） （記虛轉實法）	預先支付現金時，先全部記為費用（虛帳戶），期末再將可遞延至下期繼續享受的財貨或服務，轉為資產類的預付項目（實帳戶）。

例題9

大溪豆乾公司01年5月1日預付一年保險費$120,000。試依據現金基礎、應計基礎及聯合基礎作01年度有關分錄,並評論之。

解

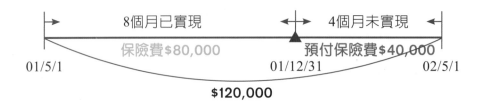

(1) 現金基礎

5/1 支付現金時	12/31 期末調整時
保險費　　　　120,000 　　現　金　　　　　120,000	不做調整

評論 採現金基礎的結果,01年的保險費認列$120,000,與實際過期(已實現)$80,000不相符,當年費損多計,損益金額不正確。

(2) 應計基礎(記實轉虛)

此基礎,先以實帳戶「預付保險費$120,000」項目入帳,隨著承保時間經過,保險效益逐漸消逝,部分「預付保險費」資產的性質發生變化,期末必須將過期8個月的保險費,轉為虛帳戶「保險費$80,000」項目來表達。

5/1 收到現金時【先實】	12/31 期末調整時【後虛】
預付保險費　　120,000 (資產＋) 　　現　金　　　120,000	保險費　　　　　80,000 (費損＋) 　　預付保險費　　　80,000 (資產－)

將以上分錄過帳後,預付保險費及保險費兩帳戶之情形如下:

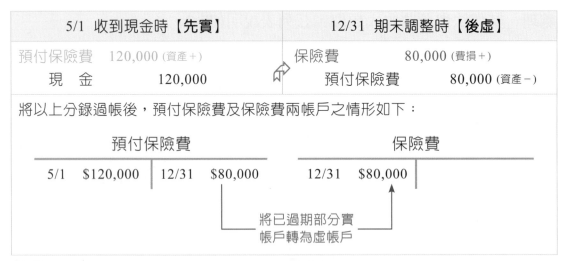

評論 採應計基礎的結果,01年的預付保險費借餘$40,000,保險費借餘$80,000與實際過期(已實現)的$80,000相符,可計算出正確的保險費。期末若不作調整,資產將多記$80,000、費損少記$80,000。

(3) 聯合基礎（記虛轉實）

此基礎，先以虛帳戶「保險費$120,000」入帳，期末發現原來的保險費中，有部分未過期，可以在未來4個月內繼續享有保險的權益，所以須轉為實帳戶「預付保險費$40,000」項目來表達。期末若未作調整，則資產將少記$40,000、費損多記$40,000。

5/1 支付保險費時【先虛】	12/31 期末調整時【後實】
保險費　　　120,000 (費損＋) 　　現　金　　　　120,000	預付保險費　40,000 (資產＋) 　　保險費　　　　40,000 (費損－)

將以上分錄過帳後，保險費及預付保險費兩帳戶之情形如下：

```
        預付保險費                           保險費
12/31  $40,000 |              5/1  $120,000 | 12/31  $40,000
          ↑ _____|
                        未耗用部分由保險
                        費轉為預付保險費
```

評論 由上列調整後帳戶餘額得到證明，採用聯合基礎及應計基礎最後結果相同。雖然一個先以虛帳戶入帳，另一個先以實帳戶入帳，但經調整後，殊途同歸，本期皆有保險費$80,000，預付保險費$40,000，保險費計算均正確。

茲將例題9預付費用採用三種會計基礎的記帳方式，列表比較如下。

會計基礎＼時間	現金基礎	應計基礎 （記實轉虛法）	聯合基礎 （記虛轉實法）
01/5/1 支付現金時	保險費　　　120,000 　現　金　　　120,000	預付保險費　120,000 　現　金　　　120,000	保險費　　　120,000 　現　金　　　120,000
01/12/31 期末調整	不做調整分錄	保險費　　　　80,000 　預付保險費 80,000	預付保險費　40,000 　保險費　　　40,000
02/5/1 期間屆滿時	不做分錄	保險費　　　　40,000 　預付保險費 40,000	保險費　　　　40,000 　預付保險費 40,000

知識加油站 預付費用採用不同會計基礎之比較

	● 付現日	▲ 12/31調整	
權責發生制 （先實後虛）	預付○○ (資產+) 　現　金　　先實	○○費用 (費用+)後虛 　預付○○ (資產−)	將過期非「預付」部分轉為已耗用之「費用」。
聯合制 （先虛後實）	○○費用 (費用+) 　現　金　　先虛	預付○○ (資產+)後實 　○○費用 (費用−)	將未過期非「費用」部分轉為未耗用之「預付」。

腦力激盪···

8. 03年9月1日預付半年利息$6,000。

(1) 試依不同會計基礎，作下列必要分錄：

	現金收付制	權責發生制（記實轉虛）	聯合制（記虛轉實）
03/9/1 付現日			
03/12/31 調整			
04/3/1 到期日			

(2) 03年底「預付利息」帳戶餘額為_____，「利息費用」帳戶餘額為_____。

(3) 權責發生制下，03年底期末若未做調整，費損將_____；聯合制下，03年期末若未調整，費損將_____。（請填虛增或虛減金額）

例題10

金門高粱酒公司年底調整前「廣告費」帳戶借方餘額$30,000，其中 $\frac{1}{3}$ 的廣告量已刊登。

解

(1) 會計基礎判斷：帳上為「廣告費」餘額，表示支付廣告費時先以「虛帳戶」入帳，可確定該公司採「先虛後實法」。

(2) 之後年底調整時，應將虛帳戶未過期（未刊登）部分，轉記為「預付廣告費」實帳戶，其調整金額為未過期的部分（$30,000 × $\frac{2}{3}$ = $20,000）。

(3) 調整分錄為：

12/31　預付廣告費　20,000 ....（資產增加）
　　　　　廣告費　　　　　20,000 ....（費損減少）

腦力激盪…

9. 試為下列商店作付現日及年底調整必要分錄：

(1) 9/1預付半年廣告費$60,000，廣告費平均發生，採應計基礎。

(2) 11/16簽租賃合約並支付一年房租$36,000，採記虛轉實法。

(3) 4/1預支保險費一筆$39,000，借方以資產入帳，至期末已過期三分之一。

	(1)	(2)	(3)
付現日	9/1	11/16	4/1
調整日	12/31	12/31	12/31

三 用品盤存

　　所謂用品盤存，係指平時購入之文具用品，至期末尚未耗用者。企業購買的文具、紙張等辦公用品，一般稱為「文具用品」；期末如果沒有用完，須將剩餘部分轉列爲具資產價值的「用品盤存」項目。

　　實質上，「用品盤存」爲預購辦公用品的支出，屬於預付費用性質，其帳務處理與前述之預付費用相似。因此，期末時，應該調整劃分出文具用品（本期已耗用）以及用品盤存（本期未耗用）的金額，如圖7-3。惟須注意期末調整金額，並非以時間比例計算，而是以實際耗用的金額來計算。

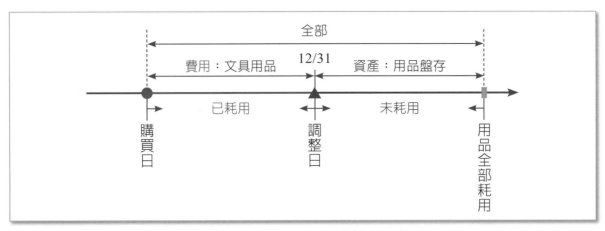

》圖7-3 「用品盤存」金額之調整

　　用品盤存的記錄及調整，與預付費用類似，也會因會計基礎不同而有不同的會計處理。茲將不同會計基礎之帳務處理，以例題11說明如下。

例題11

蘇澳冷泉旅社10月5日購買一批文具紙張$6,000，期末盤點時，尚有$2,000未耗用。試依據現金基礎、應計基礎及聯合基礎作10/5及12/31分錄。

解

(1) 現金基礎

現購文具，全部以費用項目入帳，期末不做調整。採現金基礎結果，文具用品認列$6,000，無用品盤存，與實際情況不符，造成當年文具用品多記，次年文具用品少記。

10/5 支付現金時	12/31 期末調整時
文具用品　　6,000 　現　金　　　　6,000	不做調整

(2) 應計基礎（記實轉虛法）

購入時，先以實帳戶「用品盤存」入帳，隨著文具紙張耗用，用品盤存逐漸遞減，期末須將已耗用部分$4,000（購入$6,000－盤存$2,000），轉為虛帳戶「文具用品」來表達。採應計基礎的結果，「用品盤存」借餘$2,000，「文具用品」借餘$4,000，與實際耗用相符。期末若不作調整，則資產將高估$4,000，費損低估$4,000。

10/5 購入時【先實】	12/31 期末調整時【後虛】
用品盤存　　6,000 (資產＋) 　現　金　　　　6,000	文具用品　　4,000 (費損＋) 　用品盤存　　　4,000 (資產－)

過帳後，用品盤存與文具用品兩Ｔ字帳之情形：

(3) 聯合基礎（記虛轉實法）

購入時，先以虛帳戶「文具用品」入帳，期末再將未耗用部分，轉為實帳戶「用品盤存」，遞延至下一個報導期間繼續使用。採聯合基礎與權責發生基礎的結果相同，當年度「用品盤存」仍為$2,000，「文具用品」為$4,000，亦與實際耗用相符。期末若不作調整，當期費損將高估$2,000，資產低估$2,000。

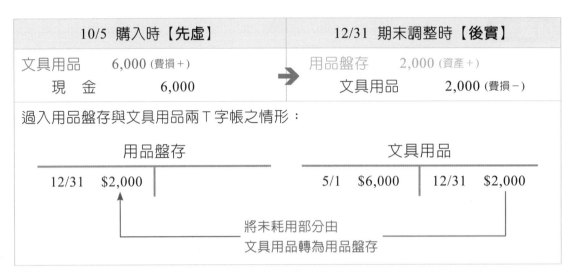

	10/5　購入時【先虛】	12/31　期末調整時【後實】
	文具用品　　6,000 (費損＋) 　　現　金　　　　6,000	用品盤存　　2,000 (資產＋) 　　文具用品　　　2,000 (費損－)

過入用品盤存與文具用品兩 T 字帳之情形：

用品盤存	文具用品
12/31　$2,000	5/1　$6,000　│　12/31　$2,000

將未耗用部分由
文具用品轉為用品盤存

評論 由上列調整後帳戶餘額得到證明，採用聯合基礎及應計基礎最後結果相同。雖然一個先以虛帳戶入帳，另一個先以實帳戶入帳，但經調整後，殊途同歸，本期皆有文具用品$4,000，用品盤存$2,000，帳戶餘額均正確。

茲將例題11用品盤存採用三種會計基礎的記帳方式，列表比較如下。

時間　＼　會計基礎	現金基礎	應計基礎 （記實轉虛法）	聯合基礎 （記虛轉實法）
01/5/1	文具用品　　6,000 　　現　金　　　6,000	用品盤存　　6,000 　　現　金　　　6,000	文具用品　　6,000 　　現　金　　　6,000
01/12/31	不做調整分錄	文具用品　　4,000 　　用品盤存　　4,000	用品盤存　　2,000 　　文具用品　　2,000

知識加油站　用品盤存採用不同會計基礎之比較

	● 購買日	▲ 12/31調整	
權責發生制 （先實後虛）	用品盤存　　(資產＋) 　　現　金　　先實	文具用品　(費用＋)後虛 　　用品盤存　(資產－)	將資產已耗用部分轉為「費用」。
聯合制 （先虛後實）	文具用品　　(費用＋) 　　現　金　　先虛	用品盤存　(資產＋)後實 　　文具用品　(費用－)	將未耗用部分由費用轉為「資產」。

腦力激盪…

10. 8月20日購入文具用品一批$10,000，期末盤點結果，已耗用是未耗用的4倍。

(1) 試依不同基礎作下列必要分錄：

	現金收付制	權責發生制（記實轉虛）	聯合基礎（記虛轉實）
8/20 購買日			
12/31 調整			

(2) 年底「用品盤存」帳戶餘額為＿＿＿＿＿，「文具用品」帳戶餘額為
＿＿＿＿＿。

例題12

文山包種茶行期初用品盤存$600，本年又採購文具用品一批$8,000，期末盤點尚有文具$1,700未耗用。試以權責發生制與聯合制分別作年底調整分錄。

解

期初用品盤存＋本期買入用品－期末用品盤存＝本期已耗用文具用品

所以，本期已耗用文具用品＝$600＋$8,000－$1,700＝$6,900

(1) 權責發生制

T字帳分析（先實後虛）		調整分錄
用品盤存　　　　　　　文具用品		12/31

1/1	$600	調整	$6,900	→	調整	$6,900		文具用品　　6,900
購入	$8,000							用品盤存　6,900
12/31	$1,700							

說明：採先實後虛法，期末將實帳戶「用品盤存」中已耗用
部分$6,900，調整轉記為虛帳戶「文具用品」。

(2) 聯合制

T字帳分析		調整分錄
文具用品　　　　　　用品盤存		12/31

文具用品
買入 $8,000	調整 $1,100
耗用 $6,900	

用品盤存
1/1 　$600	
調整 $1,100	
12/31 $1,700	

調整分錄
12/31
用品盤存　　　1,100
　　文具用品　　1,100

說明：盤點期末用品盤存，比期初用品盤存增加$1,100
　　　（$1,700－$1,600），所以應調整增加用品盤存
　　　$1,100。

 腦力激盪⋯

11. 試做下列各項之期末調整分錄：

交易事項	12/31 調整分錄
(1) 調整前帳列用品盤存帳戶餘額 $9,600，年底盤點尚有 $\frac{1}{4}$ 未耗用。	
(2) 期初用品盤存$1,000，本期期末用品盤存$1,200，本期購入文具用品$8,600，以費用入帳。	

知識加油站 漏作各項期末調整分錄，對當期各會計要素之影響

要素影響 期末漏作調整	資產	負債	收益	費損	本期 淨利	權益
漏作應收收入調整	低估	－	低估	－	低估	低估
漏作應付費用調整	－	低估	－	低估	高估	高估
漏將預收收入 —調整→ 收入	－	高估	低估	－	低估	低估
漏將收入 —調整→ 預收收入	－	低估	高估	－	高估	高估
漏將預付費用 —調整→ 費用	高估	－	－	低估	高估	高估
漏將費用 —調整→ 預付費用	低估	－	－	高估	低估	低估
漏將用品盤存 —調整→ 文具用品	高估	－	－	低估	高估	高估
漏將文具用品 —調整→ 用品盤存	低估	－	－	高估	低估	低估

一、是非題

( ) 1. 預付費用帳戶，已過期部分為費損，未過期部分為資產。

( ) 2. 企業採權責發生制或聯合制，經調整後帳戶結果不一定相同。

( ) 3. 預收收入先以收益項目入帳，則年終須以記虛轉實法調整。

( ) 4. 預計項目，採記虛轉實與記實轉虛法，經期末調整後，帳戶結果相同。

( ) 5. 期末未耗用文具用品若未轉入用品盤存，將使當期虛帳戶虛減、實帳戶虛增。

( ) 6. 一個帳戶兼具有實帳戶與虛帳戶的性質，稱為混合帳戶。

( ) 7. 應調整的帳戶不一定是混合帳戶，但期末混合帳戶一定要調整。

二、選擇題

( ) 1. 預收收入帳戶，已過期部分屬於　(A)收入　(B)負債　(C)費用　(D)資產。

( ) 2. 下列何者不屬於預計項目　(A)預收利息　(B)預付郵電費　(C)開辦費　(D)用品盤存。

( ) 3. 支付保險費時，以費用項目入帳，到年終調整時，將未過期部分轉到預付保險費帳戶內，此種記帳方法為　(A)記實轉虛法　(B)記虛轉實法　(C)虛虛實實法　(D)非實非虛法。

三、填充題

1. 03年7月1日預付二年期保險費$48,000，借記「保險費」。每年底經調整後，03年度保險費為＿＿＿＿＿＿、04年度保險費為＿＿＿＿＿＿、05年度保險費為＿＿＿＿＿＿。

2. 7月初預收佣金$60,000，貸記「預收佣金」，年終尚未提供勞務程度80%，則年底調整金額為＿＿＿＿＿＿。

一、 調整的意義

會計期間終了時，會計人員必須對平時之會計記錄，加以分析、修正，使其與事實相符，以便計算出正確的收入及費用。調整所做的分錄，稱為調整分錄。

二、 應行調整的項目

1. 應計項目	(1) 應收收益：應收租金、應收利息、……
	(2) 應付費用：應付薪資、應付利息、……
2. 預計項目（遞延項目）	(1) 預收收入：預收租金、預收佣金、……
	(2) 預付費用：預付租金、預付保險費、……
	(3) 用品盤存
3. 估計項目	呆帳（預期信用減損損失）、折舊、攤銷
4. 存貨項目	期初存貨、期末存貨

三、 調整的功用

1. 可達成會計期間劃分目的，使各期收益與費損配合，正確算出損益。
2. 可使企業的財務狀況及經營績效正確表達。

四、 會計基礎

用來決定收益與費損應歸屬哪一個會計期間的劃分標準，又稱記帳基礎。應計基礎為調整之理論依據。

會計基礎	別名	說明
現金基礎	現金收付制	(1) 收益於實際收到現金時，費損於實際付出現金時入帳。 (2) 期末不需調整，不符合一般公認會計原則。
應計基礎	權責發生制 應收應付制 記實轉虛法	(1) 收益及費損以交易實際發生作為認定標準，而不論是否已收付現金。 (2) 比較能反映企業經營績效與實況，符合一般公認會計原則與商業會計法規定，企業多採用。
聯合基礎	修正權責基礎 記虛轉實法	(1) 現金基礎與應計基礎的聯合運用。 (2) 在平時採用現金收付制者，俟決算時，應照權責發生制予以調整。

五、 應計項目調整（權責發生制與聯合制分錄相同）

(1) 應收收益之調整	(2) 應付費用之調整
應收○○　　××　（資產＋） 　　○○收入　　××　（收益＋）	○○費用　　××　（費損＋） 　　應付○○　　××　（負債＋）

六、 混合帳戶

1. 指同時具有實帳戶與虛帳戶性質之帳戶。
2. 種類有二：(1)負債與收入混合；(2)資產與費用混合。
3. 所有混合帳戶期末必須調整，將虛實性質區別清楚。

七、 預計項目調整

項目、交易日		現金基礎	應計基礎 （記實轉虛法）	聯合基礎 （記虛轉實法）
預收收入	收現日	現　金　　×× 　　○○收入　　××	現　金　　×× 　　預收○○　　××	現　金　　×× 　　○○收入　　××
	調整日	不做調整	預收○○　　×× 　　○○收入　　××	○○收入　　×× 　　預收○○　　××
預付費用	付現日	○○費用　×× 　　現　金　　××	預付○○　×× 　　現　金　　××	○○費用　　×× 　　現　金　　××
	調整日	不做調整	○○費用　　×× 　　預付○○　　××	預付○○　　×× 　　○○費用　　××
用品盤存	購買日	文具用品　×× 　　現　金　　××	用品盤存　　×× 　　現　金　　××	文具用品　×× 　　現　金　　××
	調整日	不做調整	文具用品　　×× 　　用品盤存　　××	用品盤存　　×× 　　文具用品　　××

總結評量

知識 ▶▶ 理解 ▶▶ 應用

一、選擇題

7-1 (　　) 1. 期末修正帳載金額之分錄為　(A)開業分錄　(B)調整分錄　(C)迴轉分錄　(D)結帳分錄。

7-2 (　　) 2. 我國商業會計法規定，會計記帳基礎應採用　(A)權責發生制　(B)現金收付制　(C)聯合基礎　(D)混合基礎。

(　　) 3. 記帳基礎是決定　(A)資產與負債應歸屬於哪一報導期間的標準　(B)收益與費損應歸屬於哪一報導期間的標準　(C)現金收付應歸屬於哪一報導期間的標準　(D)何項應記入借方或貸方的標準。

(　　) 4. 下列有關現金基礎之敘述，何者正確？　(A)產生權利或義務時，立即認列收益或費損　(B)在支付現金時才予以認列費用　(C)期末須作調整分錄　(D)能允當表達當年損益。

(　　) 5. 本公司7/31為客戶車輛提供維修服務，客戶於8/1取車並於8/5郵寄支票給公司，8/6 收到此支票，本公司應於何時認列收入？　(A)7/31　(B)8/1　(C)8/5　(D)8/6。

(　　) 6. 下列有關權責發生基礎的敘述，何者有誤？　(A)已經提供服務給客戶後，即可認列服務收入　(B)權責發生基礎下衡量的淨利，費損應該與相關的收益認列在同一個會計期間　(C)收入於收現時認列，費用於付現時認列　(D)期末調整後，聯合基礎與應計基礎帳戶餘額結果相同。

(　　) 7. 會使損益結果不正確的記帳基礎為　(A)應計基礎　(B)權責發生制　(C)聯合制　(D)現金收付制。

(　　) 8. 應計基礎下之淨利小於現金基礎下之淨利，可能原因為　(A)償還賒欠貨款　(B)賒購辦公用品　(C)現購一筆土地　(D)提供服務尚未收款。

(　　) 9. 若商店採現金基礎，則未耗用文具用品的期末調整分錄應借記　(A)用品盤存　(B)文具用品　(C)現金　(D)不作分錄。

(　　) 10.無論現金已否收付，只要有責任或權利之事實發生，便要記帳者為　(A)現金收付制　(B)混合制　(C)權責發生制　(D)聯合制。

7-3 (　　) 11.某企業每月10日發放上月薪資，若期末漏未調整，將使　(A)資產低估　(B)負債低估　(C)費損高估　(D)淨利低估。

(　　) 12.本年10月1日簽發十個月期票$24,000，年息一分二厘，年終應付利息為　(A)$720　(B)$1,200　(C)$2,480　(D)$2,880。

(   ) 13.在應計基礎下，購入時列入用品盤存，年底漏未調整已耗用文具用品，會使 (A)資產虛減 (B)淨利虛減 (C)費損虛增 (D)淨利虛增。

7-4 (   ) 14.預先收到利息，以負債項目入帳，此種記帳方法為 (A)記虛轉實 (B)記實轉虛 (C)虛虛實實 (D)混合制。

(   ) 15.設調整前預付租金借餘$6,000，調整後借餘$2,000，則調整分錄應為下列何者？ (A)借：租金支出$2,000 (B)借：預付租金$2,000 (C)借：租金支出$4,000 (D)借：預付租金$4,000。

(   ) 16.房租支出帳戶內計有$28,000，其中屬於本期負擔者佔 $\frac{3}{7}$，則調整時預付租金之金額為 (A)$12,000 (B)$10,000 (C)$18,000 (D)$16,000。

(   ) 17.下列何者為先虛後實法下應作之調整分錄？ (A)借：保險費，貸：預付保險費 (B)借：用品盤存，貸：文具用品 (C)借：預收房租，貸：房租收入 (D)借：佣金收入，貸：應收佣金。

(   ) 18.已知用品盤存帳戶借方餘額$20,000，其中五分之一未耗用，則期末調整 (A)借：文具用品$16,000，貸：用品盤存$16,000 (B)借：用品盤存$4,000，貸：文具用品$4,000 (C)借：用品盤存$16,000，貸：文具用品16,000 (D)借：文具用品$4,000，貸：用品盤存$4,000。

(   ) 19.下列何者非混合帳戶？ (A)用品盤存 (B)預收佣金 (C)應付薪資 (D)預付房租。

二、綜合應用

1. 【會計基礎】下列為杉林溪公司本年度發生之交易，試分別以現金基礎、應計基礎及聯合基礎，計算該公司本年度認列收益之金額？

會計項目 會計基礎	現金基礎	應計基礎	聯合基礎
(1) 現銷商品$20,000，賒銷商品$30,000（至年底尚未收款）。			
(2) 本年10/1簽約並預收一年房租，共收現金$12,000。			
(3) 年底尚有一筆應收利息$5,000，預計明年初可以收現。			
本年度收益合計			

2. 【會計基礎】試以現金基礎及應計基礎，分別計算本期收入與本期費用總金額：

    (1) 已付現之費用$9,000，其中 $\frac{2}{5}$ 為預付性質。

    (2) 已收現之收入$10,000，其中 $\frac{3}{4}$ 為預收性質。

    (3) 應付費用計有$2,000。

    (4) 應收收益計有$4,000。

	現金基礎	應計基礎
本期收益		
本期費損		

3. 【應計項目調整】南港商店03/12/1向荷蘭銀行信用借款$120,000，言明月息1分，本息三個月到期一併歸還。試作南港商店相關分錄：

南港商店
03/12/1借入款
03/12/31調整
04/3/1到期還本息

4. 【應計與預計項目調整】試為下列事項作年底必要之調整分錄：

(1) 應收未收佣金$2,000。

(2) 本年10月1日收到6個月到期之附息票據乙紙$60,000，年息四厘。

(3) 應付未付電話費$3,000。

(4) 本年4/1向銀行長期借款$100,000，約定借款利率 6%，每半年付息一次。

(5) 本年底預收租金餘額$96,000，其中3/4已過期。

(6) 本年8/1支付半年期廣告費$120,000，採先虛後實法。

(7) 本年9/1支付一年期保險費$36,000，當時借記預付保險費。

(8) 年初帳列用品盤存$1,000，本年另購文具紙張$3,000，當時借記文具用品，期末盤點，文具用品尚未耗用部分有$200。

(1)	(2)

(3)	(4)

(5)	(6)

(7)	(8)

調整（二）

學習目標

研讀本章內容後，同學們應該能夠回答下列問題：

1. 估計項目調整包含哪些？
2. 何謂呆帳？直接沖銷法與備抵法哪種較符合配合原則？
3. 採應收帳款餘額百分比法時，呆帳（預期信用減損）金額如何估算？
4. 期末預估呆帳（預期信用減損）的調整分錄為何？實際發生呆帳時，如何沖銷呆帳？
5. 折舊的意義為何？折舊公式為何？調整分錄為何？
6. 無形資產成本需要攤銷嗎？如何攤銷？
7. 存貨的盤存制度有哪兩種？不同盤存制下各有何種調整分錄？
8. 回轉分錄何時進行？哪些項目次期初可作回轉？
9. 工作底稿為正式報表嗎？編製的步驟為何？

本章課文架構

```
                        調整(二)
    ┌───────────┬───────────┼───────────┬───────────┐
```

估計項目調整	存貨調整	回轉分錄	工作底稿
▶ 呆帳之調整 ▶ 折舊之調整 ▶ 攤銷之調整	▶ 存貨之意義 ▶ 定期盤存制 ▶ 永續盤存制 ▶ 存貨之調整	▶ 回轉分錄意義 ▶ 可作回轉項目 ▶ 不可作回轉項目	▶ 工作底稿意義 ▶ 工作底稿編製方法

導讀　　本章延續第七章主題，繼續探討期末調整事項，包括估計項目的呆帳、折舊、攤銷調整與期末存貨的帳務處理等。至此，期末調整事項告一段落。

　　期末會計程序包括調整、結帳與編表等三大工作，內容繁雜且容易出錯，所以本章也介紹了工作底稿，期使讀者在編製工作底稿的同時，能充分了解期末會計程序之整體輪廓。

第一節　估計項目之調整

　　所謂估計項目，是指收益或費損已發生，但金額無法確定，期末必須加以估計認列者。至於估計金額，會計人員必須根據過去經驗及未來環境的變化趨勢，客觀地分析與推估。常見的估計項目調整包括呆帳、折舊、攤銷等資產減損項目。

一 呆帳（信用減損）之調整

(一) 呆帳的意義

　　現代商業行為中，信用交易頻繁，難免會發生被倒帳的情形。當債權資產（如應收帳款、應收票據），可能會因為債務人資金周轉不靈、倒閉或破產，使得全部或部分無法收回，此種無法收回的帳款，俗稱為「呆帳」或「壞帳」。而呆帳是客戶信用不良造成，該損失也會使債權資產價值減損，目前學術上已改稱為信用減損損失。

➡ 補充說明

目前《商業會計法》及《商業會計處理準則》相關條文仍使用「呆帳」一辭，實務界亦習慣以呆帳或壞帳稱之。

（二）呆帳認列時機及調整分錄

1. 認列時機

呆帳係因為賒銷所產生，那麼該何時認列呆帳呢？呆帳的認列時機及其帳務處理，理論上有「直接沖銷法」及「備抵法」兩種。目前《商業會計法》第45條規定：應收款項之衡量應以扣除估計之備抵呆帳為準，換句話說，我國企業每年底應採「備抵法」預估損失。

2. 採備抵法

所謂備抵法，是在銷貨收入發生當期就預估未來可能發生的呆帳損失，並設置「備抵損失」會計項目，抵減應收帳款、應收票據的帳面金額，而不直接沖銷應收帳款、應收票據。

賒銷商品與呆帳損失二者間具有因果關係。為了符合收益與費損配合原則（又稱費損認列原則），呆帳應於產生應收帳款的賒銷年度認列，而不是等實際發生帳款無法收回時認列，才能避免當期低估費損、高估淨利。

3. 預期信用減損之評估（調整）分錄

應收帳款、應收票據性質屬於金融資產，IFRS 9主張金融資產於期末時，採預期損失模式作信用風險評估，在考量未來發生違約之風險下，一方面按存續期間或按12個月預估信用減損損失金額，一方面衡量認列備抵損失，作為應收帳款的抵減項目，降低應收帳款帳面金額。期末預期信用減損之調整分錄如下：

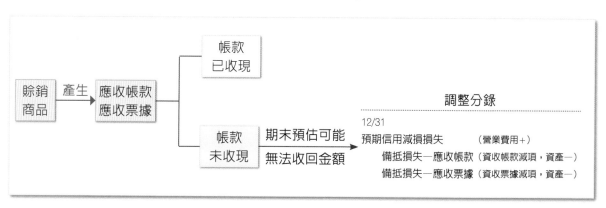

知識加油站 配合原則（費損認列原則）

　　係指營業成本及各項費損，應與所獲得營業收益在同一會計期間認列，以算出正確損益。

例題1

濁水溪商店創立於01年初。01年度賒銷$100,000，帳款至期末尚未收回。期末按帳款存續期間信用風險評估，預估02年後有$2,000無法收回，資產減損的風險顯著增加。試作相關分錄，並計算應收帳款期末帳面金額。

解

01年（賒銷時）	01年12月31日調整（當年底預估信用減損）
應收帳款　　　100,000 　　銷貨收入　　　　　100,000	12/31 　預期信用減損損失　　　2,000 　　備抵損失－應收帳款　　　　2,000

01/12/31應收帳款帳面金額＝應收帳款－備抵損失＝$100,000－$2,000＝$98,000

評論 01年銷貨當年度，即估計可能發生的呆帳金額，不能等02年以後發生呆帳才認列，以符合收益與費損配合原則（費損認列原則）。

(三) 資產負債表的表達方式

1. 以淨額表達

　　為能反映應收帳款真實的價值，應收帳款以淨額表達。「備抵損失-應收帳款」抵減應收帳款後的餘額，稱為應收帳款淨額，又稱應收帳款帳面金額。例如：某公司應收帳款帳戶餘額$100,000，備抵損失帳戶餘額$2,000，則該公司期末資產負債表之表達為：

資　產：
流動資產
應收帳款　　　　　　　　　　　　$98,000
　　　　　　　　　　　　　　　　↑
　　　　　　　　　應收帳款淨額（帳面金額）
　　　　　　　　　（$100,000–$2,000＝$98,000）

應收帳款
減：備抵損失-應收帳款
應收帳款帳面金額

IFRS 新知　IFRS9適用之規定

　　有關呆帳之調整，我國自107年開始採用國際財務報導準則第9號「金融工具」規定，金管會亦同步於106年9月將「證券發行人財務報告編製準則」及「一般行業會計項目及代碼表」的呆帳項目名稱配合修正公告。

原會計項目 ⟶	修正會計項目	修正說明
備抵呆帳－應收帳款	備抵損失－應收帳款	配合編制準則，酌修文字
呆帳損失	預期信用減損損失	配合106.6.28修正編制準則新增之項目。
壞帳轉回利益、呆帳迴轉利益、減損迴轉利益	預期信用減損利益	配合IFRS9，自107.1.1開始適用。

(四) 呆帳（信用減損）金額之估計方法

　　呆帳金額的估計方法，主要以期末應收帳款餘額，乘以可能發生的呆帳率（預期信用損失率），來預估期末備抵損失應有餘額，再與調整前備抵損失餘額相比較，不足的差額就是應補提呆帳數，故又稱差額補足法，簡稱補提法。由於此法強調備抵損失提列目的，使應收帳款資產得以合理評價，故稱資產負債表法。此法可以T字帳輔助說明如下：

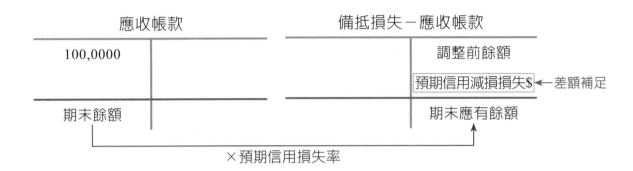

資產負債表法按其估計基礎不同，應有備抵金額可再分為帳款餘額固定百分比法（單一呆帳率）及帳齡分析法（準備矩陣）兩種計算方法：

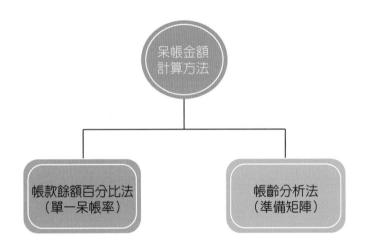

1. **帳款餘額百分比法－單一呆帳率（單一預期信用減損率）**

此法為簡化法的評估方式，計算步驟如下：

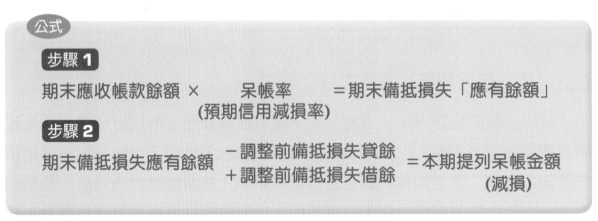

➡ 補充說明：若調整前備抵損失貸餘超過調整後應有貸餘，表示往年提列過多，應沖回多提部分，借記「備抵損失」，並貸記「預期信用減損利益」，列入當期營業外收益。

例題2

集集鐵道公司01年底應收帳款餘額$150,000，呆帳率（預期信用減損率）估計為應收帳款餘額2%。試依預期信用減損模式處理，作下列情況下之期末調整分錄，並計算期末應收帳款帳面金額。

情況A：調整前備抵損失餘額為貸餘$500；

情況B：調整前備抵損失餘額為借餘$100；

情況C：調整前備抵損失餘額為貸餘$3,600。

解

(1) 預計呆帳

(情況A) 調整前備抵損失貸餘為$500時	(情況B) 調整前備抵損失借餘為$100時
● 步驟1 備抵損失應有餘額 ＝$150,000×2% ＝$3,000	● 步驟1 備抵損失應有餘額 ＝$150,000×2% ＝$3,000
● 步驟2 補提差額＝$3,000－$500＝$2,500	● 步驟2 補提差額＝$3,000＋$100＝$3,100
● 調整分錄 ① 預提呆帳 12/31 預期信用減損損失　　2,500 　　　備抵損失－應收帳款　　2,500	● 調整分錄 12/31 預期信用減損損失　　3,100 　　　備抵損失－應收帳款　　3,100

情況A

備抵損失－應收帳款

	調整前　$500
	調整　　2,500 →補提額
	調整後　$3,000 →期末餘額

情況B

備抵損失－應收帳款

調整前　$100	調整　　$3,100 →補提額
	調整後　$3,000 →期末餘額

會計概論

┌─────────────────────────────┐
│   (情況C)   │
│ 調整前備抵損失貸餘為$3600時 │
├─────────────────────────────┤
│ ● 步驟1   │
│   備抵損失應有餘額＝$150,000×2% │
│   ＝$3,000   │
│   │
│ ● 步驟2   │
│   補提差額＝$3,000－$3,600＝$600 │
│   │
│ ● 調整分錄   │
│   12/31 備抵損失－應收帳款 600 │
│   預期信用減損利益   600 │
│   │
│   備抵損失－應收帳款   │
│ ┌──────────┬──────────────┐ │
│ │調整 600 │調整前 $3,600│ │
│ │   ├──────────────┤ │
│ │   │調整後 $3,000│→期末餘額│
│ └──────────┴──────────────┘ │
└─────────────────────────────┘

01/12/31

三種情況下帳面金額均相同。

期末應收帳款帳面金額
＝應收帳款－備抵損失
＝$150,000－$3,000＝$147,000

腦力激盪…

1. 巧連智公司110年底應收帳款餘額$400,000，呆帳率2%。試依下列情況作期末調整分錄，並計算期末應收帳款帳面金額（採IFRS9的預期信用減損模式評估）。

   情況1：調整前備抵損失為貸餘$5,000；

   情況2：調整前備抵損失為貸餘$9,000；

   情況3：調整前備抵損失為借餘$2,000。

2. 帳款餘額百分比法-準備矩陣（帳齡分析法）

備抵損失衡量，IFRS9主張可使用準備矩陣（Provision Matrix）計算應收帳款之預期信用損失。此乃依據應收帳款過期天數訂定不同準備率，計算應收帳款的減損損失，原理同帳齡分析法（帳款逾期越久，帳齡越高，呆帳發生機率越高）。其計算步驟如下：

公式

步驟1

期末備抵損失應有餘額 = Σ(各組期末應收帳款餘額 × 各組預估減損率)

步驟2

提列期末信用減損損失金額＝期末備抵損失應有餘額　－調整前備抵損失貸餘　＋調整前備抵損失借餘

例題3

杉林溪公司08年底持有一新台幣300,000元之應收帳款組合，調整前備抵損失貸餘500元。該公司使用準備矩陣判定該組合之預期信用損失。準備矩陣係以於應收帳款存續期間所觀察之歷史違約率為基礎，並就未來性估計予以調整。該公司預測未來一年之經濟狀況將惡化，並估計下列準備矩陣：

解

帳齡	存續期間 預期信用損失率	應收帳款金額	備抵損失
未逾期	0.3%	$150,000	$450
逾期1-30天	1.8%	75,000	1,350
逾期30-60天	3.8%	40,000	1,520
逾期60-90天	6.8%	25,000	1,700
逾期超過90天	10.8%	10,000	1,080
總計		$300,000	$6,100

(1) 08年底應補提之預期信用減損損失 ＝ $6,100 － $500 ＝ $5,600

故期末之調整分錄：

12/31　預期信用減損損失　　　　　5,600

　　　　備抵損失－應收帳款　　　　　5,600

(2) 應收帳款帳面金額 ＝ 應收帳款 － 備抵損失 ＝ $300,000 － $6,100 ＝ $293,900

腦力激盪…

2. 棲蘭公司採準備矩陣判定該應收帳款之預期信用損失率，年底有關資料如下：

(1) 帳款未過期部分計$300,000，預期信用損失率1%

(2) 帳款過期六個月內計$200,000，預期信用損失率3%

(3) 帳款過期六個月以上計$100,000，預期信用損失率5%

若調整前備抵損失借餘$800，試作該公司年底預期信用減損之認列分錄。

（五）其他與呆帳有關的會計處理

1. **實際發生呆帳時**：當債權人因為倒閉、逃匿、破產或其他原因，而確定帳款無法收回時，應將預提的「備抵損失」與該筆「應收帳款」互相沖銷。呆帳沖銷分錄如下：

   備抵損失－應收帳款　　×××　　　　　（資產＋）⎤　資產一增一減，
   　　應收帳款　　　　　　　　×××　（資產－）⎦　故此分錄結果，
   　　　　　　　　　　　　　　　　　　　　　　　　資產總額不變。

2. **已沖銷呆帳的帳款，再度收回時**：應收帳款沖銷一段時間後，若客戶經濟情況好轉，恢復償債能力而償還一部分或全部已轉銷的呆帳時，應先將原沖銷分錄轉回，再作帳款收現的分錄。其分錄如下：

   ① 將原沖銷分錄轉回：
   　　應收帳款　　　　　　　　×××
   　　　　備抵損失－應收帳款　　　　×××
   ② 帳款收現：
   　　現　金　　　×××
   　　　　應收帳款　　　×××

例題4 ....

試作下列事項應有之分錄：

(1) 2月18日本公司業務部門證實，客戶王記商行宣告倒閉，其所欠貨款$90,000確定無法收回。

(2) 之後王記商行因第二代努力進行重整有成，重新開張恢復營業，當年10月25日歸還貨欠。

解

(1) 2/18確定無法收回時：
　　備抵損失－應收帳款　　　　90,000
　　　　應收帳款　　　　　　　　　90,000

(2) 10/25沖銷呆帳再收回時：

①應收帳款　　　　　　　　　　　90,000　　　　　②現　金　　　　90,000
　　備抵損失－應收損失　　　　90,000　　　　　　　應收帳款　　　90,000

腦力**激盪**···

3. 本公司期初應收帳款餘額$100,000，備抵損失貸餘$4,000。本年度中發生賒銷$500,000，帳款收回現金$380,000，某客戶破產宣告實際發生呆帳$9,000，已沖銷呆帳的帳款又收回$6,000。本公司多年來一直採用帳款餘額百分比法提列呆帳，今年估計信用減損率與去年相同。試計算信用減損率並作相關分錄：

(1) 信用減損率＝

(2) 相關分錄：

① 發生賒銷時	② 帳款收現時
③ 實際發生呆帳時	④ 已沖銷呆帳再收回
⑤ 期末調整時	

法規報你知 《營業事業所得稅查核準則》第**94**條相關規定

＊提列備抵損失，以應收帳款及應收票據為限，不包括已貼現之票據。

＊備抵損失餘額，最高不得超過應收帳款及應收票據餘額之百分之一。但營利事業依法得列報實際發生呆帳之比率超過百分之一者，得在其以前三個年度依法得列報實際發生呆帳之比率平均數限度內估列之。

例題5

欣欣公司01年期末應收帳款餘額$700,000，應收票據餘額$300,000，調整前「備抵損失－應收帳款」貸餘$3,000，「備抵損失－應收票據」貸餘$2,000，試依我國《稅法》規定之最高呆帳率作期末提列呆帳分錄。

解

預期信用減損損失	5,000	
備抵損失－應收帳款		4,000
備抵損失－應收票據		1,000

➡ 說明：我國稅法規定之最高呆帳率為1%，故
「備抵損失－應收帳款」補提金額＝$700,000×1%－$3,000＝$4,000
「備抵損失－應收票據」補提金額＝$300,000×1%－$2,000＝$1,000

折舊之調整

(一) 折舊的意義

除土地可以永久使用外，「不動產、廠房及設備」（如建築物、汽車、機器、辦公設備）皆有其使用年限，會隨著時間的經過逐漸過時或損壞，經濟價值逐年遞減，最後報廢。這種逐漸耗損降低的經濟效益，應該逐年由資產轉為費用。

此種將不動產、廠房及設備成本以合理有系統的方法，分攤於各使用期間的程序稱為「折舊」（depreciation）。而每一年「不動產、廠房及設備」分攤的成本，稱為當年的「折舊費用」，簡稱「折舊」。

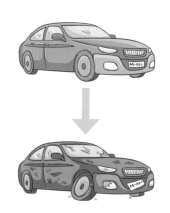

》圖8-1 不動產、廠房及設備會隨著使用而耗損，價值也隨之遞減。

(二) 影響計算折舊的三要素

折舊目的在使「不動產、廠房及設備」的成本，合理分攤於使用期間。因此，影響折舊計算的因素共有資產成本、殘值及耐用年限等三項：

1. <u>成本</u>：包括資產取得及達到可使用狀態的一切合理必要支出。換句話說，資產成本＝購價＋附加成本（如運費、保險、安裝、試車、稅捐等支出。）

2. <u>估計殘值</u>：指預期資產不堪使用時，其變賣所能收回之現金。

3. <u>估計耐用年限</u>：指預期資產可使用的年數。

計算折舊的方法很多，一般企業最常用的是「直線法」（又稱平均法），乃是將不動產、廠房及設備的成本，由使用各期間平均分攤。其公式如下：

公式

$$每年折舊額 = \frac{成本 - 估計殘值}{估計耐用年數}$$

例題6

溪頭渡假村最近購買了一部新車，花費成本$510,000，預估使用10年，車商估計10年後殘值為$10,000。試問：這部車子每年折舊多少金額？

解

依照直線法公式，每年折舊額 $= \dfrac{\$510,000 - \$10,000}{10} = \$50,000$

(三) 折舊的調整分錄

12/31　折　舊　　　　　　　×××　　　　（營業費用項目）

　　　　累計折舊－××資產　　　×××　　（不動產、廠房及設備之
　　　　　　　　　　　　　　　　　　　　　　抵減項目、評價項目）

期末調整時，借記「折舊」，表示當期應分攤的成本；貸記「累計折舊」，表示該不動產、廠房及設備價值減損。之所以不直接貸記「××資產」，而以資產抵減項目「累計折舊」入帳，主要原因是一方面保留不動產、廠房及設備的歷史成本，一方面可了解已累計多少折舊金額。此外，由調整分錄得知，若漏提折舊，將會使當期費用少計，淨利多計，資產多計。

例題7

<u>北海岸公司</u>01年1月1日購入機器設備乙套，買價$90,000，另付安裝費$20,000，估計可使用4年，4年後殘值為$10,000，採直線法折舊。試作：

(1) 取得設備之分錄

(2) 01年底折舊分錄

(3) 計算各年之折舊、累計折舊及帳面金額

(4) 列示02年底財務報表相關帳戶之表達

解

機器設備成本＝$90,000＋$20,000＝$110,000

每年折舊＝($110,000－$10,000)÷4＝$25,000

(1) 01/1/1取得設備之分錄

| 機器設備成本 | 110,000 | |
| 　現　金 | | 110,000 |

(2) 01/12/31調整分錄：

| 折　舊 | 25,000 | |
| 　累計折舊－機器設備 | | 25,000 |

(3) 每年折舊、累計折舊及帳面金額，茲以折舊計算表列示如表8-1：

》表8-1 折舊計算表

時間	借：折舊	貸：累計折舊	累計折舊餘額	帳面金額 (成本－累計折舊)
01/1/1	－	－	$0	$110,000
01/12/31	$25,000	$25,000	$25,000	85,000
02/12/31	25,000	25,000	50,000	60,000
03/12/31	25,000	25,000	75,000	35,000
04/12/31	25,000	25,000	100,000	殘值 10,000

帳面金額逐年遞減

(4) 財務報表之表達

綜合損益表（部分） 02年度
：
營業費用：
折　舊　　　$25,000
：

資產負債表（部分） 02年12月31日
：
不動產、廠房及設備：
機器設備成本　　　　　　　$110,000
減：累計折舊－機器設備 (50,000)　$60,000

↑
帳面金額

➡ 說明：財務報表一般多以扣除減項後之帳面金額表達。

腦力激盪…

4. 110年1月1日購入機器乙部，買價$150,000，另付運費$9,000、安裝測試費$11,000，估計該機器可使用3年，殘值$20,000，採平均（直線）法提列折舊。

試作：

(1) 每年底折舊調整分錄：

　　12/31　借：_____

　　　　　　貸：_____

(2) 計算各年底機器之帳面金額：

	110年底	111年底	112年底
機器設備成本	(　　　)	(　　　)	(　　　)
減：累計折舊－機器設備	(　　　)	(　　　)	(　　　)
帳面金額	(　　　)	(　　　)	(　　　)

法規報你知 《所得稅法》相關規定

＊第51條：不動產、廠房及設備之折舊方法，以採用平均法、定率遞減法或工作時間法為準則；未經申請者，視為採用平均法。

＊第54條：採平均法折舊者，殘值等於最後一年折舊。

$$殘值 = \frac{成本}{耐用年限＋1}$$

(四)期中購入不動產、廠房及設備之折舊提列

　　實務上，不動產、廠房及設備較少剛好在年初買入，多數在年中購買，此時購買當年度的使用期間將不滿一年，折舊金額應該以實際使用「月數」計算，使用半個月以上者以一個月計，未達半個月者不予計入。

例題8

竹科公司08/7/9購買辦公室用冷氣機一台，買價$730,000，安裝費$30,000，運送途中超速罰款$2,000，估計耐用6年，殘值$40,000。試作：08年及09年底之調整分錄。

解

08及09年底調整分錄：

08/12/31		09/12/31	
折　舊　　　　　60,000		折　舊　　　　　120,000	
累計折舊－辦公設備　　60,000		累計折舊－辦公設備　　120,000	

➡ ① 辦公設備成本＝$730,000＋$30,000＝$760,000
　　運送途中的超速罰款$2,000，非合理必要支出，不計入成本。

② 每年折舊額＝（$760,000－$40,000）÷6＝$120,000

③ 該冷氣機於7月15日前買入，該月份須折舊。

　　故08年(7~12月)折舊額＝$120,000 $\times \dfrac{6}{12}$（年）＝$60,000

④ 09年冷氣機使用整個年度，故09年折舊額為$120,000。

5. 本公司01年期中陸續購置下列三項不動產、廠房及設備,試採直線法作01年底提列折舊之分錄:

不動產、廠房及設備		01年提列折舊分錄
1/8	購入土地一筆,成本$400,000。	
6/4	購入貨車,成本$300,000,耐用年限20年,估計殘值$60,000。	
9/21	購入辦公設備,成本$72,000,耐用年限10年,無殘值。	

三 攤銷之調整

(一) 攤銷的意義

　　無形資產與不動產、廠房及設備一樣,皆有其效益年限,也必須做成本分攤,將無形資產成本逐年轉為費用。故所謂攤銷,係指將有限耐用年限無形資產的可攤銷金額,於其耐用年限合理有系統分攤為費用的程序。常見的無形資產有電腦軟體、專利權、著作權、商標權、特許權、商譽等。

(二) 攤銷的會計處理

　　無形資產按照使用年限區分,可分為「有限耐用年限」和「非確定耐用年限」兩類。

1. 有限耐用年限的無形資產

　　有限耐用年限的無形資產,如專利權、著作權、特許權等,其成本應該合理有系統的在估計耐用年限內攤銷。

(1)可攤銷金額：係指無形資產成本減除殘值後之餘額；但有耐用年限的無形資產，殘值一般視為「零」。

(2)耐用年限：**無形資產的耐用年限，可能同時受經濟因素及法令因素影響**，一般以合約或法定期間（法定年限），與企業預期使用資產之期間（經濟效益年限），選擇其中年限「較短」者為攤銷年限。

(3)攤銷方法：採直線法，並設置「累計攤銷」抵減項目入帳。

$$每年攤銷額 = \frac{成本 - 估計殘值（通常為0）}{估計耐用年限}$$

(4)攤銷分錄：

各項攤提	×××	（營業費用項目）
累計攤銷－××資產	×××	（無形資產抵減項目）

(5)資產負債表表達方式（以專利權為例）：

專利權	×××		
減：累計攤銷－專利權	(×××)	×××	……帳面金額＝成本－累計攤銷

IFRS 新知　無形資產在資產負債表之表達方式

國際會計準則（IFRSs）規定對於無形資產僅顯示淨額，其抵減項目－累計攤銷不再顯示。

例題9

花東名產店01/10/1開始營業,並以現金購得$200,000一項專利權,此項專利權法定年限10年,預估經濟效益年限5年。試作:01年度相關分錄及年底財務報表之表達。

解

(1) 01/10/1　購買專利權:

專利權	200,000	
現　金		200,000

(2) 01/12/31　攤銷調整分錄:

各項攤提	10,000	
累計攤銷－專利權		10,000

➡ 計算:法定保護年限10年,但估計效益年限為5年,兩者選較短的5年為耐用年限。

每年攤銷額=($200,000－$0)÷5=$40,000(殘值為$0)

01年攤銷額(10/1~12/31)=$40,000 × $\frac{3}{12}$=$ 10,000

(3) 財務報表之表達:

綜合損益表(部分) 02年度
：
營業費用:
各項攤提　　$10,000
：

資產負債表(部分) 02年12月31日
：
無形資產:
專利權　　　　　　　$190,000 ← 帳面金額 　　　　　　　　　　　　　　　　　($200,000－$10,000)

2. 非確定耐用年限

有些無形資產並無合約或法律授權,所以沒有合約年限或法定年限。例如商標權,依照商標法可持續申請展延,故屬於非確定耐用年限之無形資產,其成本不需攤銷,但須每年底定期進行減損測試。

 腦力**激盪**…

6. 裘琳唱片公司於108/3/2花費$240,000購得某項音樂著作權,著作權法賦予著作財產權50年,但該音樂製成唱片後估計僅可暢銷4年,之後將無人問津。試作:

(1) 108年底攤銷調整分錄

(2) 計算110年底著作權帳面金額

一、是非題

( ) 1. 年終提列之呆帳與折舊均為估計數，不一定與實際金額相同。

( ) 2. 實際發生呆帳時，沖銷分錄為借：備抵損失，貸：應收帳款。

( ) 3. 所有不動產、廠房及設備期末均須提列折舊。

( ) 4. 漏提折舊，將使資產負債表與綜合損益表失真。

二、選擇題

( ) 1. 直線法每年攤提的折舊額　(A)逐年遞增　(B)逐年遞減　(C)各年相等　(D)不一定。

( ) 2. 無形資產成本分攤的程序稱為　(A)折舊　(B)攤銷　(C)折耗　(D)呆帳。

三、填充題

1. 已知108年初購買設備一部，估計耐用10年，殘值$20,000，111年底調整前帳列累計折舊$66,000，則其原始成本若干？_____，每年折舊額為$_____。

2. 9月1日取得一項專利權，共支付$90,000，估計經濟效益年限5年，法定年限10年，則當年底調整分錄為借：_____　貸：_____。

3. 本年發生之銷貨淨額$300,000，年底應收帳款餘額$150,000，調整前備抵損失貸餘$2,500，估計信用減損率3%。試以下列IFRS 9規定作信用減損調整分錄，列示分類帳並計算調整後應收帳款帳面金額。

帳款餘額百分比法
①調整分錄：
備抵損失－應收帳款
調整前 $
調整　 $
調整後 $
②應收帳款帳面金額＝

第二節 存貨之調整

一 存貨的意義

就買賣業而言，存貨是指尚未出售的商品。為了維持正常的營運，商店經常保有一定的庫存，報導期間一開始所擁有的庫存商品，稱為「期初存貨」，報導期間結束未出售的商品，稱為「期末存貨」。因此，本期期末存貨就是下期的期初存貨。

二 存貨的盤存制度

有關存貨的購入、出售及結存等各項交易的會計處理制度，可分為定期盤存制及永續盤存制兩種：

(一) 定期盤存制（實地盤存制）

「定期盤存」顧名思義是每隔一定期間進行存貨盤點，又稱實地盤存制。平時不設存貨明細帳，商品進出也不做存貨變動的記錄，故期末必須重新盤點計算實際存貨，做分錄將存貨帳戶調整為期末餘額，才能進一步得知銷貨成本。本書釋例中若未指明，均視為定期盤存制。

> 同學應熟背此公式，很重要！

公式

1. 進貨＋進貨費用－進貨退出－進貨折讓＝進貨淨額

2. 期初存貨＋進貨淨額＝可供銷售商品總額

3. 可供銷售商品總額－期末存貨＝銷貨成本

上列式子常合併成一個「銷貨成本公式」：

→ 銷貨成本＝期初存貨＋進貨淨額－期末存貨

例題10

某汽車進口商每一輛跑車成本為100萬元。該進口商去年底未賣出的跑車有2輛，今年新進口跑車共4輛，年底盤點庫存剩1輛未賣出。則該進口商今年度可供銷售商品總額、期末存貨及銷貨成本各為多少金額？

解

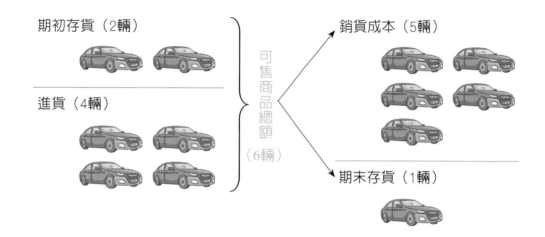

(1) 可供銷售商品總額＝期初存貨＋進貨淨額＝200萬元＋400萬元＝600萬元

(2) 期末存貨＝1輛×100萬元＝100萬元

(3) 銷貨成本＝可供銷售商品總額－期末存貨＝600萬元－100萬元＝500萬元

腦力激盪···

7. 本年度進貨$500,000，進貨退出$20,000，進貨運費$6,000，銷貨運費$8,000。已知今年年初存貨為$40,000，年底存貨為$80,000，試計算本年度之：

(1) 進貨淨額＝

(2) 可售商品總額＝

(3) 銷貨成本＝

（二）永續盤存制（帳面盤存制）

　　採永續盤存制度時，須設置存貨明細帳，平時均詳細記載商品的進、出與結存，又稱為帳面盤存制。購入時記錄「存貨」增加，出售時記錄「存貨」減少及銷貨成本增加，因此，期末不必經由盤點，便可直接從帳上得知存貨的期末餘額。

例題11

試依下列會計事項做相關分錄。

日期	會計事項	分錄	
		定期盤存制	永續盤存制
11/12	現購商品10件 成本@$100	進　貨　　　1,000　　現　金　　　1,000	存　貨　　　1,000　　現　金　　　1,000
12/28	賒銷商品8件 售價@$200	應收帳款　　1,600　　銷貨收入　　1,600	應收帳款　　1,600　　銷貨收入　　1,600　銷貨成本　　　800　　存　貨　　　　800　➡ 說明：售出商品，倉庫存貨減少，要貸記存貨，銷貨成本增加。

三 存貨的調整

（一）採實地盤存制時

　　在實地盤存制下，存貨帳戶不隨商品進出而變動，維持在期初存貨的金額，期末必須將存貨帳戶修正為經實地盤點所得的正確期末存貨金額，此屬會計循環中的結帳。其帳務處理方法有二：

1. 銷貨成本法（以「銷貨成本」帳戶為中心之結轉）

　　此法設置「銷貨成本」帳戶為結轉中心，將期初存貨與進貨相關帳戶轉入「銷貨成本」，將期末存貨由「銷貨成本」帳戶轉出。

2. **本期損益法**（以「本期損益」帳戶為中心之結轉）

在銷貨成本法下，相關帳戶經調整轉入「銷貨成本」帳戶後，結帳時仍須再將「銷貨成本」餘額轉入「本期損益」帳戶。為了簡化帳務處理，可待結帳程序再將存貨直接轉入「本期損益」帳戶。存貨若結轉本期損益法，視為結帳程序。

項目	銷貨成本法	本期損益法
(1) 期初存貨轉入	銷貨成本　　　××× 　　存貨（期初）　××	本期損益　　　××× 　　存貨（期初）　×××
(2) 進貨相關帳戶轉入	進貨退出　　　××× 進貨折讓　　　××× 銷貨成本　　　××× 　　進　貨　　　××× 　　進貨費用　　××	進貨退出　　　××× 進貨折讓　　　××× 本期損益　　　××× 　　進　貨　　　××× 　　進貨費用　　×××
(3) 期末存貨轉出	存貨（期末）　××× 　　銷貨成本　　××	存貨（期末）　××× 　　本期損益　　×××

➡ 上列分錄亦可合併之。

例題12

若期初存貨$200,000，本期進貨$400,000，期末存貨$100,000，試依銷貨成本法及本期損益法作期末應有分錄。

解

	(1) 銷貨成本法		(2) 本期損益法	
12/31	銷貨成本 　　存貨（期初）	200,000 　　　200,000	本期損益 　　存貨（期初）	200,000 　　　200,000
12/31	銷貨成本 　　進　貨	400,000 　　　400,000	本期損益 　　進　貨	400,000 　　　400,000
12/31	存貨（期末） 　　銷貨成本	100,000 　　　100,000	存貨（期末） 　　本期損益	100,000 　　　100,000

亦可將上列各項分錄，合併成一個分錄如下：

(1) 銷貨成本法			(2) 本期損益法		
12/31 存貨（期末）	100,000		12/31 存貨（期末）	100,000	
銷貨成本	500,000		本期損益	500,000	
存貨（期初）		200,000	存貨（期初）		200,000
進　貨		400,000	進　貨		400,000

8. 本年度期初存貨$2,500，期末存貨$5,000，進貨$22,500，進貨費用$500。試以銷貨成本法及本期損益法作期末應有分錄。

銷貨成本法	本期損益法

(二) 採永續盤存制時

雖然永續盤存制設有存貨明細帳，可查得期末存貨餘額，但為加強內部控制管理，每年至少應盤點一次。若帳上存量與實際庫存有出入時，應該作「存貨盤盈」或「存貨盤損」的調整分錄，將帳面金額調至實際庫存金額。

公式

實際存量＞帳面存量 ➡ 存貨盤盈（列為銷貨成本減項）

實際存量＜帳面存量 ➡ 存貨盤損（列為銷貨成本加項）

例題13

雅典公司採永續盤存制，帳上存貨數量600件，每件成本為$100，試依下列情況作調整分錄：(1) 期末盤點庫存610件；(2) 期末盤點庫存593件。

解

(1) 實際存量610件＞帳面存量600件 ➡ 存貨盤盈10件，共$1,000。

12/31 存　貨　　　1,000

　　　　 銷貨成本　　　1,000

(2) 實際存量593件＜帳面存量600件 ➡ 存貨盤損7件，共$700。

12/31 銷貨成本　　　700

　　　　 存　貨　　　　700

腦力激盪…

9. 本商店採永續盤存制，存貨明細帳顯示期末存貨數量為250件，每件成本$40，經實地盤點商品數量僅剩228件，試作調整分錄。

一、是非題

( ) 1. 本期期末存貨是由上期的期初存貨結轉而來。

( ) 2. 永續盤存制下，隨時可由存貨明細帳得知存貨結存數，年終不須再盤點存貨。

( ) 3. 實地盤存制下，銷貨成本金額乃透過期末調整分錄而得。

( ) 4. 已售出商品之成本，稱為銷貨成本。

( ) 5. 存貨屬流動資產，其高低估僅會影響資產負債表之正確性。

二、選擇題

( ) 1. 期初存貨多計，則　(A)銷貨成本少計　(B)本期淨利少計　(C)期末存貨多計　(D)負債少計。

( ) 2. 實際庫存大於帳面結存金額時，所做調整分錄應使帳上存貨　(A)減少　(B)增加　(C)不變。

三、填充題

1. 存貨盤存制有二：＿＿＿＿＿＿制及＿＿＿＿＿＿制。

2. 英台商店期初存貨$20,000，期末存貨$38,000，本年度進貨$190,000，進貨退出$22,000，進貨運費$6,000，則進貨淨額為$＿＿＿＿＿＿＿＿＿，銷貨成本為$＿＿＿＿＿＿＿＿。

3. 承上題，試以銷貨成本法與本期損益法作英台商店期末應有分錄（合併成一個分錄）：

銷貨成本法	本期損益法

4. 山伯商店採永續盤存制，存貨明細帳顯示期末存貨數量為300件，每件成本$500，但經盤點實際存量為305件，試作調整分錄。

第三節 回轉分錄

一 回轉分錄的意義與目的

所謂回轉分錄（迴轉分錄），係在本期期初將上期期末的調整分錄，予以借貸顛倒轉回，又稱為「轉回分錄」。目的在簡化會計工作，使平時帳務處理方法達一致性。

二 可作回轉分錄的調整項目

轉回分錄，並非必要之分錄，企業可視實際需要自行決定。可作回轉之調整項目有：

(一) 應計項目

　　1. 應收收益。

　　2. 應付費用。

(二) 採記虛轉實法（聯合基礎）之遞延項目

　　1. 預收收益。

　　2. 預付費用。

　　3. 用品盤存。

三 期初不可作回轉的調整項目

所有調整分錄並非每項皆可作回轉，下列調整項目若期初作回轉分錄，會計帳將產生錯誤。

　　1. 採記實轉虛法（應計基礎）之遞延項目。

　　2. 估計項目之呆帳、折舊、攤銷、折耗。

四 期初作回轉分錄與不作回轉分錄之比較

企業期初有作回轉分錄與不作回轉分錄，帳戶的最後餘額均相同。茲以例題14說明之。

例題14

三義木雕藝品店01年11月1日進貨簽發一年期本票乙紙$120,000，附年息10%，到期償還本息，試分別以期初作回轉與不作回轉作相關分錄。

解

交易日期	不作回轉	作回轉
01/11/1 簽發票據	進　貨　120,000 　應付票據　120,000	進　貨　120,000 　應付票據　120,000
01/12/31 調整	利息費用　2,000 　應付利息　2,000	利息費用　2,000 　應付利息　2,000
02/1/1 期初(回轉)	不作分錄	應付利息　2,000 　利息費用　2,000
02/11/1	應付票據　120,000 應付利息　2,000 利息費用　10,000 　現　金　132,000	應付票據　120,000 利息費用　12,000 　現　金　132,000
02/11/1 帳戶餘額	應付利息 11/1 2,000 | 1/1 2,000 　　(上期結轉) 利息費用 11/1 10,000	應付利息 1/1 2,000 | 1/1 2,000 　　(上期結轉) 利息費用 11/1 12,000 | 1/1 2,000 11/1 10,000

———— 帳戶餘額結果相同 ————

由上例可以證明，期初作回轉與不作回轉分錄，最後結果相同，當期「利息費用」均借餘$10,000。若期初有作回轉分錄，到期支付利息時，不必再查詢上期應付利息餘額，全部金額可直接以「利息費用」項目入帳，有利會計工作的簡化與一致性。

腦力激盪…

10. 08/12/1預付半年保險費$36,000，採記虛轉實法。試分別以期初作回轉與不作回轉兩種方式作相關分錄：

交易日期	作回轉		不作回轉	
08/12/1 支付保險費	保 險 費　　36,000 　　現　　金　　　　36,000		保 險 費　　36,000 　　現　　金　　　　36,000	
08/12/31 調整				
09/1/1 期初(回轉)				
09/6/1 契約到期				
09/6/1 帳戶餘額	預付保險費　　　保險費		預付保險費　　　保險費	

一、是非題

(　　) 1. 應計項目之調整分錄，於次期初可作回轉分錄。

(　　) 2. 為了帳務處理便利，期末所作各項調整分錄，次期初皆應轉回。

(　　) 3. 應付利息之期末調整分錄，次期初有作回轉或不作回轉，帳面最後結果相同。

二、選擇題

(　　) 1. 作回轉分錄的時間在　(A)調整前　(B)期末　(C)期中　(D)期初。

(　　) 2. 下列哪一項調整事項可作轉回分錄？　(A)預付租金採應計基礎處理者　(B)用品盤存調整已耗用部分　(C)應付利息之調整　(D)折舊之調整。

(　　) 3. 下列敘述，何者為真？　(A)期初回轉為必要之會計程序　(B)攤銷費用之調整，次期初可作回轉　(C)借：預付租金，貸：租金支出，可能為期初之回轉分錄　(D)期初作回轉可簡化帳務處理。

三、實作題

1. 試判斷下列各項調整分錄，次期期初可否做轉回？若可以，請寫出轉回分錄：

調整分錄	期初可否轉回	轉回分錄
(1) 應收佣金　　　　100 　　佣金收入　　　　100	可 □ 否 □	
(2) 折　舊　　　　　200 　　累計折舊－機器　200	可 □ 否 □	
(3) 用品盤存　　　　300 　　文具用品　　　　300	可 □ 否 □	
(4) 保險費　　　　　400 　　預付保險費　　　400	可 □ 否 □	
(5) 預期信用減損損失 500 　　備抵損失　　　　500	可 □ 否 □	

第四節　工作底稿

一　工作底稿的意義

期末會計程序包括調整、結帳及編製財務報表，工作內容繁雜，容易發生遺漏或錯誤。因此，會計人員常在正式進行調整程序前，先編製帳務處理的綜合性草稿，以利後續整個期末會計程序的順利進行，此種草稿稱為結算工作底稿，簡稱工作底稿。工作底稿通常不會提供給外部使用者看，不是必要的會計程序，亦非正式報表。

企業在編有工作底稿下，期末會計程序應修正如圖8-2：

>> 圖8-2　編有工作底稿時之修正會計程序

二　工作底稿的功能

期末編製工作底稿具有多項功能，茲列舉如下：

1. 可以減少重複、漏記或其他錯誤發生，順利進行調整及結帳工作。

2. 容易看出會計項目及調整分錄對財務報表的影響。

3. 不須等到完成結帳程序即可利用底稿數據先行編製報表，可及早瞭解財務狀況及經營績效，較具時效性。

4. 會計資料彙整完整有助於查帳與稽核，並能即早反應必要之帳務處理，適時修正。

三 工作底稿的格式

工作底稿為非正式報表，其格式可隨使用者的需求作彈性調整，一般格式有八欄式、十欄式、及十二欄式三種。十欄式工作底稿含調整前試算表、調整分錄、調整後試算表、綜合損益表及資產負債表等，各以單獨兩欄呈現；若將「調整後試算表」欄省略即為八欄式工作底稿，若加設「進銷」欄則成為十二欄式工作底稿。格式如下：

(一) 八欄式工作底稿

會計項目	試算表		調整分錄		綜合損益表		資產負債表	
	借方	貸方	借方	貸方	借方	貸方	借方	貸方
	❶	❷	❸	❹	❺	❻	❼	❽

(二) 十欄式工作底稿

會計項目	試算表		調整分錄		調整後試算表		綜合損益表		資產負債表	
	借方	貸方	借方	貸方	借方	貸方	借方	貸方	借方	貸方
	❶	❷	❸	❹	❺	❻	❼	❽	❾	❿

(三) 十二欄式工作底稿

會計項目	試算表		調整分錄		調整後試算表		進銷		綜合損益表		資產負債表	
	借方	貸方	借方	貸方	借方	貸方	借方	貸方	借方	貸方	借方	貸方
	❶	❷	❸	❹	❺	❻	❼	❽	❾	❿	⓫	⓬

四 工作底稿的編製

(一) 編製步驟

工作底稿以十欄式最多見，本書以十欄式為例說明。編製工作底稿時，首先須將表首書寫清楚，包括(1)企業名稱；(2)報表名稱；(3)報表所屬期間，其次分五個步驟依序完成表身內容。

步驟1	編製調整前試算表	將調整前各分類帳餘額，彙總列入試算表內，可以免除逐一翻閱分類帳戶查詢的麻煩。
步驟2	記入調整金額	在調整分錄欄內作調整。
步驟3	編製調整後試算表	將調整前各項目餘額加減調整金額，得出調整後各帳戶餘額。
步驟4	將調整後試算表金額整理至財務報表欄	將調整後試算表金額依類別，轉抄損益項目至綜合損益表欄、實帳戶至資產負債表欄。
步驟5	加總財務報表借貸欄、計算損益	綜合損益表欄的收益項目一般歸屬貸方欄，費損類項目歸屬借方欄，若貸方大於借方為淨利，兩欄差額以「本期淨利」表示；若借方大於貸方，則為「本期淨損」。淨利使權益增加，應記入資產負債表欄貸方；反之若發生淨損，應填入借方欄位。綜合損益表欄與資產負債表欄借貸方差額數，最後應該相等，若不相等表示發生錯誤。

(二) 編製釋例

工作底稿可採人工方式編製，也可採電腦編製電子工作底稿（例如用Excel試算表軟體），編製方式雖有不同，但編製結果應該相同。

茲以<u>微風藝品店</u>08年12月31日調整前試算表及應行調整事項為例，其存貨以「銷貨成本法」與「本期損益法」兩種不同帳務處理方式，分別完成十欄式工作底稿之編製：

<table>
<tr><td colspan="3" align="center">微風藝品店
調整前試算表
08年12月31日</td></tr>
<tr><th>會計項目</th><th>借方金額</th><th>貸方金額</th></tr>
<tr><td>現　金</td><td>$90,000</td><td></td></tr>
<tr><td>應收帳款</td><td>15,000</td><td></td></tr>
<tr><td>備抵損失－應收帳款</td><td></td><td>$100</td></tr>
<tr><td>存　貨</td><td>5,000</td><td></td></tr>
<tr><td>業主資本</td><td></td><td>240,400</td></tr>
<tr><td>辦公設備成本</td><td>200,000</td><td></td></tr>
<tr><td>應付票據</td><td></td><td>25,500</td></tr>
<tr><td>進　貨</td><td>190,000</td><td></td></tr>
<tr><td>進貨退出</td><td></td><td>15,000</td></tr>
<tr><td>銷貨收入</td><td></td><td>244,000</td></tr>
<tr><td>薪資支出</td><td>23,000</td><td></td></tr>
<tr><td>文具用品</td><td>2,000</td><td></td></tr>
<tr><td>合　計</td><td>$525,000</td><td>$525,000</td></tr>
</table>

期末應行調整事項：

1. 文具用品盤存$800。

2. 應付未付薪資$9,000。

3. 備抵損失依應收帳款餘額2%提列。

4. 今年初購置辦公設備，預估耐用年數10年，無殘值，採直線法折舊。

5. 實地盤點期末存貨為$6,000。

銷貨成本法

<table>
<tr><td colspan="11" align="center">微風藝品店
工作底稿
08 年 1 月 1 日至 12 月 31 日</td></tr>
<tr><td rowspan="2">會計項目</td><td colspan="2">調整前試算表</td><td colspan="2">調整分錄</td><td colspan="2">調整後試算表</td><td colspan="2">綜合損益表</td><td colspan="2">資產負債表</td></tr>
<tr><td>借方</td><td>貸方</td><td>借方</td><td>貸方</td><td>借方</td><td>貸方</td><td>借方</td><td>貸方</td><td>借方</td><td>貸方</td></tr>
<tr><td>現　　金</td><td>90,000</td><td></td><td></td><td></td><td>90,000</td><td></td><td></td><td></td><td>90,000</td><td></td></tr>
<tr><td>應收帳款</td><td>15,000</td><td></td><td></td><td></td><td>15,000</td><td></td><td></td><td></td><td>15,000</td><td></td></tr>
<tr><td>備抵損失－
應收帳款</td><td></td><td>100</td><td></td><td>❸200</td><td></td><td>300</td><td></td><td></td><td></td><td>300</td></tr>
<tr><td>存　　貨</td><td>5,000</td><td></td><td>❺6,000</td><td>❺5,000</td><td>6,000</td><td></td><td></td><td></td><td>6,000</td><td></td></tr>
<tr><td>業主資本</td><td></td><td>240,400</td><td></td><td></td><td></td><td>240,400</td><td></td><td></td><td></td><td>240,400</td></tr>
<tr><td>辦公設備
成本</td><td>200,000</td><td></td><td></td><td></td><td>200,000</td><td></td><td></td><td></td><td>200,000</td><td></td></tr>
<tr><td>應付票據</td><td></td><td>25,500</td><td></td><td></td><td></td><td>25,500</td><td></td><td></td><td></td><td>25,500</td></tr>
<tr><td>進　　貨</td><td>190,000</td><td></td><td></td><td>❺190,000</td><td></td><td></td><td></td><td></td><td></td><td></td></tr>
<tr><td>進貨退出</td><td></td><td>15,000</td><td>❺15,000</td><td></td><td></td><td></td><td></td><td></td><td></td><td></td></tr>
<tr><td>銷貨收入</td><td></td><td>244,000</td><td></td><td></td><td></td><td>244,000</td><td></td><td>244,000</td><td></td><td></td></tr>
<tr><td>薪資支出</td><td>23,000</td><td></td><td>❷9,000</td><td></td><td>32,000</td><td></td><td>32,000</td><td></td><td></td><td></td></tr>
<tr><td>文具用品</td><td>2,000</td><td></td><td></td><td>❶800</td><td>1,200</td><td></td><td>1,200</td><td></td><td></td><td></td></tr>
<tr><td>合　　計</td><td>525,000</td><td>525,000</td><td></td><td></td><td></td><td></td><td></td><td></td><td></td><td></td></tr>
<tr><td>用品盤存</td><td></td><td></td><td>❶800</td><td></td><td>800</td><td></td><td></td><td></td><td>800</td><td></td></tr>
<tr><td>應付薪資</td><td></td><td></td><td></td><td>❷9,000</td><td></td><td>9,000</td><td></td><td></td><td></td><td>9,000</td></tr>
<tr><td>預期信用
減損損失</td><td></td><td></td><td>❸200</td><td></td><td>200</td><td></td><td>200</td><td></td><td></td><td></td></tr>
<tr><td>折　　舊</td><td></td><td></td><td>❹20,000</td><td></td><td>20,000</td><td></td><td>20,000</td><td></td><td></td><td></td></tr>
<tr><td>累計折舊－
辦公設備</td><td></td><td></td><td></td><td>❹20,000</td><td></td><td>20,000</td><td></td><td></td><td></td><td>20,000</td></tr>
<tr><td>銷貨成本</td><td></td><td></td><td>❺174,000</td><td></td><td>174,000</td><td></td><td>174,000</td><td></td><td></td><td></td></tr>
<tr><td>本期淨利</td><td></td><td></td><td></td><td></td><td></td><td></td><td>16,600</td><td></td><td></td><td>16,600</td></tr>
<tr><td>合　　計</td><td></td><td></td><td>225,000</td><td>225,000</td><td>539,200</td><td>539,200</td><td>244,000</td><td>244,000</td><td>311,800</td><td>311,800</td></tr>
</table>

　　加總綜合損益表欄及資產負債表欄，將差額以本期淨利或淨損作為兩欄的平衡數，最後再合計各欄總額。若損益帳戶（虛帳戶）的貸方＞借方，為「本期淨利」；若借方＞貸方，則為「本期淨損」。另外，本期淨利將使權益增加，故列入資產負債表欄的貸方；若有淨損，則列入借方，可以紅色字體突顯其赤字。

本 期 損 益 法

會計項目	調整前試算表		調整分錄		調整後試算表		綜合損益表		資產負債表	
	借方	貸方	借方	貸方	借方	貸方	借方	貸方	借方	貸方
現　　金	90,000				90,000				90,000	
應收帳款	15,000				15,000				15,000	
備抵損失－應收帳款		100		③200		300				300
存　　貨	5,000				5,000		5,000	6,000	6,000	
業主資本		240,400				240,400				240,400
辦公設備成本	200,000				200,000				200,000	
應付票據		25,500				25,500				25,500
進　　貨	190,000				190,000		190,000			
進貨退出		15,000				15,000		15,000		
銷貨收入		244,000				244,000		244,000		
薪資支出	23,000		②9,000		32,000		32,000			
文具用品	2,000			①800	1,200		1,200			
合　　計	525,000	525,000								
用品盤存			①800		800				800	
應付薪資				②9,000		9,000				9,000
預期信用減損損失			③200		200		200			
折　　舊			④20,000		20,000		20,000			
累計折舊－辦公設備				④20,000		20,000				20,000
本期淨利							16,600			16,600
合　　計			30,000	30,000	554,200	554,200	265,000	265,000	311,800	311,800

1. 在本法下，存貨並不作調整分錄，留待結帳時再直接結轉「本期損益」帳戶：

　　本期損益　　　　5,000　　　　　存貨（期末）　6,000
　　　　存貨（期初）　　　5,000　　　　　本期損益　　　　6,000

2. 期初存貨使「本期損益」減少（淨利減少），故轉列綜合損益表欄借方；期末存貨使「本期損益」增加（淨利增加），則轉列綜合損益表欄貸方。另外，期末存貨屬於資產性質，應同時轉列資產負債表借方。

一、實作題

1. 試填入適當文數字，完成下列<u>信義商店</u>110年度之十欄式工作底稿：

信義商店
工作底稿
年　月　日至　月　日

會計項目	試算表 借方	試算表 貸方	調整分錄 借方	調整分錄 貸方	調整後試算表 借方	調整後試算表 貸方	綜合損益表 借方	綜合損益表 貸方	資產負債表 借方	資產負債表 貸方
現　　金	660,000									
應收帳款	130,000									
存　　貨	20,000							10,000		
辦公設備成本	160,000									
專　利　權	24,000									
存出保證金	100,000									
應付票據		60,000								
應付帳款		65,000								
其他應付款		160,000								
代　收　款		3,000								
業主資本		800,000								
業主往來		6,000								
銷貨收入		300,000								
進　　貨	145,000									
薪資支出	50,000		❶							
租金支出	90,000			❸30,000						
文具用品	2,000			❹	800		800			
水電瓦斯費	13,000									
合　　計	1,394,000	1,394,000								
應付薪資				❶45,000						
利息費用			❷450							
應付利息				❷						
預付租金			❸30,000							
用品盤存			❹							
預期信用減損損失			❺3,000							
備抵損失				❺3,000						
折　　舊			❻2,500							
累計折舊－辦公設備				❻2,500						
各項攤提			❼800							
（　　　）				❼800						
（　　　）										
合　　計			82,950	82,950						

一、呆帳的調整

1. 呆帳：又稱壞帳，指因為顧客倒閉、逃匿或破產宣告，導致應收帳款或應收票據無法收回的部分。

2. 賒銷當期即預估呆帳可能發生金額，能反映應收帳款價值減損的事實。

3. 採備抵法估計呆帳（預期信用減損）金額計算：

(1) 採單一預期信用減損率

步驟1：

期末應收帳款餘額 × 呆帳率＝期末備抵損失「應有餘額」

步驟2：

期末備抵損失應有餘額 $-$調整前備抵損失貸餘 $+$調整前備抵損失借餘 ＝本期提列呆帳（預期信用減損）金額

(2) 準備矩陣（帳齡分析法）

步驟1	期末備抵損失應有餘額＝∑(各組期末應收帳款餘額 x 各組估計呆帳率)
步驟2	提列信用減損損失金額＝期末備抵損失應有餘額 $-$調整前備抵損失貸餘 $+$調整前備抵損失借餘

4. 與呆帳（預期信用減損損失）有關之分錄

(1) 提列呆帳	預期信用減損損失　　　×× 　備抵損失－應收帳款　　××		
(2) 實際發生呆帳	備抵損失－應收帳款　　××　 　應收帳款　　　　　　××		
(3) 沖銷呆帳款，再度收回	應收帳款　　　　　　××　 　備抵損失－應收帳款　××	現金　　　　　×× 　應收帳款　　××	

5. 應收帳款帳面金額＝應收帳款－備抵損失

二、折舊的調整

意義	除土地外，將不動產、廠房及設備成本以合理系統方法分攤於各使用期間之程序。
公式	每年折舊額 $= \dfrac{成本 - 估計殘值}{耐用年數}$
分錄	折　舊　　　　　　　×××................（營業費用增加） 　累計折舊—××資產　　　　×××.....（不動產、廠房及設備減少）

三、攤銷的調整

意義	指將可確定耐用年限無形資產的可攤銷金額，於其耐用年限合理有系統分攤為費用的程序。
公式	採直線法，假設殘值為0 每年攤銷金額 $= \dfrac{可攤銷金額\,(成本 - 估計殘值)}{估計耐用年限}$
分錄	各項攤提　　　　　　×××...................（營業費用項目） 　累計攤銷—無形資產　　×××.........（無形資產抵減項目）

四、存貨的調整

1. 就買賣業而言，存貨是指尚未出售的商品。
2. 存貨盤存制度

　　(1)定期盤存制（實地盤存制）：不設存貨明細帳

	銷貨成本法	本期損益法
1. 期初存貨轉入	銷貨成本　　　××× 　存貨（期初）　　××	本期損益　　　　××× 　存貨（期初）　　×××
2. 期末存貨轉出	存貨（期末）　××× 　銷貨成本　　　×××	存貨（期末）　××× 　本期損益　　　×××

　　(2)永續盤存制（帳面盤存制）：設置存貨明細帳。

實際存量＞帳面存量 ➜ 存貨盤盈	實際存量＜帳面存量 ➜ 存貨盤損
存　貨　　　　××× 　銷貨成本　　　　×××	銷貨成本　　　　××× 　存　貨　　　　　×××

五、 回轉分錄（迴轉分錄）

1. 意義：指在本期期初將上期期末的調整分錄，予以借貸顛倒轉回。
2. 目的：在簡化會計工作，使平時帳務處理方法達一致性。
3. 應計項目、先虛後實法之遞延項目，可作回轉。
4. 先實後虛法之遞延項目、估計項目，期初不可作回轉。

六、 工作底稿

1. 意義：正式進行調整前所編製之綜合性草稿，為非正式報表。
2. 其綜合損益表欄與資產負債表欄借貸方差額數，即為本期損益數。

知識 ▶▶ 理解 ▶▶ 應用

一、填充題

1. ＿＿＿＿＿＿＿＿＿係指因為顧客倒閉、逃匿或破產宣告，導致應收帳款或應收票據無法收回的損失；IFRS 9則將此會計項目名稱修正為＿＿＿＿＿＿＿＿＿＿＿。

2. 我國稅法規定，呆帳提列最高不得超過應收帳款及＿＿＿＿＿＿餘額之＿＿＿＿％。

3. 計算折舊應考慮三個要素：＿＿＿＿＿＿、＿＿＿＿＿＿與＿＿＿＿＿＿。

4. 不動產、廠房及設備除＿＿＿＿＿＿外，期末均須提列折舊。

5. 期末提列折舊之調整分錄，將使＿＿＿＿＿＿費用增加，不動產、廠房及設備帳面金額＿＿＿＿＿＿。

6. 無形資產之成本合理分攤，稱為＿＿＿＿＿＿；不動產、廠房及設備成本合理分攤，稱為＿＿＿＿＿＿。

7. 實際存量＞帳面存量產生存貨＿＿＿＿，應＿＿＿＿記銷貨成本（借或貸）；
   實際存量＜帳面存量產生存貨＿＿＿＿，應＿＿＿＿記銷貨成本（借或貸）。

二、選擇題

8-1 （　）1. 由賒銷所產生之呆帳損失（信用減損損失），應於何時認列？　(A)發生呆帳當年　(B)發生帳款當年　(C)企業清算時　(D)有盈餘之年度。

（　）2. 下列敘述，何者有誤？　(A)基於配合原則，期末應以備抵法估列呆帳　(B)備抵損失屬資產抵減項目　(C)備抵損失項目正常為貸餘　(D)呆帳（信用減損）為不景氣之倒帳損失，應列為營業外損失。

（　）3. 年終多提呆帳將使　(A)費用多計　(B)收入多計　(C)資產多計　(D)費用少計。

8-2 （　）4. 提列折舊目的為　(A)分攤不動產、廠房及設備成本　(B)重估資產價值　(C)累積重置資產所需資金　(D)增加本期淨利。

（　）5. 丙商店於年初購入冷氣機一部$35,000，估計可用6年，殘值$5,000，採平均法提列折舊，則第三年底調整後帳面金額為　(A)$5,000　(B)$20,000　(C)$10,000　(D)$15,000。

（　）6. 不動產、廠房及設備採直線法折舊，每年底調整後之帳面金額　(A)每年相等　(B)逐年遞減　(C)逐年遞增　(D)不一定。

（　）7. 下列對於無形資產之處理，何者有誤？　(A)採直接沖銷法攤銷　(B)攤銷年限採法定年限及耐用年限孰短者　(C)攤銷時假設無殘值　(D)商標權不攤銷。

(　　) 8. 存貨若係透過銷貨成本帳戶來調整，則調整後試算表上之存貨金額係屬　(A)不一定　(B)期末　(C)期初與期末都有　(D)期初。

(　　) 9. 03年底期末存貨$21,000，淨利$7,200，經查帳發現03年期末存貨應為$20,000，則03年度正確淨利為　(A)$6,300　(B)$6,100　(C)$6,000　(D)$6,200。

8-4 (　　) 10.下列何者非工作底稿的功用？　(A)提早明瞭企業之營業成果及財務狀況　(B)檢查過帳有無錯誤　(C)便於編製決算表　(D)便於作調整及結帳分錄。

(　　) 11.在工作底稿中，備抵損失應填在　(A)綜合損益欄貸方　(B)資產負債欄借方　(C)綜合損益欄借方　(D)資產負債欄貸方。

三、綜合應用

(一)【呆帳調整】 *請依IFRS 9預期減損模式作答

1. 興亞公司03年及04年相關資料如下：

03年底：應收帳款$98,000，備抵損失貸餘$2,940。

04年度：賒銷$100,000，帳款收現$80,000，實際發生呆帳$3,000，收回03年度曾沖銷之呆帳$2,000，期末依應收帳款餘額法估提呆帳，信用減損率與往年相同，試作04年度下列分錄並求期末應收帳款帳面金額。

(1) 發生賒銷 　　　　　　　　　　(2) 帳款收回

(3) 實際發生呆帳(信用減損)　　　　(4) 收回已沖銷呆帳之帳款

(5) 提列預期信用減損損失

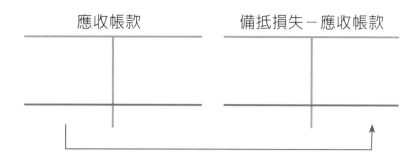

應收帳款　　　　　備抵損失－應收帳款

2. 逸洋公司期末應收帳款餘額$100,000，估計1%無法收回，調整前備抵損失貸餘 $2,500，試作調整分錄。

(二)【準備矩陣－帳齡分析法】明日公司採用準備矩陣判定信用損失，以應收帳款存續期間 長短訂定不同的預期信用減損。調整前備抵損失貸餘$500。年底應收帳款明細帳戶金額 及帳齡分析表如下：

帳齡分類	帳款金額	估計呆帳率	應有備抵損失餘額
未過期	$80,000	1%	$800
過期1-30天	20,000	3%	600
過期31-60天	45,000	10%	4,500
過期61-90天	12,000	20%	2,400
過期超過91天以上	12,000	30%	3,900
合計	$170,000		$12,200

試作：

1. 期末減損之調整分錄。

備抵損失－應收帳款

	調整前餘額
	12/31調整
	應有貸方餘額

2. 期末應收帳款帳面金額＝

3. 假設調整前備抵損失帳戶貸餘15,000，期末應有之調整分錄。

(三)【折舊調整】雨停公司有關設備資料如下，試作本年底調整分錄：

1. 本年7月初購入小貨車乙輛$280,000，預計使用8年，殘值一成。

2. 本年2月28日購入機器乙部定價$100,000，九折成交，另付運費$4,000，試車費$6,000，估計殘值$10,000，耐用年限8年。

3. 電腦設備為3年半前（7月初）所購入，本年年終調整前累計折舊帳戶餘額為$60,000。

4. 本年初，海報列印機成本若干，帳面金額為$57,500，預估尚可使用5年，無殘值。

1.	2.
3.	4.

(四)【攤銷調整】試作期末應有之調整分錄

  1. 03年購買一項專利，購價$280,000，相關法律服務費及規費$20,000，法定年限10年，經濟效益年限5年，試作：

    (1) 購買專利權分錄

    (2) 年底攤銷分錄

    (3) 05年底帳面金額＝

  2. 公司於本年10月1日設立，並購得一項特許權$120,000，分六年攤銷。

(五)【存貨調整】試作期末應有之調整分錄

  1. 期末帳上存貨為$60,000，實際盤點為$66,000。（採永續盤存制）

  2. 期初存貨$33,000，本期進貨$200,000，期末盤點存貨為$22,000。（採實地盤存制，並以銷貨成本帳戶為中心）

  3. 期初存貨$8,000，本期進貨$150,000，進貨折讓$3,000，期末存貨$4,000。（採銷貨成本法，並作成一分錄）

1.	2.
3.	

結帳

Chapter 9

學習目標

研讀本章內容後，同學們應該能夠回答下列問題：

1. 什麼是結帳？通常於何時進行？
2. 虛帳戶包含哪些會計項目？虛帳戶如何結轉「本期損益」餘額？
3. 買賣業商品帳戶有哪些？常用的結清方法為何？
4. 實帳戶結轉下期的方法有哪兩種？哪一種較為簡單？
5. 結帳後試算表內容包含哪些項目帳戶？有虛帳戶嗎？為什麼？

本章課文架構

```
                          結　帳
      ┌──────────┬──────────┼──────────┬──────────┐
```

結帳之意義及功用	虛帳戶之結清	實帳戶之結轉	結帳後試算表
▶ 結帳的意義 ▶ 結帳的程序 ▶ 虛帳戶與實帳戶 ▶ 結帳的功用	▶ 虛帳戶結帳分錄 ▶ 本期損益帳戶處理 ▶ 買賣業商品帳戶結清方法 ▶ 買賣業商品以外虛帳戶結清方法 ▶ 所得稅計算	▶ 差額結轉法 ▶ 分錄結轉法	▶ 編製時機與目的 ▶ 結帳後試算表內容

導讀 「結束是另一個階段開始」，本章內容在介紹一個會計年度結束時，企業如何將分類帳戶做一個結束，並預備好下一個會計年度的重新開始。

第一節 結帳之意義及功用

一 結帳的意義

結帳是期末對會計帳戶所做的結束工作。換句話說，是期末將虛帳戶餘額結清歸零，實帳戶餘額結轉下期的會計程序。結帳程序所作的分錄，稱為結帳分錄。

二 結帳的程序

結帳的程序，包括虛帳戶結清歸零及實帳戶結轉下期：

(一)虛帳戶結清歸零

財務報導期間結束時，為了結算正確的本期損益，必須將調整後收益及費損類帳戶餘額轉入臨時設置的「本期損益」項目，各虛帳戶餘額結清歸零；又因「本期損益」項目為過渡性質，須再將「本期損益」餘額結清轉入「業主往來」或「累積盈虧」項下。待下一個財務報導期間開始時，這些收益及費損類帳戶又被重新設置，並開始記錄相關損益的交易。

(二)實帳戶結轉下期

實帳戶因為具有長期累積的性質，故不須結清。但為了使財務報導期間劃分清楚起見，必須將本期期末各帳戶餘額，結轉為下期的期初餘額，繼續記帳。

茲將結帳程序繪製如圖9-1：

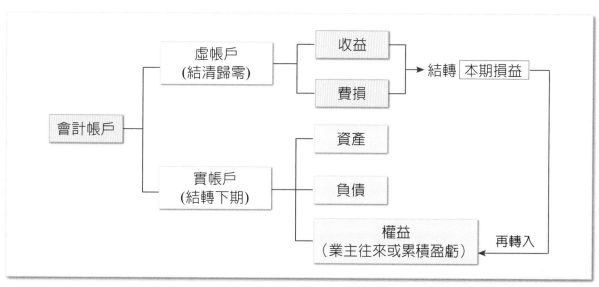

》圖9-1 結帳程序：虛帳戶結轉本期損益後歸零，實帳戶結轉下期

三 區別虛帳戶與實帳戶

會計所設置的帳戶，依其性質可以區別為虛帳戶與實帳戶兩種：

(一) 虛帳戶

虛帳戶係指收益及費損類帳戶，屬於損益表帳戶。企業經營一段期間後，必須將損益情形報告給報表使用者，因此，每一財務報導期間終了時，必須將當期的收益與費損帳戶餘額結轉至「本期損益」帳戶。因為虛帳戶每期期初均從零開始，期末又結清歸零，所以又稱為臨時性或暫時性帳戶。例如：銷貨收入、薪資支出、保險費等。

(二) 實帳戶

實帳戶係指資產、負債及權益類帳戶，屬於資產負債表帳戶。此三類帳戶具有實際的財產價值、權利或義務，不因財務報導期間結束而消滅，其餘額必須遞轉至下一期的期初繼續記帳，所以又稱為永久性帳戶。例如：土地、應收帳款、銀行借款等。

腦力激盪…

1. 試判斷下列會計項目中，哪些為虛帳戶？哪些為實帳戶？（請寫代號）

   A. 土地成本　　　B. 廣告費　　　　C. 銷貨收入　　　D. 應付票據
   E. 薪資支出　　　F. 銀行存款　　　G. 預收租金　　　H. 存貨

   答：虛帳戶：_____

   　　實帳戶：_____

四 結帳的功用

(一) 瞭解當期經營績效

收益及費損等虛帳戶結轉出來的「本期損益」金額，可以瞭解企業在經營一段期間後的獲利績效。

(二) 瞭解期末財務狀況

資產、負債及權益等實帳戶結總出來的期末餘額，可以瞭解企業的財務狀況，並將資產、負債、權益等帳戶餘額結轉下期，以便下期繼續記錄。

第二節 虛帳戶之結清

一 結清方法

(一) 結帳分錄

　　虛帳戶結清時，應先設置「本期損益」帳戶，並將所有損益類帳戶之調整後餘額，結轉到「本期損益」帳戶內。

　　收益類帳戶（除抵減項目外），均為貸方餘額，結帳時，應借記所有「收益項目」，貸記「本期損益」；費損類帳戶（除抵減項目外），均為借方餘額，結帳時，應貸記所有「費損項目」，借記「本期損益」。待所有結帳分錄過完帳後，各虛帳戶餘額便結清歸零。結帳流程如下：

收益類帳戶貸餘轉入「本期損益」貸方	費損類帳戶借餘轉入「本期損益」借方
12/31　收益項目　　　　　$BB 　　　　　　本期損益　　　　　$BB	12/31　本期損益　　　　　$AA 　　　　　　費損項目　　　　　$AA

例題 1

微風商店01年底調整後各虛帳戶的餘額如下，試作應有結帳分錄：

	銷貨成本	第51頁
12/31	100,000	

	銷貨收入	第41頁
		12/30　200,000

	薪資支出	第52頁
12/31	50,000	

	佣金收入	第42頁
		8/1　20,000
		12/6　40,000

	其他費用	第53頁
11/30	8,000	

解

1. 結帳分錄

(1) 結清收益類項目		(2) 結清費損類項目	
12/31 銷貨收入 200,000		12/31 本期損益 158,000	
佣金收入 60,000		銷貨成本	100,000
本期損益 260,000		薪資支出	50,000
		其他費用	8,000

2. 將結帳分錄過帳：

銷貨成本		第51頁
12/31 100,000	12/31 100,000	

銷貨收入		第41頁
12/31 200,000	12/30 200,000	

薪資支出		第52頁
12/31 50,000	12/31 50,000	

佣金收入		第42頁
12/31 60,000	8/1 20,000	
	12/6 40,000	
60,000	60,000	

其他費用		第53頁
11/30 8,000	12/31 8,000	

本期損益		第33頁
12/31 158,000	12/31 260,000	
	12/31 102,000 →本期損益貸餘，表示本期淨利。	

 腦力激盪…

2. 方瑜顧問公司01年底調整後各虛帳戶餘額如下：

顧問收入 $7,800	租金收入 $2,200	薪資支出 $1,600
文具用品 300	水電瓦斯費 700	

試作：

(1) 01年底收益類及費損類帳戶之結清分錄。

① 收益類帳戶結清分錄	② 費損類帳戶結清分錄

(2) 計算該商店01年結帳後「本期損益」餘額。（*提示：本期損益＝收益－費損）

（二）本期損益帳戶的處理

本期損益帳戶的餘額，如果是貸餘，代表經營結果獲利（本期淨利）；如果是借餘，代表經營結果虧損（本期淨損）。就企業而言，不論是盈或虧，最後仍歸於業主享受或承擔，因此，本期損益餘額最後應轉入業主「權益」。

不同企業組織型態所設置的權益類項目有些不同，本期損益的結轉分錄亦稍有不同。茲分別介紹會計處理如下：

1. 獨資、合夥組織

實務上，獨資企業先將本期損益轉入「業主往來」帳戶，待企業經過正式增資或減資的程序後，再結轉「業主資本」帳戶。至於合夥企業，亦先將本期損益結轉「合夥人往來」帳戶。例如：微風商店01

年底經結轉出的「本期損益」若為貸餘$102,000，表示當期有獲利，其結轉業主往來的結帳分錄及過帳後，本期損益臨時性帳戶也結清歸零。過程如下：

12/31　本期損益　　　　　102,000
　　　　　業主往來　　　　　　　　102,000

本期損益　　　　　　　　　　第 33 頁

01年		摘要	日頁	借方金額	貸方金額	借或貸	餘　　額
月	日						
12	31	虛帳戶貸餘帳戶	8		260,000	貸	260,000
	〃	虛帳戶借餘帳戶	〃	158,000		〃	102,000
	〃	業主往來	〃	102,000		平	0
		合計		260,000	260,000		

業主往來　　　　　　　　　　第 32 頁

01年		摘要	日頁	借方金額	貸方金額	借或貸	餘　　額
月	日						
12	31	本期損益	8		102,000	貸	102,000

假設本期損益帳戶若為借餘$82,000（即為本期淨損）時，則獨資企業之本期損益的結轉分錄為：

12/31　業主往來　　　　　82,000
　　　　　本期損益　　　　　　　　82,000

2. **公司組織**

公司經營的損益通常按照《公司法》及公司章程規定，並經股東會決議處理。因此，期末結算出來的「本期損益」必須先結轉到「保留盈餘」項目下的「累積盈虧」項目中，待次年初決議後再作分配。例如：方瑜顧問公司01年底結轉出「本期損益」貸餘$7,400，餘額應結轉至「累積盈虧」項目貸方。其分錄如下：

12/31	本期損益	7,400	
	累積盈虧		7,400

　　若<u>方瑜顧問公司</u>本期損益帳戶為借餘$208,000（本期淨損）時，本期損益的結轉分錄則為：

12/31	累積盈虧	208,000	
	本期損益		208,000

知識加油站

　　合夥組織因設置的權益類會計項目有些不同，本期損益結轉的分錄亦稍有不同：（假設本期損益為貸餘）

合夥組織		
12/31 本期損益	××	
合夥人甲往來		××
合夥人乙往來		××

一、是非題

(　　) 1. 結帳係將虛帳戶結清、實帳戶結轉下期之必要會計程序。

(　　) 2. 結帳程序通常於會計期間結束時進行。

(　　) 3. 收益及費損類帳戶餘額,每期期初均從零開始,期末又歸於零。

(　　) 4. 商店賺錢時,權益會減少。

(　　) 5. 編有結帳工作底稿之企業,可省去結帳工作。

二、選擇題

(　　) 1. 期末須將餘額轉入「本期損益」的帳戶為　(A)永久性帳戶　(B)虛帳戶　(C)混合帳戶　(D)實帳戶。

(　　) 2. 下列哪一種帳戶設置之目的,乃在呈現企業經營某一段特定期間的績效?　(A)現金盤盈　(B)保留盈餘　(C)本期損益　(D)業主往來。

(　　) 3. 下列何者不屬於實帳戶?　(A)土地成本　(B)備抵損失　(C)應付票據　(D)文具用品。

(　　) 4. 結帳後,銷貨收入帳戶餘額　(A)為零　(B)為貸餘　(C)扣除銷貨成本後繼續使用　(D)應結轉下期。

(　　) 5. 下列敘述,何者為非?　(A)結帳程序可在調整前進行　(B)資產、負債及資本為永久性帳戶　(C)結帳後,「現金」帳戶之期末餘額會轉為下期期初餘額　(D)實帳戶為永久性帳戶,虛帳戶為暫時性帳戶。

二 買賣業的結清方法[註1]

買賣商品是買賣業的營運重心，會特別重視「銷貨成本」及銷貨毛利的資訊，所以常先將虛帳戶的「商品帳戶」獨立出來結帳，再作其他「非商品帳戶」的結清，最後結轉本期損益歸零。

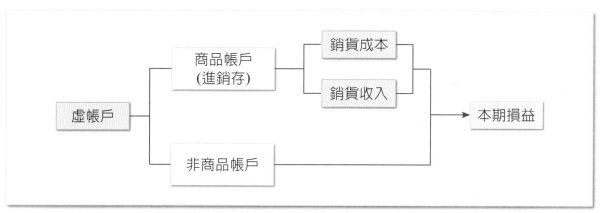

》圖9-2　買賣業常見虛帳戶結清流程

 知識加油站 商品帳戶

所謂商品帳戶，通常是指與商品「進、銷、存」有關的帳戶，包括：
* 進貨相關帳戶：進貨、進貨費用、進貨退出、進貨折讓
* 銷貨相關帳戶：銷貨收入、銷貨退回、銷貨折讓
* 存貨相關帳戶：期初存貨、期末存貨
* 銷貨成本帳戶：銷貨成本

(一) 商品帳戶的結清方法

商品帳戶的結帳方法，有銷貨成本法、本期損益法及自相結轉法三種，實務上以前兩者較常見。

▶ 註1：本節所討論的商品帳戶結清方法，是針對定期盤存制（實地盤存制）下的做法。至於永續盤存制下的期末結帳做法，依據教育部課程標準，將於會計學Ⅲ第四章「存貨」另闢單元進一步探討。

1. **銷貨成本法**

本法乃以「銷貨成本」帳戶為中心，先分別結轉出「銷貨成本」及「銷貨淨額」帳戶餘額，再結轉「本期損益」帳戶金額。

2. **本期損益法**

本期損益法僅須將收益、費損類帳戶餘額直接結轉「本期損益」，即可得出損益結果，為一般最常用的虛帳戶結清方法。如例題1所用的結帳方法。

(1)商品帳戶的結清

(1) 銷貨成本法			(2) 本期損益法		
①銷貨成本	×××		①本期損益	×××	
存貨(期初)		×××	存貨(期初)		×××
進　貨		×××	進　貨		×××
進貨費用		×××	進貨費用		×××
			銷貨退回		×××
存貨(期末)	×××		銷貨折讓		×××
進貨退出	×××				
進貨折讓	×××		②存貨(期末)	×××	
銷貨成本		×××	銷貨收入	×××	
			進貨退出	×××	
②本期損益	×××		進貨折讓	×××	
銷貨成本		×××	本期損益		×××
③銷貨收入	×××		＊①②分錄亦可合併		
銷貨折讓		×××			
銷貨退回		×××			
本期損益		×××			

(2)商品以外虛帳戶的結清

(1) 銷貨成本法		(2) 本期損益法	
本期損益	×××	○○收益	×××
○○費損	×××	本期損益	×××

例題2 ....

<u>美林商店</u>01年12月31日調整後部分帳戶餘額如下，請以銷貨成本法及本期損益法，作商品帳戶結清之分錄（假設期末存貨經實地盤點為$30,000，存貨未曾作調整）。

	會計項目	借方餘額	貸方餘額
商品帳戶	存　　貨	$20,000	
	銷貨收入		257,000
	銷貨退回	14,000	
	銷貨折讓	6,000	
	進　　貨	164,000	
	進貨費用	12,000	
	進貨退出		9,000
	進貨折讓		5,000
非商品帳戶	佣金收入		15,000
	利息收入		11,000
	薪資支出	4,000	
	交際費	3,000	
	折　　舊	1,000	
	利息費用	2,000	

解

(一) 以「銷貨成本法」結清

步驟1 ➲　將銷貨成本的相關商品帳戶餘額，轉入「銷貨成本」帳戶。

　　　　(1) 將商品帳戶借餘項目、期初存貨，結轉銷貨成本

12/31	銷貨成本	196,000	
	存貨（期初）		20,000
	進貨		164,000
	進貨費用		12,000

(2) 商品帳戶貸餘項目、期末存貨，結轉銷貨成本

12/31	存貨（期末）	30,000	
	進貨退出	9,000	
	進貨折讓	5,000	
	銷貨成本		44,000

亦可作合併分錄：

12/31	存貨（期末）	30,000	
	進貨退出	9,000	
	進貨折讓	5,000	
	銷貨成本*	152,000	
	存貨（期初）		20,000
	進貨		164,000
	進貨費用		12,000

＊提示：銷貨成本＝期初存貨＋【進貨＋進貨費用－進貨退出－進貨折讓】－期末存貨
∴銷貨成本＝20,000＋(164,000＋12,000－9,000－5,000)－30,000＝152,000

步驟2 ➲ 將結算出的「銷貨成本」帳戶餘額，轉入「本期損益」。

12/31	本期損益	152,000	
	銷貨成本		152,000

步驟3 ➲ 銷貨收入、銷貨退回及銷貨折讓餘額轉入「本期損益」貸方。

12/31	銷貨收入	257,000	
	銷貨退回		14,000
	銷貨折讓		6,000
	本期損益		237,000

＊提示：「銷貨收入」被「銷貨退回、銷貨折讓」等減項項目沖減後，所結之本期損益餘額即為「銷貨淨額」。

本期損益

12/31　152,000	12/31　237,000

85,000 ⟶ 銷貨毛利

＊提示：　本期損益帳戶貸餘$85,000(銷貨收入淨額$237,000－銷貨成本$152,000)，代表「銷貨毛利」的餘額。

(二) 以「本期損益法」結清

步驟1 ⮕　將借餘之商品項目，轉入「本期損益」借方。

12/31　本期損益　　　　216,000

　　　　存貨（期初）　　　　20,000

　　　　進　　貨　　　　　164,000

　　　　進貨費用　　　　　　12,000

　　　　銷貨退回　　　　　　14,000

　　　　銷貨折讓　　　　　　　6,000

步驟2 ⮕　將期末存貨及貸餘商品項目，轉入「本期損益」貸方。

12/31　存貨（期末）　　　30,000

　　　　銷貨收入　　　　257,000

　　　　進貨退出　　　　　9,000

　　　　進貨折讓　　　　　5,000

　　　　本期損益　　　　　　　301,000

＊說明：本期損益帳戶貸餘$85,000($301,000－$216,000)，代表「銷貨毛利」的餘額；若為借餘，則表示「銷貨毛損」。

知識加油站 商品帳戶

Q 商品帳戶結轉「銷貨成本」分錄，應該屬於調整程序或結帳程序呢？

A 坊間兩種做法皆可。若於調整程序中進行，屬於調整分錄；若於結帳程序中進行，則屬於結帳分錄，惟須注意不得重複。例如：期初存貨在調整時已轉入銷貨成本，則不得再作期初存貨的結帳分錄。

 腦力激盪‧‧‧

3. 若雲商店02年底調整後結帳前商品帳戶餘額如下：

存貨（期初）	$ 40,000	進 貨	$ 900,000	進貨費用	$ 50,000
進貨退出	60,000	銷貨收入	800,000	銷貨折讓	90,000

期末存貨經盤點為$80,000（假設存貨未曾作調整）

請依：(1)本期損益法；(2)銷貨成本法，作必要之結帳分錄。

(1) 本期損益法	(2) 銷貨成本法（各項限作一筆分錄）
①將借餘商品帳戶結轉本期損益	①結轉銷貨成本帳戶
	②銷貨成本結轉本期損益
②將貸餘商品帳戶結轉本期損益	③銷貨收入、銷貨退回及折讓結轉本期損益

(二) 非商品帳戶的結清方法

虛帳戶除了商品帳戶外，尚有營業費用、營業外收益及營業外費損等帳戶，期末結帳時，均應採「本期損益法」，直接將餘額轉入「本期損益」帳戶而結清。承例題2美林商店01年底工作底稿中非商品帳戶之虛帳戶餘額，作結帳分錄如下：

1. **將營業費用帳戶餘額結轉「本期損益」的借方**

12/31	本期損益	8,000	
	薪資支出		4,000
	交際費		3,000
	折　舊		1,000

2. **將營業外收益帳戶餘額結轉「本期損益」的貸方**

12/31	佣金收入	15,000	
	利息收入	11,000	
	本期損益		26,000

3. **將營業外費損餘額結轉「本期損益」的借方**

12/31	本期損益	2,000	
	利息費用		2,000

4. 原住民藝品店01年12月31日調整後虛帳戶,除商品帳戶已結帳外,尚有其他虛帳戶如下,試作此部分帳戶之結清分錄:

帳戶	餘額	帳戶	餘額
租金收入	$1,000	保險費	$500
佣金收入	2,000	薪資支出	800
租金支出	300	利息費用	700
旅　費	400	處分投資損失	600

(1) 依帳戶性質分別結帳	(2) 合併成單一結帳分錄
①營業費用帳戶結轉本期損益	
②營業外收益帳戶結轉本期損益	
③營費外費損帳戶結轉本期損益	

營利事業所得稅計算

(一)獨資及合夥組織無須繳納營利事業所得稅

《所得稅法》第71條規定，獨資、合夥組織無須計算及繳納其營利事業所得稅，其應納之結算營利事業所得額直接列為業主或合夥人的營利所得，課徵個人綜合所得稅。

(二)公司組織須繳納營利事業所得稅

107年2月7日《所得稅法》修正公佈第5條，自109年度起營利事業所得稅採單一稅率20%，起徵額為12萬元。其所得稅額計算公式及稅率表如下：

公式

$$所得稅費用＝稅前淨利×所得稅稅率$$
$$（課稅前所得）$$

》表9-1 營利事業所得稅稅率表

級距	課稅所得額級距	稅率	速算公式
1	$120,000元以下	免徵	
2	$120,000<P≦$500,000	20%	步驟1　$P×20\%＝$金額① 步驟2　$(P－\$120,000)×\frac{1}{2}＝$金額② 步驟3　$T＝$金額①、②取低者。
3	P>$500,000	20%	$T＝P×20\%$
附註	$T＝$營所稅稅額，$P＝$課稅所得額。		

 法規報你知 《所得稅法》第5條第5項

＊自109年度起，營利事業所得稅起徵額及稅率如下：
Ⅰ 營利事業全年課稅所得額在12萬元以下者，免徵營利事業所得稅。
Ⅱ 營利事業全年課稅所得額超過12萬元者，就其全部課稅所得額課徵20%，但其應納稅額不得超過營利事業課稅所得額超過12萬元部分之半數。

例題3

假設甲公司本年度（109年度）有下列三種獲利情況：

【情況一】稅前淨利$80,000。

【情況二】稅前淨利為$150,000。

【情況三】稅前淨利為$600,000。

試：依法計算甲公司在不同情況下，所須繳納之所得稅費用。

解

假設稅額為T

【情況一】$80,000＜$120,000，免徵，故所得稅費用為零。

【情況二】① $(\$150,000 - \$120,000) \times \dfrac{1}{2} = \$15,000$ ┐

② $\$150,000 \times 20\% = \$30,000$ ┘ ── 所得稅費用=$15,000 (選①②低者)

【情況三】$T = \$600,000 \times 20\% = \$120,000$

例題4

承例題3，試作甲公司【情況三】稅前淨利$600,000之下列必要分錄：(1)年底預估所得稅；(2)所得稅費用結轉本期損益帳戶；(3)本期損益餘額結轉保留盈餘。

解

(1) 預估所得稅	(2) 所得稅費用結轉本期損益帳戶	(3) 本期損益(稅後淨利)餘額結轉保留盈餘之累積盈虧項下
本期所得稅費用　　120,000 　　本期所得稅負債　120,000	本期損益　　　　　120,000 　　本期所得稅費用　120,000	本期損益　　　　　480,000 　　累積盈虧　　　　480,000

說明：(1)「本期所得稅費用」為虛帳戶，期末應結清。

　　　(2) 稅後淨利＝稅前淨利－本期所得稅費用＝$600,000－$120,000＝$480,000

腦力激盪‧‧‧

5. <u>臺灣開發公司</u>109年結帳之課稅所得額（稅前淨利）$660,000，試作：

　(1) 依我國《所得稅法》，預估所得稅金額

　(2) 計算稅後淨利

　(3) 完成下列分錄

項　目	分　錄
① 預估所得稅	
② 所得稅費用帳戶結清	
③ 本期損益結轉保留盈餘項下的「累積盈虧」項目	

一、是非題

( ) 1. 採「本期損益法」結清費損帳戶時，結帳分錄全部為「借：本期損益，貸：××費用」。

( ) 2. 存貨、進貨及銷貨運費屬於商品帳戶，均會影響銷貨成本金額。

( ) 3. 存貨及進貨相關帳戶餘額若在調整時已結轉銷貨成本，結帳時須將「銷貨成本」再結轉本期損益。

( ) 4. 收益及費損帳戶結帳後，本期損益帳戶若產生貸餘，表示當期經營績效良好。

( ) 5. 「本期損益」帳戶為權益類，歸屬實帳戶，期末餘額應結轉下期。

( ) 6. 收益、費損及本期損益等帳戶均為臨時性帳戶，期末均應結清歸零。

二、選擇題

( ) 1. 期末借記「本期損益」，貸記「廣告費」是屬於哪一種分錄？ (A)平時分錄 (B)調整分錄 (C)結帳分錄 (D)更正分錄。

( ) 2. 結帳時，下列何者應貸記本期損益帳戶？ (A)佣金收入 (B)折舊 (C)應收利息 (D)銀行透支。

( ) 3. 稅前淨利$100,000，依我國所得稅率計算之應納稅額應為 (A)$20,000 (B)$15,000 (C)$10,000 (D)$0。

( ) 4. 實務上，我國公司組織的「本期損益」帳戶結餘應結轉入哪一個帳戶？ (A)業主資本 (B)業主往來 (C)合夥人往來 (D)累積盈虧。

第三節 實帳戶之結轉

資產、負債、權益等實帳戶，均具有實際權利、義務或財產價值，期末應將其餘額結轉下期，延續至次一會計期間繼續營運。

實帳戶的結轉，通常有差額結轉法及分錄結轉法兩種，茲分述如下：

一 差額結轉法

又稱「英美式結轉法」、「直接結轉法」，係指直接將帳戶餘額在各分類帳上「結轉下期」，不另作分錄的方法。因其程序簡便，不必作分錄，企業界普遍採用之。其結轉步驟如下：

步驟1	首先，將各帳戶餘額抄入分類帳金額較小之一方，於同行的摘要欄內以紅字註明「結轉下期」字樣，日頁欄打「✓」，表示此筆金額並非來自日記簿。
步驟2	在借貸方合計總額上，畫一單紅加減線，其下除摘要欄外，畫雙紅線表示帳戶已結平。
步驟3	次年度一開始，寫上日期，摘要欄內註明「上期結轉」字樣，日頁欄打「✓」，同樣表示此筆金額非來自日記簿；並將帳戶上期餘額轉回原來方位，以便下期繼續記帳。

例題5

試以差額結轉法，完成下列「銀行存款」帳戶年底之結帳及年初之開帳程序。

情況一：假設次年沿用舊帳簿記錄。

情況二：假設次年更換新帳簿記錄。

解

情況一：次年沿用舊帳簿

銀行存款　　　　　　　　　　　　　　　　　　第 12 頁

01 年 月	01 年 日	摘　　要	日頁	借方金額	貸方金額	借或貸	餘額
12	1		1	40,000		借	40,000
	8		5	50,000		〃	90,000
	23		8		60,000	〃	30,000
	31	結轉下期	✓		30,000	平	0
		合　計		90,000	90,000		
02 年							
1	1	上期結轉	✓	30,000		借	30,000

情況二：次年更換新帳簿

(1) 01年度分類帳

銀行存款　　　　　　　　　　　　　　　　　　第 12 頁

01 年 月	01 年 日	摘　　要	日頁	借方金額	貸方金額	借或貸	餘額
12	1		1	40,000		借	40,000
	8		5	50,000		〃	90,000
	23		8		60,000	〃	30,000
	31	結轉下期	✓		30,000	平	0
		合　計		90,000	90,000		

(2) 02年度分類帳

銀行存款　　　　　　　　　　　　　　　　　　第 12 頁

02 年 月	02 年 日	摘　　要	日頁	借方金額	貸方金額	借或貸	餘額
1	1	上期結轉	✓	30,000		借	40,000

腦力激盪‧‧‧

6. 試以差額結轉法,將02年應付票據期末餘額結轉下期03年。

應付票據　　　　　　　　第 24 頁

02年		摘要	日頁	借方金額	貸方金額	借或貸	餘　額
月	日						
11	4		1		60,000	貸	60,000
	18		〃	40,000		〃	20,000
12	24		2		30,000	〃	50,000

應付票據　　　　　　　　第 24 頁

年		摘要	日頁	借方金額	貸方金額	借或貸	餘　額
月	日						

分錄結轉法

又稱大陸式結轉法,係指在日記簿內作結帳分錄與開帳分錄,將分錄過帳,予以結束舊帳冊,登入新帳冊的方法。其結帳與開帳分錄內容如下:

步驟1	結帳分錄	本期期末時,將實帳戶借餘項目記貸方,貸餘項目記借方,相互沖轉,以結平實帳戶。
步驟2	開帳分錄	下期期初時,作一個與結帳分錄借貸相反的轉回分錄,稱為日記簿的「開帳分錄」。此開帳分錄過入分類帳後,即結轉為本期期初的餘額,繼續經營記帳。

例題6 ·······

<u>龍門商店</u>01年底結帳後各實帳戶餘額如下，試以分錄結轉法作必要之(1)結帳分錄；(2)開帳分錄。

帳戶名稱	借方餘額	貸方餘額
現　　金	20,000	
應收帳款	440,000	
備抵損失－應收帳款		80,000
存　　貨	60,000	
辦公設備成本	210,000	
累計折舊－辦公設備		70,000
應付票據		110,000
股　　本		400,000
累積盈虧		70,000

解

01/12/31 結帳分錄 (將借貸餘額對轉結平)		02/1/1 開帳分錄 (將原結帳分錄借貸相反轉回)	
備抵損失－應收帳款　80,000		現　　金　20,000	
累計折舊－辦公設備　70,000		應收帳款　440,000	
應付票據　110,000		存　　貨　60,000	
股　　本　400,000		辦公設備成本　210,000	
累積盈虧　70,000		備抵損失－應收帳款	80,000
現　　金	20,000	累計折舊－辦公設備	70,000
應收帳款	440,000	應付票據	110,000
存　　貨	60,000	股　　本	400,000
辦公設備成本	210,000	累積盈虧	70,000

第四節　結帳後試算表

　　爲了確定結帳後資產、負債及權益各帳戶餘額之間仍維持借、貸平衡無誤，企業常在結帳程序完成時編製「結帳後試算表」。此試算表一方面可驗證正確性；另一方面亦可做爲下年度開帳之依據。

　　結帳後試算表的格式與一般試算表相同，設有類頁、會計項目、借方餘額及貸方餘額等欄，俾以驗證帳戶餘額之正確性。結帳時，因爲虛帳戶全部結轉「本期損益」，「本期損益」帳戶餘額又轉入「累積盈虧」帳戶，因此，結帳後試算表內容已無虛帳戶及「本期損益」帳戶餘額，僅剩實帳戶餘額。

　　茲將例題6 龍門商店的結帳後試算表，依財務報表要素類別順序（資產→負債→權益）編製如下：

龍門商店
結帳後試算表
01年12月31日

類頁	會計項目	借方餘額	貸方餘額
11	現　　金	$20,000	
15	應收帳款	440,000	
16	備抵損失－應收帳款		$80,000
17	存　　貨	60,000	
18	辦公設備成本	210,000	
19	累計折舊－辦公設備		70,000
21	應付票據		110,000
31	股　　本		400,000
32	累積盈虧		70,000
	合　　　計	$730,000	$730,000

7. 北極熊禮品店110年底調整後實帳戶餘額如下：

現金	$100,000	應付帳款	$50,000	應收帳款	$70,000
辦公設備成本	90,000	業主資本	120,000	業主往來(貸)	100,000
應付利息	2,000	存貨	40,000	累計折舊－辦公設備	28,000

試作：(1)以大陸式結轉法作結帳及開帳分錄；(2)若採差額結轉法，試編製02年底結帳後試算表。

(1) 結帳分錄與開帳分錄

110/12/31＿＿＿＿分錄	111/1/1＿＿＿＿分錄

(2) 結帳後試算表：

北極熊禮品店
結帳後試算表
年　　月　　日

類頁	會計項目	借方餘額	貸方餘額
（略）			

一、是非題

( ) 1. 實帳戶在結帳日時，具有實際財物或權利存在，必須結轉下期繼續使用。

( ) 2. 實地盤存制下，調整前存貨為期初存貨，結帳後試算表之存貨為期末存貨。

( ) 3. 結帳後試算表內僅列實帳戶，無任何虛帳戶。

二、選擇題

( ) 1. 期末應結轉下期之會計項目為何者？ (A)本期損益 (B)薪資支出 (C)廣告費 (D)備抵損失。

( ) 2. 下列哪一帳戶餘額不應該結轉下期？ (A)業主往來 (B)累計折舊 (C)本期所得稅費用 (D)應付票據。

( ) 3. 下列何者不須在日記簿內作分錄？ (A)虛帳戶結清 (B)混合帳戶調整 (C)實帳戶採分錄結轉 (D)實帳戶採差額結轉。

( ) 4. 採差額結轉法結帳時，應於分類帳之摘要欄內以紅字填寫什麼字樣？ (A)結轉上期 (B)上期結轉 (C)結轉下期 (D)下期結轉。

( ) 5. 下列敘述，何者有誤？ (A)實帳戶結帳可作正式分錄，亦可不作分錄 (B)結帳為期末會計程序 (C)開帳分錄為上期實帳戶結帳分錄之轉回 (D)虛帳戶與實帳戶餘額期末均可結轉下期。

一、結帳的意義

係指在期末調整後，將虛帳戶結清歸零，以及實帳戶餘額結轉至下期之會計程序。

二、虛帳戶與實帳戶

項目	虛帳戶	實帳戶
別稱	損益表帳戶 臨時性帳戶	資產負債表帳戶 永久性帳戶
內容	收益及費損類帳戶	資產、負債及權益類帳戶
特性	具暫時性，每期期初從零開始，期末又結清歸零。	具永久性，期末餘額須遞轉次期。

三、結帳的功用

1. 瞭解企業當期經營績效
2. 瞭解企業期末財務狀況

四、結帳的程序

1. 虛帳戶 → 結轉「本期損益」帳戶 → 結轉「業主往來」帳戶

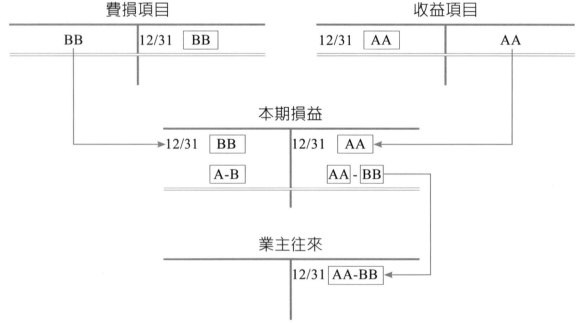

2. 實帳戶 → 餘額結轉下期

五、 買賣業虛帳戶結清

1. 商品帳戶的結清

(1) 本期損益法		(2) 銷貨成本法	
①本期損益　×××		①銷貨成本　×××	
存貨(期初)	×××	存貨(期初)	×××
進　貨	×××	進　貨	×××
進貨費用	×××	進貨費用	×××
銷貨退回	×××	②存貨(期末)　×××	
銷貨折讓	×××	進貨退出　×××	
		進貨折讓　×××	
②存貨(期末)　×××		銷貨成本	×××
銷貨收入　×××			
進貨退出　×××		③本期損益　×××	
進貨折讓　×××		銷貨成本	×××
本期損益	×××		
		④銷貨收入　×××	
＊①②分錄亦可合併		銷貨折讓	×××
		銷貨退回	×××
		本期損益	×××

（亦可合併）

2. 商品以外虛帳戶的結清

○○收益　　　×××		本期損益　　　×××	
本期損益　　　×××		○○費損　　　×××	

六、 實帳戶的結轉

1. 差額結轉法：又稱英美式結轉法，不另作分錄，直接將餘額在各分類帳上結轉下期。 實務上多採用之。

2. 分錄結轉法：又稱大陸式結轉法，須在日記簿內作正式的結帳分錄，將期末借貸餘額對轉，過帳後結束帳戶，下期初再作開帳分錄予以轉回。

七、 結帳後試算表

結帳後，虛帳戶及「本期損益」帳戶餘額均已結清歸零，故僅剩資產、負債及權益等實帳戶之內容。

知 識 ▶▶ 理 解 ▶▶ 應 用

一、填充題

1. 所謂結帳，係將＿＿＿＿＿帳戶結清，將＿＿＿＿＿帳戶結轉下期。

2. ＿＿＿＿＿帳戶餘額，可顯示企業在某一段期間的經營績效，若為＿＿＿＿方餘額，表示本期淨利；若為＿＿＿＿方餘額，表示本期淨損。

3. 商品帳戶結轉本期損益之常用方法有二：＿＿＿＿＿法及＿＿＿＿＿法。

4. 公司組織企業的虛帳戶結清程序為：先將收益及＿＿＿＿＿類帳戶餘額結轉「本期損益」，再將「本期損益」結轉＿＿＿＿＿。

5. 實帳戶採＿＿＿＿＿法時，不另作分錄，乃將各帳戶餘額抄入借、貸方較＿＿＿＿一方的金額欄內，於同行＿＿＿＿欄內註明＿＿＿＿＿字樣，再將每一帳戶結總，並劃雙紅線表示＿＿＿＿＿。

二、選擇題

9-1 ( ) 1. 下列對結帳之敘述，何者有誤？ (A)實帳戶餘額結轉下期 (B)臨時性帳戶餘額結清歸零 (C)本期損益帳戶為結帳時專用，平時並無此帳戶記錄 (D)本期淨損金額應結轉資本主投資。

( ) 2. 結帳後，收益類帳戶 (A)產生貸餘 (B)產生借餘 (C)沒有餘額 (D)借餘或貸餘均有可能。

9-2 ( ) 3. 虛帳戶的結帳分錄，應以工作底稿哪一欄位內容為入帳依據？ (A)調整分錄欄 (B)調整後試算表 (C)綜合損益表欄 (D)資產負債表欄。

( ) 4. 青山公司收益類帳戶貸餘$8,000，費損類帳戶借餘$12,000，則「本期損益」餘額結清分錄為 (A)借：業主資本$4,000 (B)借：資本主往來$4,000 (C)借：累積盈虧$4,000 (D)貸：前期損益$4,000。

( ) 5. 下列敘述，何者有誤？ (A)甲丁 (B)甲丙 (C)丙丁 (D)乙丙丁。
(甲) 虛帳戶結帳分錄，過帳時應在各帳戶之摘要欄填寫「結轉下期」。
(乙) 虛帳戶結清後，餘額必為零。
(丙) 期初存貨之結帳分錄為：借記「存貨」，貸記「銷貨成本」。
(丁) 買賣業常將商品帳戶獨立並優先予以結算。

( ) 6. 期初存貨$10,000，進貨$200,000，進貨退出$5,000，銷貨運費$1,000，期末存貨$20,000。則銷貨成本為 (A)$185,000 (B)$186,000 (C)$190,000 (D)以上皆非。

( ) 7. 定期盤存制下，借記存貨，貸記銷貨成本，稱為何種分錄？ (A)調整分錄 (B)結帳分錄 (C)調整分錄或結帳分錄均可 (D)平時分錄或更正分錄。

( ) 8. 下列敘述，正確者共幾項？ (A)一項 (B)二項 (C)三項 (D)四項。
(甲) 結帳前權益＋本期淨利（或減淨損）＝結帳後權益。
(乙) 為便於結算工作進行並減少錯誤，可先編製工作底稿。
(丙) 平時依財務會計準則記帳，期末可免作結帳。
(丁) 期末虛帳戶須在日記簿上作結帳分錄，但不須過帳。

( ) 9. 採英美式結轉法時，各實帳戶結帳後餘額 (A)透過結帳分錄轉入新帳簿 (B)透過開帳分錄轉入新帳簿 (C)不需分錄，直接轉入新帳簿 (D)不需分錄，直接轉入權益。

( ) 10. 某商店期初權益總額為$200,000，本期銷貨淨額$100,000，銷貨成本$60,000，營業費用$20,000，利息支出$400，佣金收入$3,000，則結帳後權益總額為 (A)$223,000 (B)$200,000 (C)$240,000 (D)$222,600。

( ) 11. 下列敘述正確者，共有幾項？ (A)一項 (B)二項 (C)三項 (D)四項。
(甲) 實帳戶具有實質的財物、權利或責任存在，應結轉下期繼續營運。
(乙) 採大陸式結轉法，實帳戶須作結帳及開帳分錄。
(丙) 英美式結轉乃將差額直接結轉下期。
(丁) 企業所有帳戶餘額，期末皆須作結帳。

( ) 12. 結帳後試算表帳戶內容與哪張報表相同？ (A)現金流量表 (B)權益變動表 (C)綜合損益表 (D)資產負債表。

三、綜合應用

1. 【虛帳戶結清分錄】太魯閣公司民國110年度損益資料如下：

進　　貨	$100,000	運　　費	$2,800	水電瓦斯費	$2,000
進貨退出	1,500	銷貨折讓	6,000	其他費用	400
進貨折讓	1,200	廣 告 費	6,200	利息費用	1,200
進貨費用	4,000	佣金收入	4,800	存貨(期初)	2,000
銷貨收入	406,000	薪資支出	24,000	存貨(期末)	3,000

試作：

(1) 依照下列順序將結帳分錄記入日記簿（商品帳戶採銷貨成本法結轉）。

① 結轉銷貨成本帳戶。

② 結清銷貨成本帳戶。

③ 將銷貨收入、退回、折讓結轉本期損益。

④ 結清營業費用帳戶。

⑤ 結清營業外收益及費損帳戶。

⑥ 預估所得稅費用並入帳。

⑦ 結清所得稅費用帳戶。

⑧ 結轉本期損益至保留盈餘（累積盈虧）帳戶。

(2) 將「累積盈虧」與「本期損益」帳戶完成過帳及結帳記錄。

日　記　簿

第 10 頁

年 月	年 日	會計科目	摘要	類頁	借方金額	貸方金額
			（略）			

本期損益　　　　　　　　　　　　　　　　　　第 32 頁

年 月	年 日	摘　　要	日 頁	借方金額	貸方金額	借或貸	餘額
		（略）					

累積盈虧　　　　　　　　　　　　　　　　　　第 33 頁

年 月	年 日	摘　　要	日 頁	借方金額	貸方金額	借或貸	餘額

2. 【結帳與結帳後試算表】下列為佳洛水商店民國110年度調整後試算表內容：

類頁	帳戶名稱	借方餘額	貸方餘額
11	現　　金	$70,000	
15	應收帳款	50,000	
16	土地成本	210,000	
23	應付票據		$60,000
31	業主資本		220,000
32	業主往來		14,000
41	銷貨收入		400,000
52	銷貨成本	240,000	
53	薪資支出	88,000	
55	水電瓦斯費	10,000	
57	租金支出	26,000	
	合　　計	$694,000	$694,000

試作：

(1) 做結帳分錄。

① 帳戶結帳分錄（限作一個分錄）	② 本期損益結轉業主往來

(2) 編製結帳後試算表。

結帳後試算表

年　　　月　　　日

類頁	會計項目	借方餘額	貸方餘額

財務報表

學習目標

研讀本章內容後，同學們應該能夠回答下列問題：

1. 財務報導期間結束時，企業應編製的主要財務報表有哪些？
2. 財務報表一定期末才能編製嗎？常見的期中報表有哪些？
3. 何謂綜合損益表？格式及內容為何？
4. 常用於分析企業獲利能力的財務比率有哪些？
5. 何謂資產負債表？格式及內容為何？
6. 常用於分析企業償債能力的財務比率有哪些？

本章課文架構

```
                    財務報表
          ┌───────────┼───────────┐
      主要財務報表      綜合損益表      資產負債表

   ▶ 財務報表意義    ▶ 綜合損益表意義   ▶ 資產負債表內容
   ▶ 主要財務報表種類  ▶ 綜合損益表格式   ▶ 資產負債表格式
   ▶ 編製時機      ▶ 獲利能力分析    ▶ 償債能力分析
```

　　學生在修完一個學期的課程後，便可根據學期成績單評估學習成就；同樣地，企業在歷經一個會計期間的經營後，內部管理當局或是外界利害關係人士，也可以根據財務報表所呈現的數據，瞭解企業的經營績效與財務狀況。

　　本章首先介紹一個財務報導期間結束時，企業應報導的財務報表種類及其編製方法。其次，站在投資人及債權人立場，介紹如何運用財務報表數據分析企業獲利及償債等能力，以便作爲後續決策的重要參考。

第一節　主要財務報表之意義及種類

一　財務報表的意義

　　財務報表是指企業向投資人、債權人、政府及其他利害關係人提供的財務狀況、經營績效及現金流量情況的書面報告，它包括財務報表、其附註或附表。財務報表也常被稱爲決算表[註1]、決算報告、財務報告、會計報表、會計報告、會計資訊等。

二　主要財務報表的種類

(一)綜合損益表

　　傳統上，損益表係表示企業在某一特定期間內經營績效（成果）的動態報表，乃根據收益及費損等虛帳戶編製而成，屬「縱」的報導。

　　依據國際會計準則規定，損益表擴大爲「綜合損益表」，係表示企業報導在某一特定期間之經營績效，及資產負債公允價值的變動。報表內容包含兩部分，前者爲「本期損益」，後者爲「本期其他綜合損益」。詳細內容請本章見第二節。

▶ 註1：若財務報導期間爲一年，則財務報導期間結束日稱爲決算日，而財務報表又可稱爲決算表或決算報告。

(二) 資產負債表

資產負債表又稱為財務狀況表（statement of financial position），是根據資產、負債及權益等實帳戶餘額編製而成，能表達企業在某一特定日期（報導期間結束日）的財務狀況，屬靜態報表。

(三) 權益變動表

權益變動表是根據權益帳戶編製而成，能表達某一特定期間權益的增減變動情形，屬於動態報表。

(四) 現金流量表

現金流量表是表達企業在某一特定期間內因營業、投資及籌資等活動，所造成對現金及約當現金流入與流出影響的資訊，屬於動態報表。

腦力激盪…

1. 連連看，請將左右最相關的兩點連成一線：

綜合損益表・　　　　　　　　・企業特定日期財務狀況的靜態報告。

資產負債表・　　　　　　　　・表達特定期間權益增減變動及結果。

現金流量表・　　　　　　　　・表達特定期間的經營績效。

權益變動表・　　　　　　　　・表達現金及約當現金流入流出資訊。

法規報你知 財務報表之分類

＊因應國際會計準則之發展趨勢，修正《商業會計法》第四章第28條為：

財務報表包括下列各種：

一、資產負債表　　　二、綜合損益表

三、現金流量表　　　四、權益變動表

前項各款報表應予必要之附註，並視為財務報表之一部分。

三 財務報表的編製準則

我國公司行號每年度編製的財務報表,所依據的法規準則有二:

(一)證券發行人財務報告編製準則(採國際財務報導準則版本)

為因應會計全球化,我國上市、上櫃與興櫃等公開發行公司自2013年起開始依循《國際財務報導準則》(International Financial Reporting Standards,簡稱IFRSs)編製財務報表。而依據此準則,金管會亦適時修訂《證券發行人財務報告編製準則》作為我國證券公開發行公司編製財務報表之依據。

(二)企業會計準則第二號「財務報表之表達」

我國國情特殊,產業以中小企業為主。為因應實務界需求,中華民國會計研究基金會,以國際會計準則與我國過去適用的財務會計準則公報為基礎,因地制宜,加以研修並公布一套《企業會計準則公報》,做為我國中小企業等非公開發行公司會計處理與財務報表編製之準則,並自2016年起開始適用之。其中第二號公報即是中小企業之財務報表編製準則。

四 財務報表的編製時機

《商業會計法》第30條規定:「財務報表之編製,依會計年度為之。但另編之各種定期及不定期報表,不在此限。」換句話說,財務報表至少一年應編製一次,但不一定限於年度終了,必要時可隨時為之。

對企業利害關係人而言,及時可靠的財務資訊非常重要,一年僅編製一次報表,無法滿足其需求。基於時效性,企業通常編有半年報、季報等期中報表,尤其是股票上市上櫃公司,依法必須在每一季、每半年、年度結束時對外公佈相關財務資訊,以昭公信。

法規報你知 會計報表相關規定

＊《商業會計法》第65條:
商業之決算,應於會計年度終了後二個月內辦理完竣;必要時得延長一個半月。

一、是非題

(　　) 1. 會計工作最終目標,在編製允當表達的財務報表。

(　　) 2. 企業每一會計年度終了必須辦理決算。

(　　) 3. 現金流量表為報導某會計期間經營績效之決算表。

(　　) 4. 南港輪胎上市公司所公佈的第一季綜合損益表,性質屬於期中報表。

(　　) 5. 財務報表功能在提供投資人、債權人或其他利害關係人作決策參考。

二、選擇題

(　　) 1. 下列何者不屬於主要財務報表?　(A)資產負債表　(B)現金流量表　(C)綜合損益表　(D)試算表。

(　　) 2. 表達企業某一特定時日財務狀況的報表為何者?　(A)財務狀況表　(B)綜合損益表　(C)權益變動表　(D)現金流量表。

(　　) 3. 會計四大主要財務報表中,有幾張屬於動態性質?　(A)一張　(B)二張　(C)三張　(D)四張。

(　　) 4. 下列敘述,何者為真?　(A)乙丙　(B)甲丙　(C)甲乙　(D)甲乙丙。
(甲) 財務報表原則上每年度終了編製,但基於時效,可於必要時為之。
(乙) 資產負債表及綜合損益表,均在表達某一會計期間之財務資訊。
(丙) 表達某一財務報導期間現金變動狀況的報表,稱為現金流量表。

(　　) 5. 自2013年起,金管會規定我國上市上櫃公開發行公司編製的財務報表,應該依據何種準則編製?　(A)美國財務會計準則公報　(B)臺灣財務會計準則公報　(C)國際財務報導準則正體中文(TIFRS)　(D)商業會計處理準則。

 第二節 綜合損益表之意義、內容及編製

一 綜合損益表之意義

綜合損益表的功用在報導企業於某一特定期間內的經營績效（財務績效），以及資產、負債公允價值變動的損益，前者稱為「本期損益」，後者稱為「本期其他綜合損益」。換句話說，綜合損益表係由「本期損益」和「本期其他綜合損益」兩部分所組成。

» 圖10-1 本期綜合損益總額

(一)「本期損益」部分

係彙總企業在某一段期間內所有收益與費損帳戶餘額，以報導該期間經營績效（成果）的一種財務報表。若收益大於費損，將產生「本期淨利」；若收益小於費損，則產生「本期淨損」。

(二)「本期其他綜合損益」部分

係指資產、負債公允價值的變動，依會計準則規定應認列者，這些權益變動稱為「本期其他綜合損益」。

國際會計準則（ international accounting standards，IAS）規定，編製綜合損益表時，可以選擇「單一報表法」或「兩張報表法」，前者是將某一期間認列的所有收益及費損項目編製於單一報表；後者則是將「本期損益」及「本期其他綜合損益」分成兩張報表編製，我國「證券發行人財務報告編製準則」規定採單一報表法。參考格式如次頁之知識加油站內容。

二 綜合損益表的內容

綜合損益表內容，應包含表首、表身、附註或附表三個部分。

（一）表首

表首用以說明報表之性質。綜合損益表的表首包含四項：❶企業名稱、❷報表名稱、❸報表報導期間及❹貨幣單位。報導期間通常以「起訖年月日」或「××年度」表示，例如：2022年度的綜合損益表，其期間以「2022年1月1日至12月31日」或「2022年度」表示。

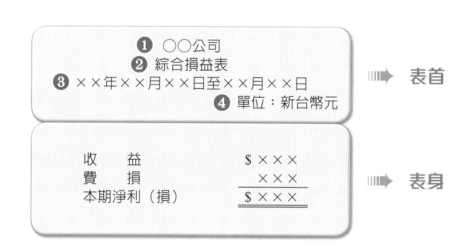

(一) 我國「證券發行人財務報告之編製準則」規定之綜合損益表格式

×××公司
綜合損益表
中華民國　　年及　　年　月　日至　月　日

單位：新臺幣千元

代碼	項目	本　期 (如：102年度)		上　期 (如：101年度)	
		金額	%	金額	%
	營業收入 營業成本				
	營業毛利				
	營業費用 　推銷費用 　管理費用 　研發費用 　其他費用 　預期信用減損損失（利益）				
	營業利益				
	營業外收入及支出 　其他收入（註1） 　其他利益及損失（註2） 　財務成本 　採用權益法之關聯企業及合資損益之份額 　XXXX				
	稅前淨利 所得稅費用				
	繼續營業單位本期淨利				
	停業單位損失				
	本期淨利				
	其他綜合損益 　國外營運機構財務報表換算之兌換差額 　透過其他綜合損益按公允價值衡量之權益工具投資未實現評價利益（損失） 　避險工具之損益 　確定福利計劃之再衡量數 　採用權益法之關聯企業及合資其他綜合損益之份額				
	本期其他綜合損益（稅後淨額） 本期綜合損益總額				
	淨利歸屬於： 　母公司業主 　非控制權益				
	綜合損益總額歸屬於： 　母公司業主 　非控制權益				
	每股盈餘 　基本及稀釋				

（左側縱向標示：本期損益、本期其他綜合損益）

董事長：　　　　　　　　　　經理人：　　　　　　　　　　會計主管：

註一：包括租金收入、按攤銷後成本衡量之金融資產利息收入、權利金、股利等。
註二：包括處分不動產、廠房及設備利益（損失）、處分投資利益（損失）、淨外幣兌換損益、透過損益按公允價值衡量之金融資產（負債）淨利益（損失）等。
註三：普通股每股盈餘以新臺幣元為單位。
註四：會計項目代碼應依一般會業會計項目代碼列示。

(二) 我國「企業會計準則EAS」規定之綜合損益表格式

大樹公司
綜合損益表
20X2 年及 20X1 年 1 月 1 日至 12 月 31 日

（費用功能法）

單位：新台幣仟元

	20X2 年度	20X1 年度
	金額	金額
營業收入	$390,000	$355,000
營業成本	(245,000)	(230,000)
營業毛利	145,000	125,000
營業費用		
銷售費用	(9,000)	(8,700)
管理費用	(20,000)	(21,000)
研發費用	(4,100)	(4,700)
	(33,100)	(34,400)
營業淨利	111,900	90,600
營業外收益及費損		
利息收入	2,000	1,000
租金收入	15,000	10,000
股利收入	3,667	300
利息費用	(4,500)	(6,000)
透過損益按公允價值衡量之 金融資產（負債）淨損益	(1,400)	(400)
兌換損益	4,000	2,600
處分不動產、廠房及設備損益	(100)	(200)
減損損失	(4,000)	-
採用權益法認列之投資損益	35,100	30,100
	49,767	37,400
稅前淨利	161,667	128,000
所得稅費用	(40,417)	(32,000)
繼續營業單位稅後淨利	121,250	96,000
停業單位損失（稅後）	—	(30,500)
本期稅後淨利	121,250	65,500
本期其他綜合損益		
國外營運機構財務報表換算之 兌換差額	5,334	10,667
備供出售金融資產未實現損益	(23,067)	30,034
現金流量避險中屬有效避險部 分之避險損益	(667)	(4,000)
採用權益法認列之其他綜合損 益份額	400	(700)
與其他綜合損益相關之所得稅[1]	4,500	(9,001)
本期其他綜合損益（稅後淨額）	(13,500)	27,000
本期綜合損益總額（稅後淨額）	$107,750	$92,500

(二)表身

表身用以彙總財務報導期間內發生的收益與費損,並計算損益。損益表內容包含收益與費損兩大類,內容可再細分如下:

1. **收益類**

   依是否為企業主要營業活動,收益可區分為:

   (1)營業收入:實務界常稱「業內收入」,為主要經營活動所獲得的收入。例如:買賣業因銷售商品所賺得的收入,稱為「銷貨收入」;勞務業因提供勞務所賺得的收入,稱為「勞務收入」;因居間及代理業務或受委託等報酬所得的收入,則稱為「業務收入」。

   (2)營業外收入:實務界常稱「業外收入」,為主要營業以外活動所獲得的收入。例如:買賣業的利息收入以及處分投資利益等。

2. **費損類**

   依費損是否為企業主要營業活動,可區分為:

   (1)營業成本:為賺取營業收入所負擔的成本。例如:因賺取銷貨收入的營業成本,稱為「銷貨成本」;因賺取勞務收入的營業成本,稱為「勞務成本」;因賺取業務收入的營業成本,稱為「業務成本」。

   (2)營業費用:為賺取營業收入所發生的經常性費用。依企業作業的功能,營業費用可分為推銷費用、管理費用及研發費用等三項目。分別說明如下:

推銷費用	又稱「銷售費用」，指為了推銷商品及處理銷售工作所發生的費用，例如：銷售人員薪資、銷售人員旅費、銷貨佣金、銷貨運費、廣告費、交際費、其他費用等。
管理費用	指與管理單位有關的費用，例如：管理人員薪資、辦公室租金、辦公設備折舊、呆帳損失、文具用品、租金支出、水電瓦斯費、郵電費、稅捐、其他費用等。
研發費用	指與研究發展有關的營業費用，例如：研究人員的薪資、新產品研發費用、研究設備的折舊、其他費用等。

(3)營業外支出：因非主要營業活動所發生的費用與損失。例如：買賣業的利息費用、處分投資損失等。

(三)附註及附表

當表身所列各項會計資訊，仍然無法充分揭露企業經營績效時，應在報表加以附註或附表作進一步說明。

1. **附註**：例如存貨價值的變動、重大訴訟案件結果、重大災害損失等。

2. **損益項目明細表**：主要報表應以簡明爲原則，其細部內容可另外編製附表補充說明。例如：營業收入明細表、營業成本明細表、攤銷費用明細表、管理費用明細表等。

(四)簽章

財務報表的末端，依規定必須由主辦會計人員、經理人及負責人簽名或蓋章，以示負責。

法規報你知 《商業會計法》第66條第Ⅲ項

決算報表應由代表商業之負責人、經理人及主辦會計人員簽名或蓋章負責。

三 綜合損益表之編製（以買賣業為例）

企業編製的綜合損益表，一般採由上而下的「報告式」排列方式編製。綜合損益表的表身內容，依據《企業會計準則公報》第二號「財務報表之表達」的規定，應將費用依費用功能法或費用性質法編製。而這兩種區分法，與傳統依是否有分階段計算損益，區分為單站式與多站式兩種格式的用意大致相同。茲說明如下。

(一)單站式綜合損益表（費用性質法）

綜合損益表的「本期損益」金額，係根據「收益－費損＝本期損益」公式所編製。而最簡單的編製方式，乃將所有「收益類」帳戶與所有「費損類」帳戶分別加總金額後，再將兩者相減，得出本期淨利（或本期淨損），此種方式因為只有一個相減步驟，故稱為單站式，其格式如表10-1。

》表10-1　墾丁公司民國111年度綜合損益表

墾丁公司 綜合損益表 中華民國111年1月1日至12月31日	單位：新台幣元
項　目	金　額
收　益	
銷貨收入	$310,000
費　損	
銷貨成本	(120,000)
薪資支出	(30,000)
保險費	(6,000)
水電瓦斯費	(3,000)
處分投資損失	(1,000)
本期淨利	$150,000
負責人：周捷崙　　經理人：林智麟　　主辦會計：蔡伊瑋	

由表10-1可看出，墾丁公司在民國111年度內，共發生收益$310,000、費用及損失共$160,000，總收益超過總費損的金額共$150,000；換句話說，墾丁公司民國111年度的經營成果，總共獲利$150,000（收益$310,000－費損$160,000＝本期淨利$150,000）。

　　單站式雖然編製簡單，卻無法提供充分的中間性資訊（例如：銷貨毛利、營業淨利等數字），難以滿足報表使用者對會計資訊充分揭露之需求。

IFRS 新知

　　《企業會計準則公報》第二號「財務報表之表達」中明文規範，報表認列損益之費用，應依費用的功能或性質加以分類：

1. 費用功能法：又稱銷貨成本法，係依照費用的功能分類表達。如營業成本、推銷費用、管理費用及其他費用等。此類方法能對使用者提供更攸關之資訊。
2. 費用性質法：依費用之性質分類表達，如折舊費用、原料進貨、員工福利及廣告費用等。

腦力激盪…

2. <u>安達貨運行</u>創立於民國101年初，其111年度有關收益與費損的期末調整後帳戶餘額如下：

運費收入	\$65,000	薪資支出	37,000	燃 料 費	8,000
水電瓦斯費	4,000	修 繕 費	1,000		

試編製該貨運行111年度綜合損益表。

安達貨運行

綜合損益表

中華民國　　年　　月　　日至　　月　　日

項　　　目	合　　　計
收　益	
費　損	

(二)多站式綜合損益表(費用功能法)

綜合損益表的「本期損益」金額,若分成多階段計算(費用依功能分)而來,則屬於多站式編製方式,包括營業毛利、營業利益及本期損益三階段。而就買賣業而言,則分為銷貨毛利(損)、營業利益(損)及本期淨利(損)等三個階段計算損益。多站式也是我國「證券發行人財務報告之編製準則」規定採用的格式。其格式如表10-2。

多站式綜合損益表具有多項優點,包括:(1)將主要營業活動結果(營業損益)與非主要營業活動結果(營業外損益)分開列式;(2)充分揭露中間性資訊;(3)收益與相關成本費用間相互配合,如銷貨收入與銷貨成本相減得出銷貨毛利(損)、營業外收入與營業外支出相減得出營業外損益等。故實務上,企業多採之。茲以買賣業為例,列示相關算式並說明如下:

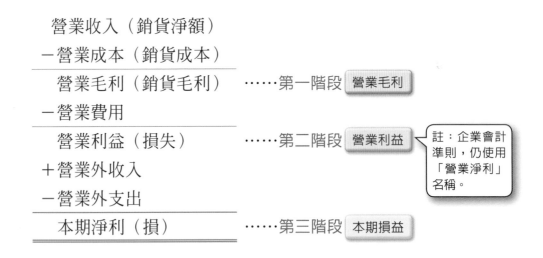

》表10-2 多站式綜合損益表（以費用功能別編製）

項目	小計	合計	
營業收入			第一階段：計算銷貨毛利
銷貨收入		$×××	
營業成本			
銷貨成本		×××	
營業毛利（損）		$×××	
營業費用			第二階段：計算營業利益
推銷費用	$×××		
管理費用	×××		
研發費用	×××	×××	
營業利益（損失）		$×××	
營業外收入及支出			第三階段：計算本期損益
營業外收入			
租金收入	$×××		
利息收入	×××		
…	×××	$×××	
營業外支出			
利息費用	$×××		
處分投資損失	×××		
…	×××	(×××)	
稅前淨利（損）		$×××	
所得稅費用		×××	
本期淨利（損）		$×××	

編表要點說明

1. 編製損益表時，依需要區分為若干個階段計算，再由各個階段，逐步結算出損益金額。例如，「營業費用」各項目金額先獨立加總，再由「營業毛利」減除此「營業費用」總額，得出「營業利益」金額。

2. 未設有「金額欄」者，每一欄的第一金額及單紅線之下的第一個金額須加「$」符號；若設有「金額欄」者，「$」符號可省略。報表最後一個數字為損益最後的結果，必須劃雙紅線作終結。

3. 每一縱行的計算，可能連加或兩數額相減，減項金額可以加上括弧表示減項，也可以不加括弧；但若遇三個金額連加減，則必須將減項加上括弧，以便區別加減項。例如，「營業利益」加「營業外收入」減「營業外支出」時，營業外支出金額欄外應加上括弧，代表減項。

4. 若為「營業損失」或「本期淨損」時，得以用紅字表示損失金額，或是在金額部分加上括弧表示負數。

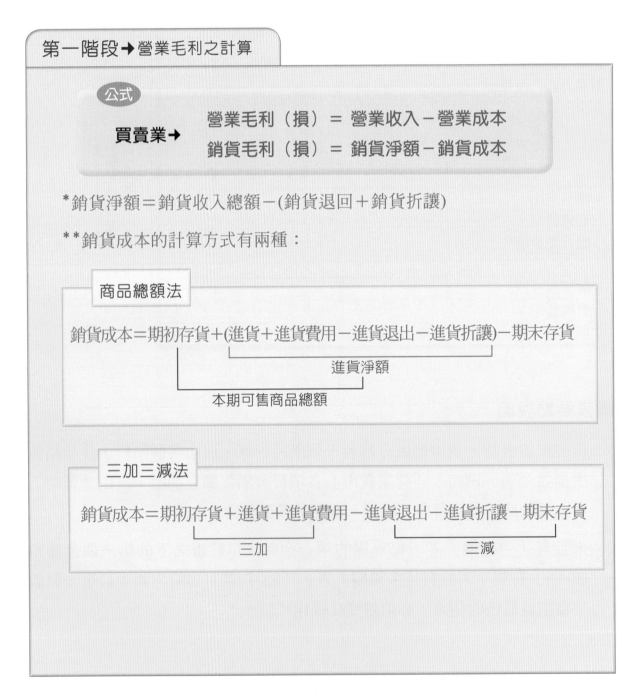

第一階段➜營業毛利之計算

公式

買賣業➜ 營業毛利（損）＝營業收入－營業成本
銷貨毛利（損）＝銷貨淨額－銷貨成本

＊銷貨淨額＝銷貨收入總額－(銷貨退回＋銷貨折讓)

＊＊銷貨成本的計算方式有兩種：

商品總額法

銷貨成本＝期初存貨＋(進貨＋進貨費用－進貨退出－進貨折讓)－期末存貨

進貨淨額

本期可售商品總額

三加三減法

銷貨成本＝期初存貨＋進貨＋進貨費用－進貨退出－進貨折讓－期末存貨

三加　　　　　　　三減

≫ 公式說明

- 銷貨毛利：計算銷貨毛利之目的，在得知因買賣交易產生的銷貨收入淨額與銷貨成本差異大小，以瞭解企業銷售活動的績效。簡單來講，就是買賣之間賺取的價差。

- 銷貨淨額：爲「銷貨收入淨額」的簡稱，指銷貨收入總額，減除商品被退回及給予折扣、讓價後的餘額。

- 銷貨成本：指已出售商品的成本。包含期初存貨、進貨成本、進貨費用；但進貨退出、讓價及折扣則須從成本中減除，尚未售出的存貨也一併扣除。銷貨成本計算式有兩種：

  (1)商品總額法計算銷貨成本：先將去年未售出的期初商品存貨，加上本期增加的商品進貨，得出「本期可售商品總額」，再扣除期末尚未出售的商品存貨後，得出本期的銷貨成本。

  (2)三加三減法計算銷貨成本：先彙總銷貨成本的三個加項（期初存貨、進貨、進貨費用），再減去銷貨成本的三個減項（進貨退出、進貨折讓、期末存貨），得出銷貨成本。

- 當銷貨淨額＞銷貨成本，產生銷貨毛利；反之，則產生銷貨毛損。

第二階段 ➜ 營業利益之計算

 公式

買賣業 ➜ 營業利益（損失）＝營業毛利（損）－營業費用*

營業利益（損失）＝銷貨毛利（損）－營業費用

*營業費用＝推銷費用＋管理費用＋研發費用**

＼ 公式說明

● 計算營業損益之目的，在檢測企業主要業務活動之經營績效。

● 若銷貨毛利＞營業費用，則有營業淨利（營業利益）；反之，則為營業淨損（營業損失）。

第三階段 ➜ 本期損益之計算

 公式

本期淨利（損）＝營業利益（損失）＋（營業外收入－營業外支出）－所得稅費用

營業外利益(損失)

＼ 公式說明

● 計算本期損益之目的，在顯示企業當期的全部經營成果（即經營績效）。

● 營業外收入：指非由主要營業活動所發生的收入及利益。買賣業營業外收入常見的有：利息收入、租金收入、佣金收入、股利收入、處分投資利益等。

● 營業外支出：指非因主要營業活動而支出的費用及發生的損失。常見的買賣業營業外支出有利息費用、處分投資損失、外幣兌換損失、其他損失等。

四 企業的獲利能力分析

企業經營的主要目標是賺取利潤，而綜合損益表正是報導企業經營獲利績效的報表。因此，可以根據損益表的數據，有效分析企業的獲利能力，獲利能力愈高，經營績效愈好。常用的獲利能力衡量指標有：

1. **營業毛利率**：又稱銷貨毛利率，簡稱毛利率，為銷貨毛利佔銷貨淨額的百分比。毛利率愈高，表示企業獲利能力愈好。公式：

$$營業毛利率 = \frac{營業毛利}{營業收入} = \frac{銷貨毛利}{銷貨淨額} = \frac{銷貨淨額 - 銷貨成本}{銷貨淨額}$$

2. **營業成本率**：又稱銷貨成本率，簡稱成本率，為銷貨成本佔銷貨淨額的百分比。成本率愈高，表示企業獲利能力愈差。公式：

$$營業成本率 = \frac{營業成本}{營業收入} = \frac{銷貨成本}{銷貨淨額}$$

由以上可得知：

$$營業成本率 + 營業毛利率 = 1$$

3. **純益率**：又稱為淨利率，為稅後淨利佔銷貨淨額的百分比。純益率愈高，表示企業經營績效愈好。公式：

$$純益率 = \frac{本期淨利}{營業收入} = \frac{本期淨利}{銷貨淨額}$$

五 綜合損益表之編製釋例

有關綜合損益表的編製，金管會因應「國際財務報導準則IFRSs」，陸續公告「證券發行人財務報告編製準則」部份修正條文，規定綜合損益表格式應以「功能別」為分類基礎，格式如表10-2所示。另外，為了使用人方便比較，企業前後年度的成長概況，大都會編製兩年變化比較報表。茲以例題1及例題2為編製釋例，說明如下：

會計概論

例題1

自強商店民國111年期末調整後損益各帳戶餘額如下：

銷貨收入	$257,000	銷貨退回	$14,000
銷貨折讓	6,000	進貨	164,000
進貨費用	12,000	進貨退出	9,000
進貨折讓	5,000	存貨（期初）	20,000
存貨（期末）	30,000	租金收入	15,000
利息收入	11,000	利息費用	2,000
薪資支出－推銷部門	3,000	保險費－推銷部門	1,000
保險費－管理部門	500	薪資支出－管理部門	1,000
折舊－管理部門	1,000	文具用品－管理部門	1,500

試以功能別（費用功能法）編製該公司多站式綜合損益表。

解

編製綜合損益表時，須先將功能別之下的各項目餘額相減，再以該項目彙總金額，表達於報表內，所以，

銷貨收入（淨額）＝$257,000－($14,000＋$6,000)＝$237,000

銷貨成本＝$20,000＋$164,000＋$12,000－$9,000－$5,000－$30,000

$\quad\quad\quad$＝$152,000

推銷費用＝$3,000＋$1,000＝$4,000

管理費用＝$1,000＋$1,000＋$500＋$1,500＝$4,000

自強商店
綜合損益表
中華民國111年1月1日至12月31日

項目	小計	合計
營業收入		
銷貨收入		$237,000
營業成本		
銷貨成本		152,000
營業毛利		$85,000
營業費用		
推銷費用	$4,000	
管理費用	4,000	8,000
營業利益(營業淨利)		$77,000
營業外收入及支出		
營業外收入		
租金收入		$26,000
營業外支出		
利息費用		(2,000)
本期淨利		$101,000

負責人：鄭祐慈　　　經理人：郝杏芙　　　主辦會計：曾卿白

例題2

沿例題1，試計算自強商店民國111年度分析獲利能力之比率。

(1)銷貨成本率；(2)銷貨毛利率；(3)純益率。

解

(1) 銷貨成本率＝銷貨成本÷銷貨淨額＝$152,000÷$237,000＝64.14%

(2) 銷貨毛利率＝銷貨毛利÷銷貨淨額＝$85,000÷$237,000＝35.86%

(3) 純益率＝本期淨利÷銷貨淨額＝$101,000÷$237,000

　　　　＝42.62%

腦力激盪…

3. 黑熊公司民國110年度損益帳戶各餘額如下：

進　　貨	$365,000	進貨退出	$600	折舊費用	$5,000
期初存貨	20,000	租金支出	30,000	利息費用	12,000
銷貨折讓	4,300	期末存貨	48,000	利息收入	13,500
銷貨收入	776,000	薪資支出	80,000	本期所得稅費用	？
租金收入	200,000				

試作：

(1) 計算下列數額

　　① 銷貨收入淨額

　　② 可售商品總額

　　③ 銷貨成本

　　④ 銷貨毛利

　　⑤ 營業費用

　　⑥ 營業利益

　　⑦ 本期所得稅費用（依我國稅法計算所得稅）

　　⑧ 本期淨利（稅後淨利）

(2) 以功能別編製綜合損益表

　　（假設營業費用中，推銷費用與管理費用佔6：4）

(3) 計算下列數額，並簡要分析之

　　① 營業成本率

　　② 營業毛利率

　　③ 純益率

企業獲利能力分析：

腦力**激盪** …

(4) 編製綜合損益表

公司
綜合損益表
中華民國　　年　　月　　日至　　月　　日

項　　目	小　計	合　計
營業收入		
營業成本		
營業毛利		
營業利益(營業淨利)		
本期淨利		

例題3 ....

台北商店民國111及110年底結帳前各項目餘額如下，試編製台北商店本期（111年度）及上期（110年度）前後兩期比較綜合損益表（表身以項目別編製，假設無期初存貨及期末存貨）。

● 111年底結帳前各項目餘額：

會計項目	借方餘額	貸方餘額
銷貨收入		$500,000
銷貨折讓	$20,000	
利息收入		7,000
進　貨	250,000	
進貨退出		15,000
進貨折讓		5,000
推銷費用		
薪資支出	80,000	
運　費	2,000	
管理費用		
薪資支出	70,000	
租金支出	8,000	
折　舊	6,000	
其他損失	4,000	
利息費用	6,000	
處分投資損失	13,000	

● 110年底結帳前各項目餘額：

會計項目	借方餘額	貸方餘額
銷貨收入		$400,000
銷貨折讓	$10,000	
利息收入		2,000
其他收入		30,000
進　貨	200,000	
進貨退出		16,000
進貨折讓		4,000
推銷費用		
薪資支出	70,000	
運　費	1,000	
管理費用		
薪資支出	60,000	
租金支出	4,000	
折　舊	6,000	
其他損失	3,000	
利息費用	5,000	

解

(1) 因欄位名稱已經可以表達其為金額的意思，所以可以省略「$」符號。

(2) 各項目別之下各項目餘額彙總如下：

110年度銷貨收入（銷貨淨額）＝$400,000 － $10,000 ＝ $390,000

110年度銷貨成本＝$200,000 － $16,000 － $4,000 ＝ $180,000

110年度推銷費用＝$70,000 ＋ $1,000 ＝ $71,000

110年度管理費用＝$60,000 ＋ $4,000 ＋ $6,000 ＝ $70,000

111年度類推。

台北商店
綜合損益表
中華民國111年1月1日至12月31日及
110年1月1日至12月31日

單位：新台幣元

項目	本　期 (111年度)		上　期 (110年度)	
	小計	合計	小計	合計
營業收入				
銷貨收入		$480,000		$390,000
營業成本				
銷貨成本		230,000		180,000
營業毛利		$250,000		$210,000
營業費用				
推銷費用	$82,000		$71,000	
管理費用	84,000	166,000	70,000	141,000
營業利益		$84,000		$69,000
營業外收入及支出				
營業外收入				
利息收入	$7,000		$2,000	
其他收入	－	7,000	30,000	32,000
營業外支出				
其他損失	$4,000		$3,000	
利息費用	6,000		5,000	
處分投資損失	13,000	(23,000)	－	(8,000)
本期淨利		$68,000		$93,000

腦力激盪···

4. 高雄公司2022及2021年底結帳前各項目餘額如下，試編製高雄公司2021及2022
年度兩期比較綜合損益表

2022年底結帳前各項目餘額：

會計項目	借方餘額	貸方餘額
銷貨收入		$600,000
銷貨折讓	$40,000	
利息收入		7,000
進　　貨	280,000	
進貨退出		25,000
進貨折讓		5,000
推銷費用		
廣 告 費	90,000	
運　　費	2,000	
管理費用		
薪資支出	60,000	
水電瓦斯費	6,000	
折　　舊	8,000	
利息費用	6,000	
其他損失	13,000	

2021年底結帳前各項目餘額：

會計項目	借方餘額	貸方餘額
銷貨收入		$500,000
銷貨折讓	$30,000	
利息收入		2,000
其他收入		33,000
進　　貨	210,000	
進貨退出		6,000
進貨折讓		4,000
推銷費用		
廣 告 費	80,000	
運　　費	1,000	
管理費用		
薪資支出	50,000	
水電瓦斯費	5,000	
折　　舊	5,000	
利息費用	5,000	

腦力激盪···

公司

綜合損益表

年　　月　　　日至　　月　　日及

年　　月　　　日至　　月　　日

單位：新台幣元

項　　目	本　期 (2022年度)		上　期 (2021年度)	
	小　計	合　計	小　計	合　計
營業收入				
營業成本				
營業毛利				
營業費用				
營業利益				
營業外收入及支出				
營業外收入				
營業外支出				

一、選擇題

(　　) 1. 表達企業某一特定期間財務績效（經營成果）之報表為下列何種報表？(A)資產負債表　(B)綜合損益表　(C)權益變動表　(D)現金流量表。

(　　) 2. 下列對綜合損益表格式之敘述，何者<u>有誤</u>？　(A)單站式依「收益－費損＝本期損益」公式編製　(B)買賣業較適合採單站式　(C)附註或附表是正式報表的一部分　(D)實務上多採費用功能法編製。

(　　) 3. 期末存貨高估，對於次一會計期間之影響為何？　(A)多計銷貨成本　(B)多計毛利　(C)多計淨利　(D)多計資產。

(　　) 4. 銷貨收入$13,000、銷貨退回$1,000、銷貨運費$1,500，銷貨折扣$2,000，銷貨成本$8,000，則毛利率多少？　(A) 80%　(B) 20%　(C) 1　(D) 25%。

(　　) 5. 銷貨毛利高，營業利益低，表示　(A)營業外活動獲利高　(B)毛利率大於1　(C)營業費用高　(D)銷貨成本高。

二、應用題

1. 試填入各家商店損益表空格內的金額及比率，並比較各商家獲利能力的好壞。（假設無營業外收入及支出項目）

商　店	太陽商店	月亮商店	星星商店
營業收入	$2,000		$8,000
營業成本	1,400		
營業毛利		2,000	1,000
營業費用		500	
本期淨利(損)	淨利400		淨損500
成本率			
毛利率		40%	
純益率			

獲利能力分析：

第三節 資產負債表之意義、內容及編製

一 資產負債表的意義

所謂資產負債表，又稱為財務狀況表，係用以表達企業在某一特定時日的資產、負債與權益等財務狀況的報表，又稱為財務狀況表。

例如：債權人可以從表10-3分析得知，民國110年底<u>墾丁公司</u>的財務狀況，其資產為$566,000，負債為$120,000，權益為$446,000，該公司流動資產$236,000高出流動負債$120,000許多，顯示短期內到期需要償還的債務，有足夠的流動性資產可變現支應，其資本甚為雄厚，財務狀況穩健。

>> 表10-3 資產負債表

墾丁公司
資產負債表
中華民國110年12月31日

單位：新台幣元

資　　產	小計	合計	負債及權益	小計	合計
資　　產			負　　債		
流動資產			流動負債		
現金及約當現金	$100,000		應付票據	$90,000	
應收票據	60,000		應付帳款	18,000	
應收帳款	50,000		其他應付款	12,000	$120,000
存　　貨	26,000	$236,000	權　　益		
非流動資產			股　　本	$400,000	
不動產、廠房及設備	$200,000		資本公積	26,000	
無形資產	80,000		保留盈餘	20,000	446,000
其他非流動資產	50,000	330,000			
資產總計		$566,000	負債及權益總計		$566,000

負責人：周捷齋　　　　　經理人：林智麟　　　　　主辦會計：蔡伊璿

二 資產負債表的內容

（一）表首

資產負債表的表首，包括：企業名稱、報表名稱、貨幣單位及報表所屬期間的終了日（即決算日），藉以表達企業在特定日期的財務狀況，屬於靜態報表。

○○公司
資產負債表
××年××月××日
單位：新台幣元

（二）表身

資產負債表的表身，係指報表主體的部分，內容包括：資產、負債及權益三大項目。而各項目內的排列順序，通常採流動排列法，依將流動性大者排前面，流動性小者排後面。所謂流動性，就資產而言，是指資產變現速度的快慢程度，變現速度越快者，流動性越高；就負債而言，則是指償還期限的遠近，越早到期者，流動性越高。

1. **資產**：依據流動性大小排列。順序為流動資產、非流動性資產。流動資產中的會計項目或會計項目亦依變現速度快慢排列，例如：現金及約當現金、應收票據、應收帳款、存貨等順序排列。

2. **負債**：依據流動性大小排列。即依到期日遠近排列，由近而遠排列，分為流動負債及非流動負債。

3. **權益**：依持久性高低排列。持久性高（變動性小）者在前，低者在後。故先列股本，再列資本公積、保留盈餘。

(三)附註或附表

為了能充分揭露會計資訊，當資產負債表的表身，無法充分表達財務狀況時，應於報表下方附註說明或編製附表補充，使閱讀報表者更能瞭解財務的細部狀況。

1. **附註**：如重要會計政策、重大訴訟案件、關係人交易等說明。
2. **附表**：如存貨明細表、應收帳款明細表、應付帳款明細表、財產目錄等。

資產負債表之格式

> 財務報表範圍＝四大主要報表＋附表＋各種明細表

資產負債表格式乃根據「資產＝負債＋權益」之會計方程式編製而成。報表左右兩方金額總計相等，故稱平衡表。編製時，常將資產類帳戶餘額列示於報表的左方，負債及權益類帳戶餘額列示於報表的右方，其形式如「T」字帳，故稱帳戶式資產負債表。此格式優點為左右分列，便於對照比較，實務上多採之。相對於左右對稱的帳戶式編排，也有根據「資產－負債＝權益」的權益方程式，採由上而下的報告式排列方式，依序先排列資產類帳戶，其次負債類帳戶，最下方再列示權益類帳戶。

資產負債表列示內容應簡明，不宜太長、太複雜，以方便使用者閱讀。金管會發布之證券發行人財務報告編製準則，資產負債表格採二期對照方式表達，且列示至第三級會計項目。故會計人員編製資產負債表時，應該能夠將各第四級會計項目及金額，正確歸併到所屬的第三級會計項目。茲列示兩期資產負債表格式、常見會計項目如下：

資產	本期	上期	負債及權益	本期	上期
流動資產			流動負債		
現金及約當現金	×××	×××	短期借款	×××	×××
各項金融資產—流動	×××	×××	應付票據	×××	×××
應收票據	×××	×××	應付帳款	×××	×××
應收帳款	×××	×××	其他應付款	×××	×××
其他應收款	×××	×××	本期所得稅負債	×××	×××
本期所得稅資產	×××	×××	預收款項	×××	×××
商品存貨	×××	×××	負債準備—流動	×××	×××
預付款項	×××	×××	⋮	×××	×××
⋮	×××	×××	其他流動負債	×××	×××
其他流動資產	×××	×××	流動負債合計	×,×××	×,×××
流動資產合計	×,×××	×,×××	非流動負債		
非流動資產			應付公司債	×××	×××
各項金融資產—非流動	×××	×××	長期借款	×××	×××
採用權益法之投資	×××	×××	負債準備—非流動	×××	×××
不動產、廠房及設備	×××	×××	⋮	×××	×××
投資性不動產	×××	×××	其他非流動負債	×××	×××
無形資產	×××	×××	非流動負債合計	×,×××	×,×××
⋮	×××	×××	負債總計	×,×××	×,×××
其他非流動資產	×××	×××	權　　益		
非流動資產合計	×,×××	×,×××	業主資本(股本)	×××	×××
			業主往來(資本公積)	×××	×××
			本期損益(保留盈餘)	×××	×××
			權益總計	×,×××	×,×××
資產總計	××,×××	××,×××	負債及權益總計	××,×××	××,×××

企業名稱
資產負債表
中華民國　　年　月　日及　年　月　日

單位：新台幣元

會計項目表－資產、負債、權益

資產

流動資產

現金及約當現金
　現金
　銀行存款

XX金融資產－流動

應收票據
　應收票據
　備抵損失－應收票據

應收帳款
　應收帳款
　備抵損失－應收帳款

其他應收款
　應收收益
　應收退稅款
　其他應收款

存貨
　存貨

預付款項
　預付貨款
　預付費用
　用品盤存
　進項稅額
　留抵稅額

其他流動資產
　暫付款
　代付款

非流動資產

XX金融資產－非流動

不動產、廠房及設備
　土地成本
　房屋及建築成本
　累計折舊－房屋及建築
　機器設備成本
　累計折舊－機器設備
　運輸設備成本
　累計折舊－運輸設備
　辦公設備成本
　累計折舊－辦公設備

礦產資源
　礦產資源成本
　累計折耗－礦產資源

投資性不動產
　投資性不動產－土地
　投資性不動產－建築物
　累計折舊－投資性不動產－建築物

無形資產
　專利權
　累計攤銷－專利權
　著作權
　累計攤銷－著作權
　電腦軟體
　累計攤銷－電腦軟體
　商譽

其他非流動資產
　存出保證金
　長期應收票據
　基　　金

非流動負債

長期借款
　銀行長期借款
　其他長期借款

其他非流動負債
　長期應付票據
　存入保證金

負債

流動負債

短期借款
　銀行透支
　銀行借款

應付票據
　應付票據

應付帳款
　應付費用
　銷項稅額
　其他應付款

負債準備－流動

其他流動負債
　預收貨款
　預收收入
　暫收款
　代收款

非流動負債

應付公司債
　應付公司債

長期借款
　銀行長期借款

負債準備－非流動

其他非流動負債
　長期遞延收入
　存入保證金
　長期應付票據

權益

業主資本
　業主資本

業主往來
　業主往來

本期損益
　本期損益

股本
　普通股股本
　特別股股本

資本公積
　資本公積－發行溢價

保留盈餘
　法定盈餘公積
　未分配盈餘
　本期損益

四 資產負債表之編製釋例

例題4

下列為<u>自強商店</u>民國111年度工作底稿資產負債表欄內各帳戶餘額，試依據證券發行人財務報告編製準則規定，表身以「項目別」編製。

現　　金	$550,000	應收票據	$125,000	應收帳款	$150,000	備抵損失－應收帳款	$5,500
存　　貨	30,000	預付保險費	12,000	用品盤存	1,500	土　　地	220,000
房屋及建築成本	160,000	存出保證金	38,000	商 標 權	32,000	著 作 權	8,000
應付票據	260,000	長期抵押借款	80,000	應付帳款	165,000	應付利息	2,000
業主資本	510,000	累計折舊－房屋及建築	16,000	業主往來	87,000	本期損益（貸餘）	101,000
應付公司債	100,000						

解

以項目別編製資產負債表時，必須先將資產、負債、權益各項目別所屬第四級會計項目（帳戶）餘額分別加總，再分別以第一、二、三級項目列示表達。如預付保險費$12,000及用品盤存$1,500，歸屬於預付款項，故須以合計金額$13,500表達；又如土地、房屋及建築、累計折舊，屬於不動產、廠房及設備，故以合計額$364,000；將商標權及著作權合計額$40,000，以無形資產項目表達；依此類推。

自強商店
資產負債表
中華民國111年12月31日

資　產	金額		負債及權益	金額	
	合計	總計		合計	總計
流動資產			流動負債		
現金及約當現金	$550,000		應付票據	$260,000	
應收票據	125,000		應付帳款	165,000	
應收帳款	144,500		其他應付款	2,000	
存　貨	30,000		流動負債合計		$427,000
預付款項	13,500		非流動負債		
流動資產合計		$863,000	應付公司債	100,000	
非流動資產			長期借款	80,000	
不動產、廠房及設備	$364,000		非流動負債合計		180,000
無形資產	40,000		負債總計		$607,000
其他非流動資產	38,000		權　　益		
非流動資產合計		442,000	業主資本	$510,000	
			業主往來	188,000	
			權益總計		698,000
資產總計		$1,305,000	負債及權益總計		$1,305,000

第一級（資產）
第二級（流動資產）
第三級（現金及約當現金）

說明：此$188,000係將本期損益併入業主往來後的餘額，即為結帳後業主往來帳戶餘額（結帳前業主往來$87,000＋本期淨利$101,000＝結帳後業主往來$188,000）。

例題5

勤樸商店民國111年及110年底結帳後相關實帳戶餘額如下，試為該商店編製111年底之資產負債表。（本期淨利結轉至業主往來）

項　　目	111年底	110年底	項　　目	111年底	110年底
現　　金	30,000	4,000	銀行借款	25,000	34,200
銀行存款	122,500	166,000	應付票據	45,500	40,000
應收帳款	60,000	42,000	應付帳款	19,500	17,800
備抵損失－應收帳款	5,000	2,000	應付薪資	20,000	14,000
存　　貨	50,900	53,000	銀行長期借款	200,000	200,000
預付貨款	21,950	10,000	業主資本	260,000	250,000
機器設備成本	370,000	335,000	業主往來	?	?
累計折舊－機器設備	70,000	35,000			

解

勤樸商店

資產負債表

中華民國111年12月31日及110年12月31日

單位：新臺幣元

資　　　　產	111/12/31	110/12/31	負債及權益	111/12/31	110/12/31
流動資產			流動負債		
現金及約當現金	$152,500	$170,000	短期借款	$25,000	$34,200
應收帳款	55,000	40,000	應付票據	45,500	40,000
存　貨	50,900	53,000	應付帳款	19,500	17,800
預付款項	21,950	10,000	其他應付款	20,000	14,000
流動資產合計	280,350	273,000	流動負債合計	110,000	106,000
非流動資產			非流動負債		
不動產、廠房及設備	$300,000	$300,000	長期借款	$200,000	$200,000
			負債總計	310,000	306,000
			權　　益		
			業主資本	$260,000	$250,000
			業主往來	10,350	17,000
			權益總計	270,350	267,000
資產總計	$580,350	$573,000	負債及權益總計	$580,350	$573,000

(1) 111年業主往來餘額 ＝ $580,350 － $310,000 － $260,000 ＝ $10,350

(2) 110年業主往來餘額 ＝ $573,000 － $306,000 － $250,000 ＝ $17,000

5. 青鳥公司2022年及2021年底調整後各實帳戶餘額如下，試以項目別編製2022年底比較資產負債表（本期損益已結轉保留盈餘）：

會計項目	2022年底借方餘額	2021年底貸方餘額
現　　金	22,000	6,000
銀行存款	88,000	74,000
應收帳款	26,000	22,000
備抵呆帳－應收帳款	600	400
存　　貨	12,000	10,800
預付租金	4,000	3,500
土地成本	160,000	140,000
房屋及建築成本	50,000	82,000
累計折舊－房屋及建築	20,000	10,000
辦公設備	40,000	50,000
累計折舊－辦公設備	22,000	17,000
專 利 權	16,000	18,000

會計項目	2022年底借方餘額	2021年底貸方餘額
累計攤銷－專利權	5,000	3,000
著 作 權	20,000	20,000
存出保證金	1,900	1,600
償債基金	10,000	8,000
銀行借款	50,000	4,500
應付票據	27,000	25,000
應付帳款	41,500	48,000
應付薪資	4,000	9,000
代收款	3,200	3,630
長期借款	50,000	50,000
存入保證金	4,000	2,270
普通股股本	100,000	100,000
資本公積	30,000	20,000
保留盈餘	?	?

提示：本期是指2022年，上期指2021年。

腦力激盪‥‥

	公司				
	資產負債表				
	年　月　日及　年　月　日				
項　目	2022年 12月31日	2021年 12月31日	項　目	2022年 12月31日	2021年 12月31日
資　　産			負　　債		
流動資產			流動負債		
應收帳款			應付票據		
存　　貨			應付帳款		
			其他應付款		
流動資產合計			其他流動負債		
非流動資產			流動負債合計		
不動產、廠房及設備			非流動負債		
無形資產					
其他非流動資產			其他非流動負債		
非流動資產合計			非流動負債合計		
			負債總計		
			權　　益		
			普通股股本		
			資本公積		
			保留盈餘		
			權益總計		
資產總計			負債及權益總計		

五 企業償債能力分析

　　將財務報表所呈現的數據應加以分析並解釋其間關係，使報表資訊更具有用性，此即所謂的財務報表分析。

　　就債權人而言，最關心企業償債能力是否足以保障其債權，而這也是資產負債表衡量流動性的重要指標。茲將最常用的償債能力衡量指標介紹如下：

(一) 營運資金

　　又稱為流動資金，是指企業能靈活運用的資金，通常用來衡量企業短期營運的能力。

$$營運資金＝流動資產－流動負債$$

(二) 流動比率

　　用以衡量短期債權人的債權保障程度。流動資產是指企業可快速變現的資產，流動負債是指企業短期內應支付的債務，流動比率愈高，表示企業可快速變現的資產，愈足以支付短期應償還的債務，對債權人保障愈大。一般理想的比率為2：1，意指1元流動負債有2元流動資產可供償債。

$$流動比率＝\frac{流動資產}{流動負債}$$

(三) 速動比率

　　又稱為酸性測驗比率，是一項衡量企業立即償債能力的指標。其與流動比率不同的地方，在於剔除不易立即出售變現的存貨、預付款項及其他流動資產等流動性低的流動資產。速動比率較流動比率更能測出企業的短期償債能力，一般理想比率為1：1。

公式

酸性測驗比率（速動比率）

$$= \frac{速動資產}{流動負債}$$

$$= \frac{流動資產－（存貨＋預付款項＋其他流動資產）}{流動負債}$$

例題6

茲以自強商店民國111年底的資產負債表為例，計算分析短期償債能力之比率。

解

(1) 營運資金＝流動資產－流動負債
  ＝$863,000－$427,000＝$436,000

(2) 流動比率＝$\dfrac{流動資產}{流動負債}$
  ＝$863,000÷$427,000＝2.02

(3) 速動比率＝$\dfrac{速動資產}{流動負債}$

$$= \frac{\$863,000－（\$30,000＋\$12,000＋\$1,500）}{\$427,000}$$

$$= \frac{\$819,500}{\$427,000} = 1.92$$

 腦力**激盪**⋯

6. 試計算表10-3之墾丁公司民國111年底短期償債能力分析比率：

   (1)營運資金；(2)流動比率；(3)速動比率。

(　) 1. 買賣業資產負債表內容之編製採流動排列法，目的在凸顯財務的何種特性？ (A)流動性　(B)固定性　(C)償債性　(D)獲利性。

(　) 2. 資產負債表乃依據總分類帳的哪一種帳戶餘額所編製？　(A)虛帳戶　(B)實帳戶 (C)混合帳戶　(D)全部帳戶。

(　) 3. 下列哪一項目最可能同時出現在綜合損益表及資產負債表中？　(A)現金　(B)資本主往來　(C)本期損益　(D)商品盤盈。

(　) 4. 下列何者<u>不是</u>分析企業償債能力之數據？　(A)流動比率　(B)營運資金　(C)速動比率　(D)銷貨成本率。

二、應用題

1. 試完成<u>貓頭鷹商店</u>民國111年底之簡要式資產負債表：（流動比率為2，速動比率為1.5）。

<table>
<tr><td colspan="6" align="center">貓頭鷹商店
資產負債表
中華民國　年　月　日</td></tr>
<tr><td>資產</td><td>合計</td><td>總計</td><td>負債及權益</td><td>合計</td><td>總計</td></tr>
<tr><td>資 產</td><td></td><td></td><td>負 債</td><td></td><td></td></tr>
<tr><td>流動資產</td><td></td><td></td><td>流動負債</td><td>$( )</td><td></td></tr>
<tr><td>　現金及約當現金</td><td>$120,000</td><td></td><td>非流動負債</td><td>( )</td><td>$412,000</td></tr>
<tr><td>　應收帳款</td><td>( )</td><td></td><td>權 益</td><td></td><td></td></tr>
<tr><td>　存 貨</td><td>( )</td><td>$400,000</td><td>( )</td><td>497,000</td><td></td></tr>
<tr><td>非流動資產</td><td></td><td>( )</td><td>業主往來</td><td>( )</td><td>( )</td></tr>
<tr><td>資產總計</td><td></td><td>$( )</td><td>負債及權益總計</td><td></td><td>$978,000</td></tr>
</table>

重點回顧

一、 財務報表的意義

財務報表又稱財務報告、決算表或決算報告等，係於報導期間終了時，根據調整後分類帳餘額，以一定格式編製成書面報告，用以表達企業在決算日的財務狀況及報導期間的經營績效。

二、 主要財務報表種類

1. 資產負債表：為報導企業在某特定日財務狀況的報表，屬於靜態報表。
2. 綜合損益表：為報導企業在某特定期間財務績效的報表，屬於動態報表。係資產負債表中權益項下本期損益及其他綜合損益的構成要素。
3. 權益變動表：為報導某特定期間權益增減變動及其結果的報表，屬動態報表。
4. 現金流量表：為報導某特定期間內因營業、投資及籌資等活動，所造成對現金及約當現金流入與流出影響的資訊，屬於動態報表。

三、 財務報表之編製時機

財務報表之編製，依會計年度為之。但仍另編各種定期及不定期報表，必要時可隨時為之。

四、 報告式綜合損益表

根據「收益－費損＝本期淨利（損）」之方程式，由上而下排列而編成。實務界多採用之。

1. 單站式：將企業在某一會計期間之所有收益與費損分別彙總，兩者一次相減，以求算本期損益。
2. 多站式（功能別）：將損益表內容作多階段之劃分，藉由更多層次之分類，提供給報表使用者更充足的中間性資訊。一般分為營業毛利（損）、營業淨利（損）及本期淨利（損）等三階段。

五、 多站式綜合損益表計算公式

1. 營業收入－營業成本＝營業毛利（損）
2. 營業毛利（損）－營業費用＝營業利益（損失）
3. 營業利益（損）＋營業外收入－營業外支出＝本期淨利（損）

六、 與損益表有關之獲利能力分析比率

1. 銷貨毛利率 $=\dfrac{銷貨毛利}{銷貨淨額} < 1$，愈高愈好

2. 銷貨成本率 $=\dfrac{銷貨成本}{銷貨淨額} = 1 -$ 銷貨毛利率

3. 營業利益率 $=\dfrac{營業利益}{銷貨淨額}$

4. 純益率（淨利率）$=\dfrac{本期淨利}{銷貨淨額}$

七、 資產負債表內容採「流動排列法」

依會計項目流動性高低排列，先列流動性高的項目，次列出流動性低的項目。

八、 償債能力分析

1. 營運資金（流動資金）＝流動資產－流動負債

2. 流動比率 $=\dfrac{流動資產}{流動負債}$

3. 速動資產＝流動資產－（存貨＋預付費用＋其他流動資產）

4. 速動比率（酸性測驗比率）$=\dfrac{速動資產}{流動負債}$

一、知識題（試填入適當答案）

1. 主要財務報表包括：＿＿＿＿＿＿＿＿＿＿、＿＿＿＿＿＿＿＿＿、＿＿＿＿＿＿＿＿及
＿＿＿＿＿＿＿＿。

2. 功能別損益表公式：

銷貨淨額	← 銷貨淨額＝銷貨收入－【＿＿＿＿＿＿＿＋＿＿＿＿＿＿＿】
－ 銷貨成本	← 銷貨成本＝期初存貨＋＿＿＿＿＿＿＿＿－＿＿＿＿＿＿＿
（＿＿＿＿＿＿＿）	→ 毛利率＝＿＿＿＿＿＿＿＿÷＿＿＿＿＿＿＿
－ 營業費用	← 營業費用＝＿＿＿＿＿＿＿＋＿＿＿＿＿＿＋＿＿＿＿＿＿
（＿＿＿＿＿＿＿）	
＋ 營業外收入	
－ 營業外支出	→ 營業外收入－營業外支出＝＿＿＿＿＿＿＿＿＿
（ 本期淨利 ）	→ 純益率＝＿＿＿＿＿＿＿＿÷＿＿＿＿＿＿＿

3. 資產之流動性係指資產＿＿＿＿＿＿的快速性；流動比率＝＿＿＿＿＿＿＿＿＿÷＿＿＿＿＿＿＿＿＿；
流動比率愈大，＿＿＿＿＿＿能力愈強。

4. 試比較綜合損益表、資產負債表及權益變動表三報表之異同：

比較項目	綜合損益表	資產負債表	權益變動表
報表日期	特定＿＿＿＿＿＿	特定＿＿＿＿＿＿	特定＿＿＿＿＿＿
報表性質 (動態或靜態)	＿＿＿＿＿＿報表	＿＿＿＿＿＿報表	＿＿＿＿＿＿報表
常用格式 (報告式或帳戶式)	＿＿＿＿＿＿式	＿＿＿＿＿＿式	×
報導的會計要素	＿＿＿＿＿＿、 ＿＿＿＿＿＿	＿＿＿＿＿＿、 ＿＿＿＿＿＿、 ＿＿＿＿＿＿	＿＿＿＿＿＿
主要功用	了解企業的 ＿＿＿＿＿＿	了解企業的 ＿＿＿＿＿＿	了解企業的 ＿＿＿＿＿＿

二、選擇題（試選出最適答案）

10-1 (　　) 1. 企業主要財務報表中，屬於靜態報表者共有幾種？　(A)一種　(B)二種　(C)三種　(D)四種。

10-2 (　　) 2. 功能費用法編製之綜合損益表第二階段求算　(A)買賣損益　(B)本期損益　(C)營業損益　(D)營業外損益。

(　　) 3. 銷貨總額$80,000，銷貨退回及折讓$11,960，銷貨成本$51,030，則毛利率為多少？　(A) 35%　(B) 30%　(C) 10%　(D) 25%。

(　　) 4. 期初存貨$30,000，本年購貨淨額$50,000，銷貨淨額$90,000，銷貨成本率為0.8，則期末存貨金額為多少？　(A) $8,000　(B) $6,000　(C) $24,000　(D) $3,600。

(　　) 5. 下列敘述正確者，共幾項？　(A)一項　(B)二項　(C)三項　(D)四項。
(甲) 單站式損益表依據「收益－費損＝本期損益」公式編製。
(乙) 投資人重視企業之償債能力，債權人重視企業之獲利能力。
(丙) 成本率＋毛利率≧1
(丁) 營業費用包含推銷費用、管理費用及研發費用。

(　　) 6. 銷貨淨額$600,000，成本率60%，稅率20%，若沒有營業費用及營業外損益金額發生，則純益率是多少？　(A) 20%　(B) 30%　(C) 32%　(D) 40%。

10-3 (　　) 7. 下列對資產負債表之敘述，何者有誤？　(A)為靜態報表　(B)項目依據流動性高低排列　(C)依據「資產＝負債＋權益」方程式編製之格式為帳戶式　(D)屬特定日財務狀況縱面之表達。

(　　) 8. 下列哪一個不是衡量償債能力的數據？　(A)營運資金　(B)銷貨毛利率　(C)流動比率　(D)速動比率。

(　　) 9. 下列何者屬於速動資產？　(A)預付費用　(B)存貨　(C)應收票據　(D)用品盤存。

(　　)10. 下列何種報表所列資料與結帳後試算表相同？　(A)綜合損益表　(B)現金流量表　(C)資產負債表　(D)權益變動表。

(　　)11. 現購設備器具使流動比率　(A)提高　(B)降低　(C)不變　(D)可能提高也可能降低。

(　　)12. 以現金償還應付帳款之交易，將使流動比率　(A)提高　(B)降低　(C)不變　(D)降低或提高不一定。

(　　)13. 下列敘述，何者有誤？　(A)高估期末存貨造成本期淨利多計　(B)漏提呆帳，會造成綜合損益表及資產負債表同時發生錯誤　(C)累計折舊在資產負債表上列為不動產、廠房及設備減項　(D)進貨運費誤記為銷貨運費，使銷貨毛利虛減。

(　　)14. 某商店流動比率3，速動比率2，若速動資產$40,000，則流動資產應為　(A) $60,000　(B) $80,000　(C) $10,000　(D) $120,000。

(　　)15. 下列何者並<u>不是</u>權益變動表內之項目？　(A)業主投資　(B)業主提取　(C)短期借款　(D)本期淨損。

三、綜合應用

1. 【單站式損益表】上海商店民國110年底會計資料如下：

　(1) 已收現金之收入$500,000，其中1/5為預收性質。

　(2) 已付現金之費用$300,000，其中1/3為預付性質。

　(3) 應收收入$20,000。

　(4) 應付費用$50,000。

　試作：分別依現金基礎及應計基礎編製單站式損益表。

2. 【功能別損益表】天津公司民國110年底相關之分類帳戶餘額如下：

進　　貨	$100,000	運　　費	$900	銷貨折讓	$600
銷貨收入	300,000	薪資支出	10,000	佣金支出	700
存　貨(1/1)	3,500	文具用品	800	其他收入	1,300
存　貨(12/31)	20,000	進貨退出	4,000	租金支出	2,600
利息費用	1,200	進貨折讓	3,000	利息收入	2,500
進貨費用	1,000	銷貨退回	400		

　試作：以功能別編製該公司民國110年度損益表（營業費用中推銷費用佔4成，所得稅率假設20%）。

                           公司
                      綜合損益表
          中華民國   年   月   日至   月   日

項　目	金　額	
	小　計	合　計

3. 【功能別損益表】蘇州公司民國110年度損益相關資料如下，試為其編製簡明損益表：

(1) 稅前淨利$240,000　(2) 所得稅率20%　(3) 純益率25%　(4) 毛利率40%

(5) 營業費用為銷貨成本之1/5　(6) 營業外收入：營業外支出＝2：1。

蘇州公司
綜合損益表
中華民國110年度

銷貨淨額		$ (		)
減：(	)	(		)
銷貨毛利		$ (		)
減：(	)	(		)
營業利益		$ (		)
加：營業外損益		(		)
稅前淨利		$ (	240,000	)
減：(	)	(		)
本期淨利		$ (		)

4. 【資產負債表】香港商店民國110年底調整後各實帳戶之餘額如下：

長期抵押借款	$200,000	銀行存款	$50,000
業主資本	250,000	土地成本	100,000
現　金	100,000	專利權	86,000
存　貨（期末）	10,000	著作權	10,000
應收租金	40,000	應收帳款	60,000
預付佣金	14,000	房屋及建築成本	200,000
業主往來	？	應付帳款	70,000
備抵損失－應收帳款	2,000	累計折舊－房屋及建築	38,000
應付票據	30,000	應付利息	5,000

試作：(1) 編製帳戶式資產負債表。

　　　(2) 計算營運資金、流動比率及速動比率。

(1)

	資產負債表 中華民國　年　月　日					
項　目	合計	總計	項　目	合計	總計
資　　產			負　　債		
流動資產			流動負債		
			非流動負債		
流動資產合計			負債總計		
非流動資產			權　　益		
非流動資產合計			權益總計		
資產總額			負債及權益總額		

(2) 營運資金＝

　　流動比率＝

　　速動比率＝

5. 以下為石虎公司民國111年及110年底之帳戶餘額：

	111年	110年		111年	110年
現　　金	$65,000	$45,000	資本公積	$11,000	$20,000
應收帳款	22,000	36,000	銷貨收入	90,000	80,000
辦公設備成本	18,000	18,000	租金收入	10,000	8,200
累計折舊－辦公設備	10,000	6,000	銷貨成本	27,000	25,000
應付帳款	13,000	15,000	薪資支出（管理）	22,000	21,000
應付薪資	3,000	2,000	文具用品（管理）	3,000	4,000
長期應付票據	2,000	1,800	折舊（管理）	4,000	4,000
普通股股本	50,000	50,000	廣告費（推銷）	28,000	30,000

假設民國110年底無保留盈餘，試編製111年度綜合損益表及111年底資產負債表（列出前後兩期比較）。

綜合損益表

中華民國___年__月__日至___年__月___日及

___年__月__日至___年__月__日

單位：新台幣　元

項　　目	本　期 (111年度)		上　期 (110年度)	
	小　計	合　計	小　計	合　計
營業收入				
營業成本				
營業費用				
營業利益（損失）				
營業外收入及支出				
營業外收入				

資產負債表
中華民國＿＿年＿月＿日及＿＿年＿月＿日

單位：新台幣　元

資　　　產	本　期 111/12/31	上　期 110/12/31	負債及權益	本　期 111/12/31	上　期 110/12/31
流動資產			流動負債		
流動資產合計			流動負債合計		
非流動資產			非流動負債		
			負債總計		
			權　　益		
			普通股股本		
			資本公積		
			保留盈餘		
			權益總計		
資產總計			負債及權益總計		

加值型營業稅之會計實務

Chapter 11

學習目標

研讀本章內容後，同學們應該能夠回答下列問題：

1. 加值型營業稅的意義為何？為什麼可以避免重複課稅？
2. 目前我國加值型營業稅的一般稅率為何？
3. 零稅率與免稅有何不同？哪一種具實質免稅優惠？
4. 依稅額相減法，如何計算出應納的營業稅額？
5. 一般營業人多久申報一次營業稅？何時申報？
6. 二聯式與三聯式統一發票開立的對象有何不同？
7. 何謂稅額外加？何謂稅額內含？
8. 試舉出買賣業常發生的進項、銷項及申報繳稅的分錄。

本章課文架構

```
                        加值型營業稅
```

加值型營業稅意義及特質	加值型營業稅計算方法	統一發票之種類及開立方法	加值型營業稅之會計處理
▶ 加值型營業稅意義 ▶ 加值型營業稅特質	▶ 加值型營業稅稅率 ▶ 銷項及進項 ▶ 稅額計算方法 ▶ 營業稅報繳期間	▶ 統一發票意義 ▶ 稅額外加或內含 ▶ 統一發票種類	▶ 營業稅增設會計項目 ▶ 會計處理釋例

導讀　　稅收是國家有限的珍貴資源，人民有依法納稅的義務，包含公司行號在內。企業平時有營業行為時，依法須課徵營業稅；年度有盈餘時，則須課徵營利事業所得稅。因此，對企業而言，稅務會計處理已是平時的工作要項。

　　統一發票的開立與營業稅徵收息息相關。本章除了介紹加值型營業稅基本概念與會計處理外，對於統一發票的種類與開立亦詳加介紹，同學可多研讀。

第一節　加值型營業稅之意義及特質

一　加值型營業稅的意義

　　所謂營業稅（business tax），係對營業人銷售貨物或勞務行為所課徵的一種銷售稅。營業稅的課徵，若就銷售貨物或勞務的總額課稅，稱為總額型營業稅；若就銷售中的加值額課稅者，則稱為加值型營業稅（value-added tax，VAT）。例如：100元買進，150元售出，總額型營業稅是對銷售總額150元課稅；而加值型營業稅則是對售價超過買價的加值額50元（150元－100元）課稅。

　　在高度商業化的經濟體系下，產銷關係複雜。如果每一階段均按銷售總額課稅，將造成稅上加稅的現象，我國自民國七十五年起即正式實施加值型營業稅。例如：製鞋工廠將鞋子製造完成後，透過代理商經銷給零售商，再由零售商出售給消費者，這中間每一階段的產銷過程都是營業行為，依法均應課徵營業稅，如圖11-1。

》圖11-1 常見的產銷體系

我國《加值型及非加值型營業稅》第1條規定：「在<u>中華民國</u>境內銷售貨物或勞務及進口貨物，均應依本法規定課徵加值型或非加值型之營業稅。」由此可知，營業稅為屬地主義，凡在我國境內有營業行為者，均應課徵營業稅，而課徵方式有加值型與非加值型兩種。目前，除少數（例如：金融保險業、典當業、特種飲食業及小規模營業人）仍維持舊制按營業總額課稅外，一般營業人依規定全面採用加值型課徵。

二 加值型營業稅的特質

(一) 避免重複課稅

僅就每一銷售階段的加值額課徵，可避免按營業總額課徵而造成稅上加稅或重複課稅等缺點。

(二) 具有自動勾稽作用，可減低逃漏稅情形

採用加值型營業稅的企業，如果能完善保存進貨繳稅時的發票，就能用來扣抵銷售應繳納的稅額。因此，營業人必向其上游廠商索取發票，作為扣抵稅額憑證，如此環環相扣，便可減少逃漏稅情形。

(三) 外銷適用零稅率，可提升出口競爭力

為鼓勵廠商對外出口，我國政府對外銷貨物或勞務採取零稅率（即銷售額×0％＝$0）。廠商可將已支付的進項稅額申請退還，一方面減輕成本，一方面增加對外競爭力。

(四) 資本財實質免稅，可提高投資意願

在新制加值型營業稅下，企業購置生產設備等資本財所預付的進項稅額，可以完全退還或扣抵，間接提高了廠商再投資或更換資本設備等意願。

(五) 符合租稅中立性原則

加值型營業稅制下，除某些免稅項目外，均依一定稅率課稅，而且各個階段稅率皆相同，符合租稅中立性原則。

第二節 加值型營業稅之計算方法

一 加值型營業稅的稅率

加值型營業稅的稅率，因為適用情況不同而有所差異，茲說明如下：

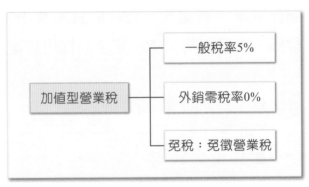

》圖11-2 加值營業稅稅率

(一) 一般稅率

稅法規定，加值型營業稅之稅率最低不得少於5%，最高不得超過10%；其徵收率由行政院核定之。現行稅率核定為5%。

(二) 外銷零稅率

稅法規定，外銷貨物、與外銷有關之勞務、國際運輸等營業稅稅率為零（0%）。因其銷項稅額為零，故進項稅額得以全數退還，屬實質上免稅之優惠。

(三) 免稅

所謂免稅，係指營業人銷售某一特定貨物或勞務免稅，或將貨物或勞務銷售給某特定之對象免稅。加值型營業稅的免稅，僅對當階段的加值免稅，其進項稅額不得扣抵退還，與零稅率的完全免稅不同。

 法規報你知 非加值型營業稅稅率

非加值型營業稅（總額型營業稅額＝銷售總額×特種稅率）：

＊金融保險業：銀行業、保險業、信託投資業、證券業、期貨業、票券業及典當業，就其經營專屬本業之銷售額課徵2%營業稅。

＊特種飲食業：夜總會、有娛樂節目餐飲店之稅率15%；酒家及有女性陪侍之茶室、咖啡廳、酒吧等稅率25%。

＊小規模營業人：每月銷售額未達使用統一發票標準之營業人（20萬元以下）營業稅率為1%；農產品批發之承銷人及銷售農產品小規模營業人稅率為0.1%。

二 銷項及進項

　　加值型營業稅係就營業時所創造的加值額課稅，而稅法上的「加值額」，係指「銷項」大於「進項」的差額部分。銷項泛指營業人銷售貨物或勞務所收取的一切價款（一般指開立發票的金額），進項則泛指營業人購進貨物或勞務所支付的款項（一般指收取發票的金額），所以並不限於銷貨與進貨。例如：買賣業添購設備、購買文具用品、支付水電瓦斯費等均屬進項；銷售商品、收取租金則屬於銷項。

三 稅額的計算方法

　　加值型營業稅的計算方法有稅基相減法及稅額相減法二種，目前我國採用稅額相減法。

(一) 稅基相減法

　　係將銷項減去進項所得加值額部分，乘以稅率而得出應納稅額的方法。

公式

> 銷　項　－　進項　＝　加值額
> 加值額　×　稅率　＝　應納稅額

(二) 稅額相減法

　　又稱為稅額扣抵法，此法係分別將進項總額乘以稅率得出進項稅額，銷項總額乘以稅率得出銷項稅額，再將銷項稅額減去進項稅額，即得出「應納稅額」。反之，若進項稅額大於銷項稅額時，則其差額為溢付稅額（即所謂的留抵稅額），除了少數符合特殊條件可申請退還外，一般均將溢付稅額留存國庫，以抵減次期的應納稅額。其計算式如下：

公式

$$銷項稅額 = 銷項 \times 稅率$$

$$進項稅額 = 進項 \times 稅率$$

說明：
1. 若銷項稅額＞進項稅額時 ➡ 銷項稅額－進項稅額＝應納稅額
2. 若銷項稅額＜進項稅額時 ➡ 進項稅額－銷項稅額＝留抵稅額

例題1

製鞋工廠的生產成本為$100,000，以$120,000賣給代理商，代理商再以$130,000賣給零售商，最後零售商以$150,000賣給消費者，假設營業稅率均為5%。試作：

(1) 以加值型計算營業稅額

(2) 為何以加值型為課徵方式可避免重複課稅？

解

(1) 以加值型計算營業稅：（營業稅＝加值額×稅率）

工廠應繳營業稅＝（$120,000－$100,000）×5%＝$1,000

代理商應繳營業稅＝（$130,000－$120,000）×5%＝$500

零售商應繳營業稅＝（$150,000－$130,000）×5%＝$1,000

各階段營業稅合計為$1,000＋$500＋$1,000＝$2,500

(2) 就營業人而言，必會將所繳稅額轉嫁到售價中。由上述計算結果得知，若每一階段均按銷售總額計算，則前一階段所繳營業稅額必然累積到下一階段銷售總額課稅；但如果按銷售額減去購入貨物支出額後的差額（加值額）課稅，則每一階段營業稅將不會累積到下一階段繼續加稅，故以加值型計算營業稅額，可避免重複課稅現象。

腦力激盪…

1. 試以稅額相減法，計算代理商及零售商兩階段營業人的營業稅額（稅率5%）。

各銷售階段 \ 項目	製造商	代理商	零售商	消費者
銷　項	$12,000	$14,000	$20,000	－
銷項稅額(銷項×5%)	$600	（　　）	$1,000	－
進　項	$8,000	$12,000	（　　）	$21,000
進項稅額(進項×5%)	$400	（　　）	（　　）	－
應納稅額 (銷項稅額－進項稅額)	$200	（　　）	（　　）	－

例題2

野柳公司為一般營業人，因錯估景氣，本年5、6月間大量進貨$400,000，並發生進貨費用$10,000，但僅銷售$300,000，此期間買賣皆依法收取或開立發票。試問，野柳公司7月申報營業稅結果為應納稅額或是留抵稅額？

解

(1) 進項取得發票，另付進項稅額 = ($400,000 + $10,000) × 5% = $20,500

(2) 銷項開立發票，另收銷項稅額 = $300,000 × 5% = $15,000

(3) 進項稅額＞銷項稅額，留抵稅額 = 進項稅額 － 銷項稅額 = $20,500 － $15,000 = $5,500
所產生之溢付稅額$5,500留抵次期，當期不須繳納營業稅。

▶ 註1：$21,000內含$1,000營業稅。依稅法，消費者購買商品也需繳納5%營業稅，但稅額併入售價中，消費者不會明顯感受稅的負擔。

 腦力激盪···

2. 獅甲商店為一般營業人,適用稅率5%,試計算各期營業稅額:
   (1) 1－2月:進貨$100,000,銷貨收入$180,000。

   (2) 3－4月:進貨$200,000;銷貨收入$150,000,租金收入$30,000。

 知識加油站 營業稅稅率表

種類	一般稅額計算	特種稅額計算					
		金融業		特種飲食業		查定課徵	
		銀行業、保險業、信託投資業、證券業、短期票券業、典當業	保險業之再保費收入	夜總會、有娛樂節目之餐飲店	酒家及有女性陪侍之茶室、咖啡廳、酒吧	小規模營業人及其他經財政部規定免予申報銷售額之營業人	農產品批發市場之承銷人及銷售農產品之小規模營業人
稅率	5% 0%	5%	1%	15%	25%	1%	0.1%

資料來源:中華民國財稅基金會(2014)

四　營業稅的報繳期間

　　依《營業稅法》規定，申報銷售額、應納或溢付營業稅額之營業人，除申請核准以每月為一期申報者外，應以每兩個月為一期，分別於每逢單月（即1月、3月、5月、7月、9月、11月）之15日前，向主管稽徵機關申報其上兩個月的銷售額、應納或溢付稅額。例如：1至2月份營業稅，須於3月15日前申報；3至4月份營業稅，須於5月15日前申報。

腦力激盪…

3. <u>發財商店</u>為一般加值型營業人，其7、8月份之營業稅，應於何時向國稅局申報繳納？

》圖11-3 會計人員每逢單月15日前須向國稅局報繳營業稅

一、是非題

(　　) 1. 企業若當期無銷售額，則無須申報營業稅。

(　　) 2. 銷項稅額$2,000，進項稅額$1,400，產生應納稅額$600。

(　　) 3. 營業人購買貨物或勞務所支付的所有款項，皆稱為進項。

二、選擇題

(　　) 1. 目前我國加值型營業稅額採何種方法計算？　(A)稅基相減法　(B)稅額相減法　(C)兩稅相減法　(D)以上皆非。

(　　) 2. 下列何者非為加值型營業稅之優點？　(A)避免重複課稅　(B)具有勾稽作用，方便逃漏稅　(C)提高外銷競爭力　(D)符合租稅中立性。

(　　) 3. 現行加值型營業稅稅率為何？　(A) 0%　(B) 2%　(C) 5%　(D) 10%。

(　　) 4. 下列敘述何者為非？　(A)外銷零稅率　(B)免稅營業人其進項稅額不能退稅　(C)每月平均銷售額20萬元以下為小規模營業人　(D)每單月10日為上期營業稅申報期限。

(　　) 5. 在加值型營業稅制下，營業稅最終轉嫁　(A)製造商　(B)批發商　(C)零售商　(D)消費者。

三、計算題

1. 花東商店為加值型營業人，今年3、4月份共發生銷貨收入$70,000，進貨$40,000，運費$4,000及廣告費$6,000，均依法開立或收取發票。試依稅法規定，計算該商店的進項、銷項金額及應納稅額。

 第三節 統一發票之種類及開立方法

一 統一發票的意義

　　發票（invoice）是營業人在銷售貨物或勞務時，一方面作爲交付買受人的支付憑證，另一方面作爲營業人本身賺取收入的原始憑證。我國於民國39年首創由政府規定發票的統一格式，並印製空白發票賣給營業人使用，於是有了「統一發票」的名稱。

　　除了性質特殊或小規模營業人可「免用統一發票」，改以收據代替外，一般營業人有收入均須開立統一發票。因此，統一發票已是營業人買賣貨物或勞務、購置資產及支付各項費用的合法憑證，也是政府徵收營業稅的重要依據。行之有年的「統一發票給獎辦法」，目的即在鼓勵消費者索取統一發票，以便勾稽稅收，降低商家逃漏稅的機會。

二 稅額外加或內含

　　營業人開立發票時，會因買受人不同而選擇開立不同格式之發票，其稅額計算有外加與內含兩種。對於營業稅額的尾數不滿一元者，稅法規定應按四捨五入的方式計算至元爲止。

(一) 稅額外加

　　當買受人爲「營業人」時，計算銷項稅額或進項稅額皆採外加方式，以方便買受人進項稅額的扣抵，所開立發票爲三聯式。

(二) 稅額內含

　　當買受人爲「非營業人」（即一般消費者）時，稅額採內含方式。因爲消費者不須申報營業稅，所繳納的5%營業稅沒機會抵減或退回，故將銷項稅額與銷售額合計開立，所開立發票爲二聯式。

三 統一發票的種類

依《統一發票使用辦法》規定，統一發票可分為三聯式、二聯式、收銀機、電子計算機及特種統一發票等五種。前四種為加值型營業人按一般稅率計算所開立的統一發票；第五種為非加值型營業人所開立的特種統一發票。

(一) 三聯式統一發票

專供營業人銷售貨物或勞務給其他營業人時使用。當買受人為營業人時，稅額採「外加」方式計算，將銷售額與銷項稅額分別載明。此種發票共有三聯：

第一聯－存根聯	由開立人保存
第二聯－扣抵聯	交付買受人，作為依法規定申報扣抵或扣減稅額之用。
第三聯－收執聯	交付買受人，作為原始憑證。

雖然各聯作用不一樣，但格式與內容相同，故一般在開立發票時，皆用複寫紙一次複寫完成，第一聯自己留存，第二、三聯交付給顧客。例如圖11-4，因買受人「青島有限公司」為營業人，依規定需就銷售額外加5%營業稅，並開立三聯式統一發票，故發票記載方式須將銷售額$600與營業稅$30($600 ×5%)分別載明，並於「應稅」欄中註記「✓」。

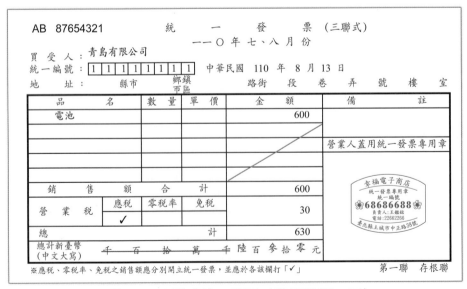

》圖11-4 三聯式統一發票（外加稅額30元）

(二)二聯式統一發票

專供營業人銷售貨物或勞務給非營業人時使用。當買受人為非營業人（通常指消費者）時，需使用二聯式統一發票，依規定採稅額「內含」方式，將銷售額與銷項稅額合併為一個金額登載。第一聯為存根聯，由開立人保存；第二聯為收執聯，交付買受人收執。

例如圖11-5，因為買受人是非營業人，不須申報營業稅，所以索取無扣抵聯的二聯式發票。依規定，開立二聯式發票時，應將5%的銷項稅額 $30（$600×5%）直接內含至售價$630（$600+$30）中，並於課稅別的「應稅」欄註記「✓」。

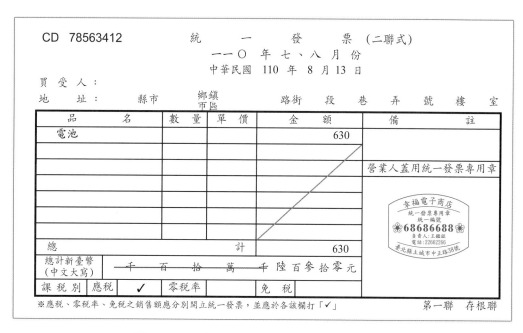

》圖11-5 二聯式統一發票（內含稅額30元）

》表11-1 發票開立之種類與稅額計算

買受人	開立發票總類	稅額	計算式
營業人	三聯式發票	外加	發票金額＝銷售額 ×（1＋5%） 營業稅額＝銷售額 × 5%
非營業人	二聯式發票	內含	銷 售 額＝發票金額 ÷（1＋5%） 營業稅額＝銷售額 × 5%

例題3

宇童是個孝順的女兒，母親節前夕到某百貨公司選購一個名牌包送給媽媽，櫃台結帳時共付現金$6,300，並取得二聯式統一發票乙紙。試問，宇童不知不覺中共繳了多少的營業稅？

解

二聯式發票上總計金額$6,300，是銷售額與5%營業稅的合計額。因此，我們將銷售額假設為x，則：

x ×（1＋5%）＝$6,300，

x＝$6,300÷（1＋5%），

得知銷售額 x＝$6,000。

而其內含所繳營業稅額＝$6,000×5%＝$300。

4. 如果你是歐風公司的店員，試為下列兩筆交易開立正確之發票：

(1) 110年8月1日，銷售歐式沙發組三組給信義股份有限公司(統一編號為 12345678)，以每組定價$30,000成交，稅外加。

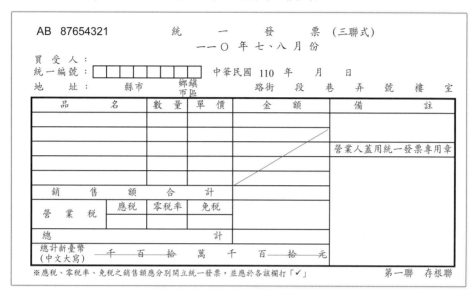

(2) 110年8月8日，銷售歐風古典六斗櫃一座給顧客阿滿姨，售價$16,800，稅內含。

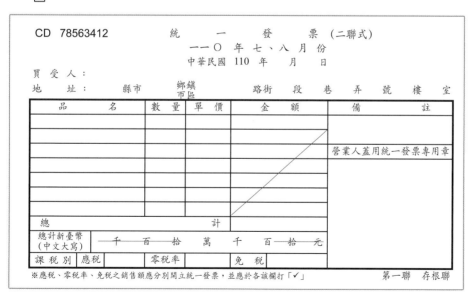

(三)收銀機統一發票

專供營業人銷售貨物或勞務時，以收銀機開立統一發票時使用。第一聯為存根聯，由開立人保存，第二聯為收執聯，交付買受人收執。其格式如圖11-6所示：

》圖11-6 收銀機統一發票

(四)特種統一發票

專供銀行、證券等金融保險業、特種飲食業及小規模營業人銷售財貨或勞務時，依規定計算特種稅額時使用。第一聯為存根聯，由開立人保存，第二聯為收執聯，交付買受人收執。其格式舉例如圖11-7：

NZ 38702300	統　一　發　票（特種）

一一〇 年 七、八 月 份
中華民國 110 年 月 日

買受人：
地　址：　　縣市　鄉鎮市區　路街 段 巷 弄 號 樓 室

品　名	數量	單價	金　額	備　註
				營業人蓋用統一發票專用章
總　　計				
總計新臺幣(中文大寫)	千 百 拾 萬 千 百 拾 元			
課稅別 應稅	零稅率	免稅		

※應稅、零稅率、免稅之銷售額應分別開立統一發票，並應於各該欄打「✓」　　第一聯 存根聯

》圖11-7 特種統一發票格式

(五) 電子發票

專供營業人銷售貨物或勞務與買受人時，以網際網路或其他電子方式開立、傳輸或接收之統一發票；其應有存根檔、收執檔及存證檔。

若買方是個人消費者，則賣方以列印感熱紙發票，或存入買方指定載具的方式提供電子發票證明檔，以利後續兌獎；若買方為公司行號，則以電子形式傳送發票資料檔，供買方營業人後續申報營業稅扣抵之用。目前開立電子發票是政府力推的政策，也是必然趨勢。

 知識加油站 電子發票

99.04.21《統一發票使用辦法》修正發布第七條，增設開立電子發票規定：「各種統一發票，得向主管稽徵機關申請核准以網際網路或其他電子方式開立、傳輸或接收之。」→政府鼓勵以電子發票取代紙本統一發票，可大量節省紙張使用，符合環保趨勢。

》圖11-8 電子發票

一、是非題

( ) 1. 銷售貨物或勞務予營業人，應開立三聯式統一發票。

( ) 2. 統一發票除了可以兌獎外，主要目的在於降低逃漏稅，增加稅收。

( ) 3. 二聯式統一發票，其營業稅額採外加方式計算。

( ) 4. 進項稅額大於銷項稅額產生應付稅額。

( ) 5. 營業人開立三聯式發票時，其應稅金額均依「銷售額×5%」列記。

二、選擇題

( ) 1. 統一發票的哪一聯是在交付買受人作為申報營業稅之用？ (A)收執聯(B) 扣抵聯 (C)存根聯 (D)以上三聯皆可。

( ) 2. 判斷下列敘述何者有誤？ (A)進項稅額＞銷項稅額→產生留抵稅額 (B)銷項×稅率＝銷項稅額 (C)開出發票收取銷項稅額 (D)申報營業稅時，收據可完全取代統一發票。

( ) 3. 開立三聯式發票予營業人，稅額應如何計算？ (A)外加 (B)內含 (C)不計 (D)不一定。

( ) 4. 一般營業人開立二聯式發票210元時，下列敘述何者正確？ (A)銷項稅額為零 (B)內含銷項稅額10元 (C)內含進項稅額10元 (D)商品定價200元。

( ) 5. 二聯式發票無下列何者？ (A)收執聯 (B)扣抵聯 (C)存根聯。

三、計算題

1. 甲商店批售出一件商品，定價$9,000，稅額外加（稅率5%）。試問甲商店開立三聯式發票上之總計金額為何？稅額為何？

2. 乙商店零售一批商品給小芳，定價$9,000，稅內含（稅率5%）。試問乙商店開立二聯式發票上之總計金額為何？稅額為何？

第四節 加值型營業稅之會計處理

一 配合加值型營業稅增設的會計項目

(一) 進項稅額

指購買貨物或勞務時，按規定所支付的營業稅額。支付時借記「進項稅額」；若有進貨退出或折讓而收回營業稅額時，則貸記「進項稅額」。

進項稅額可用來扣抵銷項稅額，但必須以能提出合法憑證為要件，始足以證明其確實已支付過此進項稅額。本項目屬於「流動資產」性質。

(二) 銷項稅額

指除了免稅營業人外，營業人銷售貨物或勞務時，均須依規定稅率向買受人收取營業稅額。收取時貸記「銷項稅額」；若有銷貨退回或折讓而退還買受人營業稅額時，應借記「銷項稅額」。本項目屬於「流動負債」性質。

(三) 應付營業稅

營業人於每期期末時，均應將進項稅額與銷項稅額相互沖轉結算稅額，當銷項稅額大於進項稅額時，以兩者的差額為應納稅額，項目貸記「應付營業稅」，待次期單月15日前申報繳納稅額時，再借記本項目沖銷負債。本項目屬於「流動負債」性質。

(四) 留抵稅額

營業人每期結算稅額時，若進項稅額大於銷項稅額時，以兩者的差額借記「留抵稅額」，次期抵減應納稅額時，再貸記「留抵稅額」。本項目屬於「流動資產」性質。

(五) 應收退稅款

指營業人因適用零稅率、取得固定資產、解散或廢止營業而溢付稅額時,可向稽徵機關申請退還。申報退稅時,應借記「應收退稅款」,待實際收到退稅款時,再貸記「應收退稅款」。本項目屬於「流動資產」性質。

二 加值型營業稅的會計處理釋例

以一般稅額計算之營業人,平時銷售貨物或勞務時,依規定應另收取5%營業稅額。當買受人為營業人時,開立三聯式統一發票,稅額採外加方式收取;當買受人為非營業人時,開立二聯式統一發票,稅額採內含於售價方式收取;相反地,營業人發生進項繳納5%進項稅額時,應取得三聯式統一發票,始得於每期申報營業稅時,以扣抵聯作為扣抵稅額之合法憑證。

銷項	進項	納稅
• 銷貨收入	• 進貨 • 購買不動產－廠房及設備 • 支付費用	• 應付營業稅

茲以一般營業人<u>億泰公司</u>為例，說明買賣業平日常見的營業稅交易及其會計處理：

(一)銷項稅額的處理

<u>億泰公司</u>賣出應稅商品時，買受人若為營業人則開立三聯式發票，稅額外加；若為非營業人則開立二聯式發票，稅款內含；若發生銷貨退回或折讓而退還買受人的營業稅，應於銷項稅額中扣減之。

1. 銷貨收入

(1)買受人為營業人時（開立三聯式發票）

日期	交易與說明	分　錄
3月5日	現銷商品$90,000予營業人，營業稅外加，並開立三聯式發票。 【說明】銷售商品，除價款外，依法尚須收取5%營業稅（$90,000×5％＝$4,500）。所加收的銷項稅額須記錄在帳上。	現　金　　94,500 　　銷貨收入　　90,000 　　銷項稅額　　4,500
3月6日	前3月5日現銷之商品，其中因瑕疵遭退回$2,000，連同稅款一併以現金退還。 【說明】賣方除貨款外，亦須將退回部分的營業稅額$100（$2,000×5％），一併退還。	銷貨退回　　2,000 銷項稅額　　　100 　　現　金　　　2,100
4月8日	銷售乙批商品予批發商$45,000，營業稅另計，貨款暫欠，並開給三聯式發票。付款條件2/10，n/30。	應收帳款　47,250 　　銷貨收入　　45,000 　　銷項稅額　　2,250
4月18日	前4/8賒銷商品之貨款，今日收現，依約定給予折扣。 【說明】 $45,000×2％＝$900（折扣） $900×5％＝$45（折扣外加稅額） $47,250－$900－$45＝$46,305（收現）	現　金　　46,305 銷貨折讓　　900 銷項稅額　　　45 　　應收帳款　　47,250
4月22日	某商店預訂商品$200,000，今日寄來即期支票乙紙支付訂金$6,300（含稅），並開出三聯式發票。	銀行存款　　6,300 　　預收貨款　　6,000 　　銷項稅額　　　300

(2)買受人爲非營業人（開立二聯式發票）

日期	交易與說明	分　錄
4月23日	將商品$2,100（稅內含）零售給非營業人，開立二聯式發票。 【說明】二聯式發票，需將內含稅額獨立出來列記： $2,100 ÷ (1 + 5\%) = $2,000（銷貨收入） $2,000 × 5\% = $100（稅額）	現　金　2,100 　　銷貨收入　　2,000 　　銷項稅額　　　100
4月25日	前零售給非營業人之商品，部分品質不良遭到退回，含稅共計$525。 【說明】連同內含稅捐一併以現金付訖。 $525 ÷ (1 + 5\%) = $500，$500 × 5\% = $25	銷貨退回　　500 銷項稅額　　　25 　　現　金　　　525

(3)外銷商品（外銷零稅率）

日期	交易與說明	分　錄
4月27日	將商品乙批$100,000外銷至日本，如數收現。 【說明】因為外銷適用零稅率，所以無銷項稅額（$100,000 × 0\% = $0）	現　金　100,000 　　銷貨收入　　100,000

 知識加油站

　　有關二聯式發票內含營業稅的會計處理，實務上亦常簡化處理。在平時交易發生時，全部直接以「銷貨收入」入帳。待月底時，再將所開立的二聯式發票加總金額除以105%，還原銷貨額與稅額，再作分錄將稅額從銷貨收入中轉出。舉例如下：

日期	交易事項	分錄
6/8	零售商品乙批$2,100，以現金收訖。	現　金　2,100 　　銷貨收入　　2,100
6/19	零售商品乙批$4,200，收支票乙紙。	銀行存款　4,200 　　銷貨收入　　4,200
6/30	結算本月份銷項稅額	銷貨收入　　300 　　銷項稅額　　　300 【說明】 ($2,100+$4,200) ÷ 1.05 × 5\% = $300

(二)進項稅額的處理

1. 進貨

(1)購入應稅商品、進貨退出、進貨折讓時

日期	交易與說明	分　錄
3月3日	向上游甲商店現購應稅商品$20,000，另付5％營業稅，取得三聯式統一發票。 【說明】購買應稅商品，除價款外，依稅法尚須支付營業稅。三聯式發票營業稅另計，$20,000×5％＝$1,000	進　貨　　20,000 進項稅額　　1,000 　現　金　　　21,000
3月5日	前3月3日向甲商店現購之商品$8,000，因品質不符退貨，收回貨款。 【說明】賣方會將貨款及另收的5％稅額$400（$8,000×5％），一併退還。	現　金　　　8,400 　進貨退出　　　8,000 　進項稅額　　　　400
3月8日	向乙商店賒購應稅商品$50,000，另加營業稅，取得三聯式發票，付款條件1/10，n/30。 【說明】三聯式發票，營業稅另計。$2,500（$50,000×5％）	進　貨　　50,000 進項稅額　　2,500 　應付帳款　　52,500
3月18日	付清前3月8日向乙商店賒購之全部貨款$52,500（含稅），取得1％折扣。 【說明】 不含稅的貨款＝$52,500÷(1＋5％)＝$50,000 進貨折讓＝$50,000×1％＝$500 取得1％折讓的同時，亦應減少此折扣外加的稅額$25（$500×5％）	應付帳款　　52,500 　進貨折讓　　　　500 　進項稅額　　　　25 　現　金　　　51,975
4月10日	向丙商店訂購應稅商品總價$50,000，本日預付訂金一成$5,000。（營業稅外加） 【說明】三聯式發票，營業稅另計。$5,000×5％＝$250	預付貨款　　5,000 進項稅額　　250 　現　金　　　5,250

(2) 購入免稅商品

日期	交易與說明	分　錄
4月11日	以現金向免稅商店購買免稅商品$4,000。 【說明】購進免稅商品時，不需支付營業稅。	進　貨　　4,000 　現　金　　　　4,000

2. 購買不動產、廠房及設備

營業人購買不動產、廠房及設備應先繳納進項稅額，待申報時再來扣抵銷項稅額。惟購買房地產時，因買賣時已徵收土地增值稅，故土地免再課徵營業稅，僅須就房屋部分負擔營業稅。

日期	交易與說明	分　錄
4月14日	購入全自動化機器乙台，買價$200,000，另付進項稅額$10,000，以即期支票付訖。 【說明】營業稅＝$200,000×5%＝$10,000	機器設備成本　　200,000 進項稅額　　　　 10,000 　銀行存款　　　　　210,000
4月16日	購入房地產，土地$250,000及房屋$100,000，營業稅外加。 【說明】土地不用繳營業稅，房屋部分的營業稅為$100,000×5%＝$5,000。	土地成本　　　　250,000 房屋及建築成本　100,000 進項稅額　　　　　5,000 　現　金　　　　　　355,000

3. 支付費用

支付應稅的費用、免稅的費用。

日期	交易與說明	分　錄
4月17日	支付辦公室的水費$500與電費$1,500（營業稅外加）。 【說明】水電瓦斯費須課徵營業稅。 $2,000×5%＝$100	水電瓦斯費　2,000 進項稅額　　　100 　現　金　　　　2,100
4月19日	向郵局現購郵票$200，取得購票證明乙紙。 【說明】郵局免徵營業稅。	郵電費　　　　200 　現　金　　　　　200

日期	交易與說明	分　錄
4月20日	向小規模營業人現購高山茶葉兩罐$1,000，取得收據乙紙。 【說明】小規模營業人屬非加值型營業稅體制，買方不需另付5%營業稅。	其他費用　　1,000 　現　金　　　　1,000

4. 不可扣抵銷項稅額之進項

原則上，進項稅額均可用來扣抵銷項稅額。但依《加值型及非加值型營業稅》第19條規定，下列已繳付的進項稅額，不得扣抵銷項稅額，其營業稅額必須全數併入該進項項目：

(1)未依規定取得並保存載有營業稅額之統一發票或憑證

購進貨物或勞務時須請求開立三聯式統一發票，抬頭也須標明營業人統一編號，扣抵聯更需應妥為保存，否則不得扣抵。

(2)非供本業及附屬業務使用之貨物或勞務

非供本業及附屬業務使用之貨物或勞務，其進項稅額不得扣抵，須併入「捐贈費用」項目。

但為協助國防建設、慰勞軍隊及對政府捐獻者，其進項稅額可單獨列為「進項稅額」項目，得用以扣抵銷項稅額。

(3)交際應酬用之貨物或勞務

交際應酬用的貨物與勞務，包括宴客及推廣業務無關之餽贈，其發生的進項稅額不得扣抵銷項稅額，須併入「交際費」項目。

(4)酬勞員工個人之貨物或勞務

包括逢年過節餽贈員工禮物、聚會、聚餐等支出，其進項稅額不得扣抵，須併入「職工福利」項目。

(5)自用乘人小汽車

係指取得非供銷售或提供勞務使用的九人座以下乘人小客車。其營業稅額無法扣抵，須併入「運輸設備成本」項目。

日期	交易與說明	分　錄
3月11日	宴請國外顧客之餐費$5,000，另付5%營業稅。	交際費　　　5,250 　　現　金　　　　5,250
4月22日	購買員工慶生會禮品$6,000，另付5%營業稅。	職工福利　　　6,300 　　現　金　　　　6,300
4月23日	購買電腦一部贈送社區的公立特殊教育學院，買價$20,000，另付5%營業稅。 【說明】公立學校屬對政府捐贈，稅額可扣抵。	捐　贈　　　　20,000 進項稅額　　　1,000 　　現　金　　　　21,000
4月24日	現購本公司自用之小轎車$500,000，另付5%營業稅。 【說明】小轎車為五人座，屬於九人座以下的自用小客車，進項稅額不得扣抵，應併入購買成本。	運輸設備成本525,000 　　現　金　　　　525,000

(三)月底稅額結算與營業稅報繳

一般營業人不論有無銷售額，應以兩個月為一期，將「銷項稅額」與「進項稅額」帳戶結總沖轉，計算應納稅額或溢付稅額，於次期開始15日內，檢附統一發票明細表，填妥401申報書（如表11-1），向國稅局申報銷售額、應納或溢付營業稅額。

1. 銷項稅額等於進項稅額

假設億泰公司結總3、4月份發生的銷項稅額總額$80,000，進項稅額總額也是$80,000，則億泰公司5月15日前仍須申報營業稅，但不必繳稅。其分錄為：

```
4/30    銷項稅額          80,000
            進項稅額          80,000
```

2. 銷項稅額大於進項稅額

若營業人的銷項稅額大於進項稅額，其應納稅額會受上期是否有留抵稅額而影響，舉例說明如下：

(1) 上期無留抵稅額時

公式

$$銷項稅額 - 進項稅額 = 應納稅額$$

情況	交易與說明	分 錄
①若上月底有作稅額結算	4月30日，億泰公司結總3、4月份的銷項稅額$100,000與進項稅額$80,000，上期無留抵稅額。 【說明】 $100,000-$80,000＝$20,000（應納稅額）	4/30 銷項稅額　100,000 　進項稅額　　80,000 　應付營業稅　20,000
	5月15日，申報並繳納3、4月份應納稅額$20,000。	5/15 應付營業稅 20,000 　現　金　　　20,000
②若上月底沒作稅額結算	5月15日，億泰公司申報並繳納3、4月份稅額$20,000。 【說明】上月底未事先結算出應納稅額帳戶餘額，則待繳納營業稅時，再沖轉銷項稅額與進項稅額。	4/30 沒作結轉分錄
		5/15 銷項稅額　100,000 　進項稅額　　80,000 　現　金　　　20,000

(2) 上期有留抵稅額時

公式

$$銷項稅額 - （進項稅額 + 上期留抵稅額） = 應納稅額（應付營業稅）$$

日期	交易與說明	分 錄
4月30日	若億泰公司結總3、4月份的銷項稅額為$100,000，進項稅額為$80,000，上期有留抵稅額$15,000。 【說明】上期溢繳稅額之留抵，可扣抵本期應繳稅額，故本期應納稅額＝ $100,000-($80,000＋$15,000)＝$5,000	銷項稅額　100,000 　進項稅額　　80,000 　留抵稅額　　15,000 　應付營業稅　　5,000
5月15日	繳納3、4月份的應納稅額$ 5,000。	應付營業稅　5,000 　現　金　　　5,000

3. 銷項稅額小於進項稅額

若營業人的銷項稅額小於進項稅額,其溢付稅額原則上應留抵下期; 但仍有可以申請退還的情況。

(1)溢付稅額,原則上留抵下期

$$進項稅額 - 銷項稅額 = 留抵稅額$$

日期	交易與說明	分　錄
4月30日	若億泰公司結總3、4月份的銷項稅額 $30,000,進項稅額$45,000。 【說明】進項稅額>銷項稅額➡留抵稅額	銷項稅額　　30,000 留抵稅額　　15,000 　　進項稅額　　　45,000
5月15日	申報繳納3、4月份營業稅。	5/15申報但不必繳稅。

(2)有外銷收入或固定資產[註2]的進項稅額 → 可申請退稅

營業人當期如有適用零稅率的外銷收入或因取得固定資產而溢付的 營業稅,得申請退稅,但其退稅額有其最高限額。算式如下:

$$(外銷收入×5\%+得扣抵固定資產之進項稅額)=得退稅限額$$

▶ 註2:固定資產係指不動產、廠房及設備。

交易與說明	分　錄
若億泰公司3、4月份進銷項資料如下： ①外銷貨物$200,000，其銷項稅額$0。 ②內銷貨物$400,000，其銷項稅額$20,000。 ③進貨及費用$700,000，其進項稅額$35,000。 ④購置機器$500,000，其進項稅額$25,000。 【說明】 得退稅限額 　＝外銷收入×5%＋得扣抵不動產、廠房及設備資產 　　之進項稅額 　＝$200,000×5%＋$25,000＝$35,000。 本期留抵稅額 　＝進項稅額－銷項稅額 　＝($35,000＋$25,000)－$20,000＝$40,000 留抵稅額$40,000＞得退稅限額$35,000，故可退稅 $35,000。	銷項稅額　　20,000 應收退稅款　35,000 留抵稅額　　　5,000 　　進項稅額　　　60,000
5月15日前　　申報繳納3、4月份營業稅。	5/15申報但不作分錄。
7月20日　　上期外銷及購買固定資產的溢付稅 　　　　　　額$35,000，今日收到退稅國庫支票 　　　　　　乙紙，並存入銀行。	銀行存款　　35,000 　　應收退稅款　　35,000

5. 阿輝商店為一般營業人（營業稅率5%），5-6月間發生下列進銷事項，試作必要分錄：

日期	會計事項	分　錄
5/8	現銷商品乙批，定價$35,000，稅外加，開出三聯式發票。	
5/18	前5/8出售之部分商品品質不良退貨$10,000，連同稅金一併歸還。	
5/20	賒銷商品乙批$84,000（含稅），開立二聯式發票，收款條件2/10，n/30。	
5/28	收到前5/20賒銷之半數貨款，並給予折扣。	
5/29	外銷商品乙批收到美金$10,000，匯率US$1=NT$32。	
6/8	向和風公司現購應稅商品乙批，其售價為$35,000，稅外加，取得三聯式發票。	
6/18	前6/8向和風公司購買之部分商品品質不良退貨$10,000，收回現金。	
6/20	向竹林公司賒購應稅商品乙批$84,000（含稅），取得三聯式發票，付款條件2/10，n/30。	
6/29	向某免稅商店訂購商品$5,000，現付三成訂金。	

腦力激盪…

6. 西廂商店為一般營業人，本月份發生支出交易如下，試作必要分錄：

會計事項	分錄
(1) 購買房地產一處\$1,000,000，地價與屋價為3：1，營業稅外加。	
(2) 本月份廣告費\$5,250（內含營業稅），由本店之銀行戶頭轉帳支付。	
(3) 購買禮品\$20,000，營業稅\$1,000，其中五分之一贈送顧客，五分之四餽贈員工做為生日賀禮。	
(4) 購買董事長座車（五人座豪華轎車）一輛\$1,000,000，另付5%營業稅，款項開立三個月期支票付訖。	

7. 小英公司本年7月、8月之銷項稅額為\$70,000，進項稅額為\$55,000，依下列不同假設，試作8/31稅額結帳分錄及9/10繳稅分錄：

日期	假設一 上期無留抵稅額	假設二 上期留抵稅額\$5,000
8/31		
9/10		

財政部臺北縣國稅局營業人銷售額與稅額申報書（401）

（一般稅額計算－專營應稅營業人使用）

| 統一編號 | 68686688 | | 營業地址 | 臺北縣土城市中正路38號 | 所屬月份： | 110 年 7 — 8 月 | 金額單位：新台幣元 | 使用發票份數 |

營業人名稱：幸福電子商店
稅籍編號：60608080
負責人姓名：王瓏路

銷項

項目	區分		應 稅		零 稅 率 銷 售 額
			銷 售 額	稅 額	
三聯式發票、電子計算機發票	銷	1	400,000	2	3 （非經海關出口應附證明文件者）
收銀機發票（三聯式）					7
二聯式發票、收銀機發票（二聯式）		5	20,000	6	
免用發票		9		10	11 （經海關出口免付證明文件者）
減：退回及折讓		13		14	15
		17		18	19
銷 售 額 總 計 (1)+(3)		21	400,000	22	23
		25	20,000		

內含銷售固定資產 27　　　　元

稅額計算

代號	項 目		稅 額
1	本期（月）銷項稅額合計	101	20,000
7	得扣抵進項稅額合計	107	13,592
8	上期（月）累計留抵稅額	108	4,514
10	小計(7+8)	110	18,106
11	本期（月）應實繳稅額(1-10)	111	1,894
12	本期（月）申報留抵稅額(10-1)	112	
13	得退稅限額合計	113	
14	本期（月）應退稅額	114	
15	本期（月）累計留抵稅額	115	

註記欄
核准按月申報　核准合併總繳總機構彙總申報　各單位分別申報

進項

項目		區分	金 額	稅 額
統一發票扣抵聯（包括電子計算機發票）	進貨及費用	28	267,485	29 13,376
	固定資產	30		31 0
三聯式收銀機發票扣抵聯	進貨及費用	32	2,290	33 115
	固定資產	34		35 0
載有稅額之其他憑證（包括二聯式收銀機發票）	進貨及費用	36	2,028	37 101
	固定資產	38		39 0
海關代徵營業稅繳納證扣抵聯	進貨及費用	40		41 0
	固定資產	42		43 0
減：退出、折讓及海關退還溢繳稅款	進貨及費用	44	13,592	45 0
	固定資產	46		47 0
	進貨及費用	48		
	固定資產	49		
進項總金額（包含不得扣抵憑證及普通收據）	進口免稅貨物	73	0	
購買國外勞務		74	0	

申報單位蓋章處（統一發票專用章）

營業稅銷售額編號單
業 6868 6688
幸福電子商店
台北縣土城市中正路38號

核收機關及人員蓋章處

			額取退稅款	利用存款帳戶劃撥
1.統一發票明細表		份		銷 項
2.進項憑證	20	份		進 項
3.海關代徵營業稅繳納證	0	份		核收機關及人員蓋章處
4.退回（出）及折讓證明單	1	份	領取退稅支票	
5.營業稅繳款書證明聯	1	份		
6.零稅率銷售額清單	0	份		

台北市稅捐稽徵處
中華民國 110.9.15 收件章
統一營業稅明細表

申報日期：　　年　　月　　日
核收日期：　　年　　月　　日
聯絡電話：

說明一、本申報書適用專營應稅及零稅率營業人填報。
說明二、如營業人申報當期（月）之銷售額包括有免稅，特種稅額計算銷售額者，請改用（403）申報書申報。

一、是非題

(　　) 1. 留抵稅額項目之性質，屬於流動資產。

(　　) 2. 交際應酬支出發生之進項稅額不得抵扣。

(　　) 3. 一般營業人購買土地免課營業稅。

二、選擇題

(　　) 1. 購買商品時，發生之進項稅額應如何處理？　(A)記借方　(B)記貸方　(C)借方或貸方皆可記　(D)不入帳。

(　　) 2. 下列哪個帳戶屬於流動負債？　(A)進項稅額　(B)應付營業稅　(C)留抵稅額 (D)應收退稅款。

(　　) 3. 下列哪一個交易須借記進項稅額？　(A)購買九人座以下自用乘人小汽車　(B)向免稅商店購買商品　(C)向一般營業人進貨　(D)犒賞員工之福利支出。

(　　) 4. 購入自用乘人小汽車$200,000，另付5%營業稅，分錄應借記　(A)運輸設備成本$210,000　(B)運輸設備成本$200,000　(C)運輸設備成本$200,000，進項稅額$10,000　(D)運輸設備成本$200,000，稅捐$10,000。

(　　) 5. 設11、12月份帳列銷項稅額$30,000，進項稅額$28,000，上期留抵稅額$5,000，則1月15日繳稅後各帳戶餘額應為多少？　(A)應付營業稅$2,000　(B)留抵稅額$3,000　(C)應退稅額$5,000　(D)留抵稅額$7,000。

三、計算題

1. 小玉商店本年7月、8月之銷項稅額為$55,000，進項稅額為$70,000，依下列不同假設，試作8/31稅額結帳分錄及9/15申報營業稅分錄：

日期	假設一： 本期無購置固定資產、外銷	假設二： 本期有外銷出口$160,000
8/31		
9/15		

重點回顧

一、 加值型營業稅的意義
係就財貨在產銷過程中,每一階段的加值額所課徵的銷售稅。

二、 加值型營業稅的稅率
目前核定為5%。

三、 營業稅申報
營業人每逢單月15日以前向主管稽徵機關報繳其上兩個月營業稅額。

四、 加值型營業稅計算方法(我國採稅額相減法)
1. 銷項稅額＝銷項 × 稅率
2. 進項稅額＝進項 × 稅率

    (1)若銷項稅額＞進項稅額時➡銷項稅額－進項稅額＝應納稅額

    (2)若銷項稅額＜進項稅額時➡進項稅額－銷項稅額＝留抵稅額

五、 稅額外加或內含
1. 三聯式統一發票

    買受人為營業人時,稅額採「外加」方式計算,銷售額與銷項稅額分別載明。此種發票共有存根聯、扣抵聯、收執聯等三聯。
2. 二聯式統一發票

    買受人非營業人(消費者)時,採稅額「內含」方式,銷售額與銷項稅額合併為一個金額登載。消費者不申報營業稅,不需扣抵聯。

六、 不可扣抵之進項
1. 未依規定取得並保存載有營業稅額之統一發票或憑證
2. 非供本業及附屬業務使用之貨物或勞務。
3. 交際應酬用之貨物或勞務
4. 酬勞員工個人之貨物或勞務
5. 自用乘人小汽車

七、 加值型營業稅之會計處理：

交易事項		會計處理	
1. 進貨	A.購入應稅財貨或勞務（取得三聯式發票）	A.進　貨　　　　×× 　進項稅額　　　×× 　　　現　金　　　　　××	
2. 退出及折讓	A.進貨退出 B.進貨折讓	A.現　金　　　　×× 　　進貨退出　　　　×× 　　進項稅額　　　　×× B.現　金　　　　×× 　　進貨折讓　　　　×× 　　進項稅額　　　　××	
3. 銷貨收入	A.出售商品	A.現　金　　　　×× 　　銷貨收入　　　　×× 　　銷項稅額　　　　××	
4. 銷貨退回及折讓	A.銷貨退回 B.銷貨折讓	A.銷貨退回　　　×× 　銷項稅額　　　×× 　　　現　金　　　　　×× B.銷貨折讓　　　×× 　銷項稅額　　　×× 　　　現　金　　　　　××	
5. 支付費用	A.支付應稅費用 　例：廣告費 B.支付不可扣抵之費用 　例：交際費(職工福利)	A.廣告費　　　　×× 　進項稅額　　　×× 　　　現　金　　　　　×× B.交際費（職工福利）×× 　　　現　金　　　　　××	
6. 月底結算	銷項稅額－進項稅額 ＝應納稅額(留抵稅額)	銷項稅額　　×× 　進項稅額　×× 　應付營業稅××	銷項稅額　　×× 　留抵稅額　　×× 　　進項稅額　　××
7. 報繳（單月15日以前）		應付營業稅　×× 　現　金　　××	留待下期扣抵

427

總結評量

知 識 ▶▶ 理 解 ▶▶ 應 用

一、填充題

1. 目前我國一般營業人稅率為＿＿＿＿＿＿＿%，外銷稅率為＿＿＿＿＿＿＿%。

2. 小規模營業人採加值型課徵營業稅嗎？＿＿＿＿＿＿＿（是或否）

3. ＿＿＿＿＿＿＿：是銷項課徵0%的稅，其進項稅額可以退稅。

   ＿＿＿＿＿＿＿：營業人雖然免徵銷項稅額，但因其進項稅額不能扣抵，無法退稅。（請填寫免稅或零稅率）

二、選擇題

11-1 （　）1. 下列對加值型營業稅特質之敘述，正確者共幾項？　(A)一項　(B)二項　(C)三項 (D)四項。

(甲)消除稅上加稅現象；(乙)具勾稽作用，減低逃漏稅；
(丙)外銷零稅率，提升出口競爭力；(丁)維持租稅中立性。

（　）2. 我國營業稅課徵　(A)屬人主義　(B)屬地主義　(C)屬人兼屬地主義。

（　）3. 下列何者需課徵加值型營業稅？　(A)進口貨物　(B)出口貨物　(C)股票　(D)買賣土地。

11-2 （　）4. 下列營業稅稅率，何者有誤？　(A)加值型營業稅稅率5%　(B)外銷稅率0%　(C)酒家營業稅稅率25%　(D)小規模營業人稅率3%。

（　）5. 下列何者不是稅額相減法的計算式？　(A)銷項稅額－進項稅額＝應納稅額　(B)進項稅額－銷項稅額＝留抵稅額　(C)(銷項－進項)×稅率＝應納稅額　(D)銷售額×稅率＝銷項稅額。

（　）6. 甲公司為一般營業人，9月份銷貨額$60,000，進貨及費用合計數$40,000，稅率5%，則該月份產生之應納稅額為多少？　(A) $3,000　(B) $2,000　(C) $1,000 (D) $500。

（　）7. 3月及4月份營業稅申報之期限為　(A) 4月15日以前　(B) 5月15日以前　(C) 6月15日以前　(D)法律無規定。

11-3 （　）8. 下列對統一發票之敘述，何者正確？　(A)鼓勵索取統一發票可增加稅收　(B)三聯式發票乃專供非營業人收執　(C)統一發票種類有三種　(D)進項稅額之扣抵應檢附收執聯申報。

11-4 （　）9. 「(甲)購進貨物或勞務未依規定取得並保存統一發票；(乙)招待顧客繳付之進項稅額；(丙)酬勞員工個人之貨物；(丁)購置自用乘人小汽車。」以上進項稅額不得扣抵者有幾項？　(A)一項　(B)二項　(C)三項　(D)四項。

（　　）10.下列敘述，何者有誤？　(A)一般營業人銷貨退回或折讓須貸記「銷貨稅額」　(B)進項稅額發生時一般記借方　(C)應付營業稅為流動負債　(D)留抵稅額扣抵應納稅額時須貸記。

（　　）11.一般營業人申報營業稅應檢具　(A)得扣抵進項稅額發票之收執聯　(B)銷貨開立發票之扣抵聯　(C) 401申報書　(D)免稅商店開立之收據。

（　　）12.乙公司為一般營業人，進貨$42,000，稅內含5%，則應借記　(A)進貨$42,000　(B)進貨$40,000、進項稅額$2,000　(C)進貨$40,500、進項稅額$1,500　(D)進貨$40,000。

（　　）13.丙公司為一般營業人，開立二聯式發票總額$52,500時，應貸記　(A)銷貨收入$52,500　(B)銷貨收入$50,000、銷項稅額$2,500　(C)銷貨$50,000　(D)銷貨$50,000、進項稅額$2,500。

（　　）14.丁公司為一般營業人曾進貨一批$100,000，稅額外加$5,000；今因瑕疵退出$10,000，會計人員應如何記帳？　(A)貸：進貨退出$10,000，進項稅額$500　(B)貸：進貨退出$9,524、進項稅額$476　(C)借：進項稅額$500，貸：進貨$500　(D)貸：進貨退出$10,000。

（　　）15.戊貿易公司本年7、8月份外銷銷貨收入$200,000，內銷銷貨收入$40,000，進貨總額$80,000（以上金額皆未含營業稅），試問該公司當期可申請退稅金額為何？　(A) $10,000　(B) $8,000　(C) $4,000　(D) $2,000。

三、綜合應用

1. 【加值型營業稅分錄】試計算下列各小題（各商店均為一般營業人，稅率5%）。

(1) 松山商店銷售貨物及勞務，其銷售額$300,000，銷項稅額為$15,000，得扣抵之進項稅額為$10,000，則其應納稅額為若干？

(2) 竹山商店營業稅採內含方式，本日發票總額$8,925，則其銷售額及稅額各若干？

(3) 梅山商店9月份銷貨$100,000，進貨$50,000；10月份銷貨$80,000，進貨$70,000；11月上半月銷貨$30,000，進貨$20,000。則11月15日申報應納稅額若干？

2. 【加值型營業稅分錄】金山商店為一般營業人，試將下列04年元月份之會計事項作成分錄：

2日　現購土地$300,000。

4日　賒購機器設備$100,000，另加5%營業稅，開北銀遠期支票付訖。

10日　現購自用乘人小汽車一部$200,000，另支付5%營業稅。

12日　宴請顧客費用$9,000，另付5%營業稅。

15日　申報並繳納03年11、12月份營業稅。

　　　（11、12月份計有應納稅額$10,000）

18日　支付電費$1,000，另加5%營業稅。

20日　現銷商品$200,000，八折成交，另加5%營業稅。

28日　賒購商品$300,000，外加5%營業稅。

31日　月底結算營業稅。

日期	分錄	日期	分錄
1/2		1/4	
1/10		1/12	
1/15		1/18	
1/20		1/28	
1/31			

3. 宇宙商店使用三聯式發票且每個月申報營業稅，外銷佔全部銷貨之10%，外銷未發生銷貨退回及折讓，相關費用皆取得發票。截至110年1月30日止試算表如下：

宇宙商店 試算表 中華民國110年1月30日		
會計項目	借方餘額	貸方餘額
現　　金	1,857,393	
應收帳款	2,160,000	
備抵損失－應收帳款		76,000
應收退稅款		
存　　貨	3,000,000	
進項稅額	229,367	
應付帳款		2,560,000
銷項稅額		209,100
應付營業稅		
業主資本		4,000,000
業主往來		692,000
銷貨收入		4,800,000
銷貨退回	125,000	
銷貨折讓	13,000	
進　　貨	4,868,000	
進貨退出		212,000
進貨折讓		160,000
薪資支出	365,000	
文具用品	56,780	
水電瓦斯費	34,560	
合計	12,709,100	12,709,100

宇宙商店於1月31日發生下列交易：

(1) 現購自用乘人小汽車一部$900,000，另加5%營業稅。

(2) 現購辦公設備$500,000，另加5%營業稅。

考量1月31日交易後，完成月底營業稅結帳分錄、並編製營業人銷貨額與稅額申報書。

110 年		會計項目	摘要	類頁	借方金額	貸方金額
月	日					
			略	略		

統一編號		(略)				營業人銷貨額與稅額申報書(401) (一般稅額計算－專營應稅營業人使用) 所屬年月份: 110年1月			
營業人名稱		宇宙商店							
稅籍編號		(略)							
負責人姓名		(略)	營業地址	(略)		使用發票份數		(略) 份	
銷項	區分 \ 項目	應稅		零稅率 銷貨額	稅額計算	項目			稅額
		銷售額	稅額			本期（月）銷項稅額合計	101		
	三聯式發票、 電子計算機發票					得扣抵進項稅額合計	107		
	收銀機發票及 電子發票	(略)	(略)	(略)		上期（月）累積留抵稅額	108		
	(略)	(略)	(略)	(略)		小計	110		
						本期（月）應實繳稅額	111		
	減：退回及折讓					本期（月）申報留抵稅額	112		
	合計					得退稅限額合計	113		
	銷售額總計		元			本期（月）應退稅額	114		
進項	區分 \ 項目	得扣抵進項稅額				本期（月）累積留抵稅額	115		
		金額	稅額						
	統一發票扣抵聯	進貨及費用							
		固定資產							
	(略)	(略)	(略)	(略)					
	減：退出、折讓及 海關退溢繳稅款	進貨及費用							
		固定資產	0	0					
	合計	進貨及費用							
		固定資產							
	進項總金額	進貨及費用	(略) 元						
		固定資產	(略) 元						
	進口免稅貨物		(略)						
	購買國外勞務		(略)						

歡迎加入 全華會員

● 會員獨享

會員享購書折扣、紅利積點、生日禮金、不定期優惠活動…等。

● 如何加入會員

掃 QRcode 或填妥讀者回函卡直接傳真 (02) 2262-0900 或寄回，將由專人協助登入會員資料、待收到 E-MAIL 通知後即可成為會員。

如何購買 全華商品

1. 網路購書

全華網路書店「http://www.opentech.com.tw」，加入會員購書更便利，並享有紅利積點回饋等各式優惠。

2. 實體門市

歡迎至全華門市（新北市土城區忠義路 21 號）或各大書局選購。

3. 來電訂購

(1) 訂購專線：(02) 2262-5666 轉 321-324
(2) 傳真專線：(02) 6637-3696
(3) 郵局劃撥（帳號：0100836-1 戶名：全華圖書股份有限公司）
※ 購書未滿 990 元者，酌收運費 80 元。

OpenTech.com.tw 全華網路書店

全華網路書店 www.opentech.com.tw
E-mail: service@chwa.com.tw

※ 本會員制如有變更則以最新修訂制度為準，造成不便請見諒。

讀者回函卡

掃 QRcode 線上填寫 ▶▶▶

姓名：　　　　　　　　　　　　生日：西元　　　　年　　　月　　　日　　性別：□男 □女

電話：（　　　）　　　　　　　　手機：

e-mail：（必填）

註：數字零，請用 Φ 表示，數字 1 與英文 L 請另註明並書寫端正，謝謝。

通訊處：□□□□□

學歷：□高中・職　□專科　□大學　□碩士　□博士

職業：□工程師　□教師　□學生　□軍・公　□其他

學校/公司：　　　　　　　　　　　　科系/部門：

需求書類：

□ A. 電子 □ B. 電機 □ C. 資訊 □ D. 機械 □ E. 汽車 □ F. 工管 □ G. 土木 □ H. 化工 □ I. 設計
□ J. 商管 □ K. 日文 □ L. 美容 □ M. 休閒 □ N. 餐飲 □ O. 其他

本次購買圖書為：　　　　　　　　　　　　　　　　書號：

您對本書的評價：

封面設計：□非常滿意　□滿意　□尚可　□需改善，請說明
內容表達：□非常滿意　□滿意　□尚可　□需改善，請說明
版面編排：□非常滿意　□滿意　□尚可　□需改善，請說明
印刷品質：□非常滿意　□滿意　□尚可　□需改善，請說明
書籍定價：□非常滿意　□滿意　□尚可　□需改善，請說明
整體評價：請說明

您在何處購買本書？

□書局　□網路書店　□書展　□團購　□其他

您購買本書的原因？（可複選）

□個人需要　□公司採購　□親友推薦　□老師指定用書　□其他

您希望全華以何種方式提供出版訊息及特惠活動？

□電子報　□DM　□廣告（媒體名稱　　　　　　　　　　　）

您是否上過全華網路書店？（www.opentech.com.tw）

□是　□否　您的建議

您希望全華出版那方面書籍？

您希望全華加強哪些服務？

感謝您提供寶貴意見，全華將秉持服務的熱忱，出版更多好書，以饗讀者。

填寫日期：　　/　　/

2020.09 修訂

親愛的讀者：

感謝您對全華圖書的支持與愛護，雖然我們很慎重的處理每一本書，但恐仍有疏漏之處，若您發現本書有任何錯誤，請填寫於勘誤表內寄回，我們將於再版時修正，您的批評與指教是我們進步的原動力，謝謝！

全華圖書　敬上

勘　誤　表

書　號	頁　數	行　數	書　名	作　者
			錯誤或不當之詞句	建議修改之詞句

我有話要說：（其它之批評與建議，如封面、編排、內容、印刷品質等・・・）